长江治理与保护报告

2022

长江治理与保护科技创新联盟　编

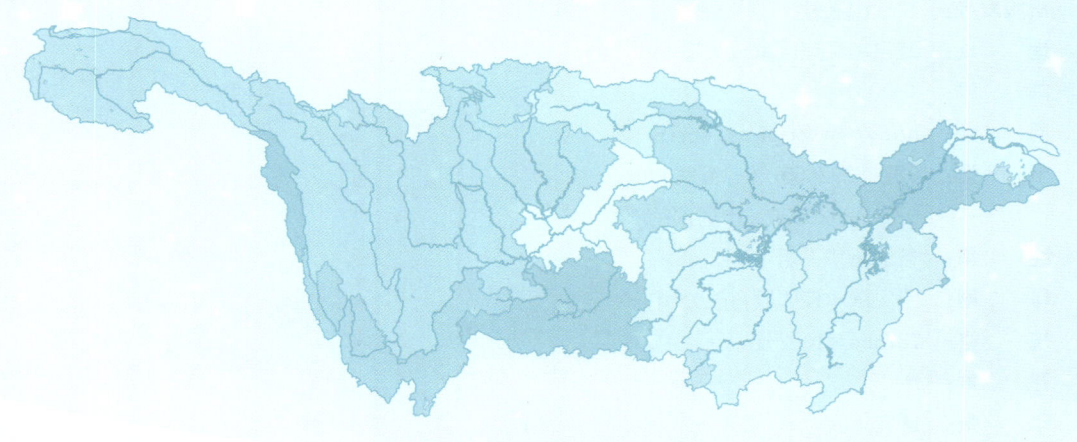

图书在版编目（CIP）数据

长江治理与保护报告 2022 / 长江治理与保护科技创新联盟编．
—武汉：长江出版社，2022.11
 ISBN 978-7-5492-8626-3
Ⅰ．①长… Ⅱ．①长… Ⅲ．①长江－河道整治－研究报告－2022
②长江－水资源保护－研究报告－2022 Ⅳ．① TV882.2 ② TV213.4

中国版本图书馆 CIP 数据核字 (2022) 第 226577 号

长江治理与保护报告 2022
CHANGJIANGZHILIYUBAOHUBAOGAO 2022
长江治理与保护科技创新联盟 编

责任编辑：	郭利娜
出版发行：	长江出版社
地　　址：	武汉市江岸区解放大道 1863 号
邮　　编：	430010
网　　址：	http://www.cjpress.com.cn
电　　话：	027-82926557（总编室）
	027-82926806（市场营销部）
经　　销：	各地新华书店
印　　刷：	武汉精一佳印刷有限公司
规　　格：	787mm×1092mm
开　　本：	16
印　　张：	14.75
字　　数：	340 千字
版　　次：	2022 年 11 月第 1 版
印　　次：	2022 年 11 月第 1 次
书　　号：	ISBN 978-7-5492-8626-3
定　　价：	89.00 元

（版权所有　翻版必究　印装有误　负责调换）

长江治理与保护报告

2022

编委会

主　　任	马建华
副 主 任	吴道喜　徐　翀　邱健华　马　毅　石一连　王　勇
	柯怡明　王殿常　邹结富
主　　编	吴道喜
副 主 编	卢金友　黄　艳　罗小勇
编写人员	徐　平　涂　敏　胡维忠　潘晓洁　刘同宦　李　鹏
	杨　琳　彭振阳　袁玉洁　李　斐　李林娟　余明星
	马仪贞　娄巍立　史瑞琴　高　勇　邹结富　马　莹
	王永强　刘　亚　孙宝洋　果　鹏　唐海滨　邓　瑞
	邵　俊　沈雪燕　易巧巧　胡春桃　高雅琦　周睿萌
	朱彩飞　杨　欢　喻志强　冯　雪　李　欢　冯志勇
	罗　希　邓志民　董炳江　李春龙　李　珏　林晶晶
	冯艳玲　左　涛　李学祥　李　明　张　勇　张丽文
	张冰松　孟英杰　龚文婷　唐天文　宋玮华　惠二青

前言

长江是中华民族的母亲河,也是中华民族发展的重要支撑。长江流域面积约180万 km^2,多年平均水资源量9959亿 m^3,以全国约18.8%的国土面积生产了全国33%的粮食,养育了全国33%的人口,创造了全国34%的GDP。长江流域是我国水资源配置的重要战略水源地、重要的清洁能源战略基地、横贯东西的"黄金水道"、重要的生态安全屏障区,在我国经济社会发展和生态环境保护中具有十分重要的战略地位。

近年来,我国深入实施长江经济带发展、长江三角洲区域一体化发展、成渝地区双城经济圈建设等重大发展战略,引领和推动实现经济社会高质量发展,对长江流域治理与保护提出了更高要求。习近平总书记多次赴长江流域考察,先后三次主持召开推动长江经济带发展座谈会并发表系列重要讲话,擘画了让中华民族母亲河永葆生机活力的发展蓝图。2021年是"十四五"开局之年,《中华人民共和国长江保护法》正式施行,为长江流域水资源管理、河湖管控、水生态保护修复、洪涝灾害防御等方面提供了重要的法制保障,标志着长江保护治理迈入了依法实施的新阶段。长江流域"一江两湖七河"等重点水域实行"十年禁捕",促进了长江生态环境保护工作。生态环境部、交通运输部、水利部、农业农村部等多个部委印发实施"十四五"有关规划,赋予了流域治理与保护工作新使命。

2021年,长江治理与保护科技创新联盟各成员单位①坚决贯彻落实习近平总书记重要指示精神和党中央、国务院决策部署,担当作为,真抓实干,在多重挑战下推动长江治理与保护工作取得显著成效。水旱灾害防御方面,面对"长江第1号洪水"、长江上游秋汛及汉江流域超过20年一遇的秋季大洪水,强化监测预报预警,科学精细调度水工程,全力做好防汛抗洪技术支撑,取得了水旱灾害防御工作的全面胜利;水资源综合利用与保护方面,积极推进

---

① 报告中涉及联盟成员单位一般用简称,对应单位全称见附录1。

引江济淮、滇中引水、引江补汉等跨流域调水工程建设，白鹤滩水电站正式投产发电，丹江口水利枢纽自大坝加高后首次满蓄，深入开展重点河湖生态流量保障、饮用水水源地保护、地下水保护等方面工作；航运发展方面，加快完善基础设施，长江水路运输市场整体向好发展，积极推动多式联运示范工程建设，安全形势总体稳定，绿色发展成效明显；水环境保护与综合治理方面，持续开展流域水污染防治、水土保持和水环境综合治理，流域水环境质量持续改善；水生态保护与修复方面，加强重点水域水生态及水生生物资源监测，加大重要生态功能区、河流湖库生境保护力度，积极落实长江重点水域"十年禁捕"，持续开展三峡水库及金沙江中下游梯级生态调度试验；流域综合管理方面，法律法规及制度建设逐步完善，监督管理与执法进一步强化，水文化建设有序推进；智慧流域建设方面，加速推进信息化、智慧化、数字孪生等新一代技术与长江治理保护工作的深度融合，取得了显著进展；科技创新方面，集聚长江流域优势科技资源，持续推动建立多元开放、优势互补、集成高效的协同创新机制，破解长江治理与保护领域科技难题，为长江大保护和长江经济带高质量发展提供有力的科技支撑。

为分析总结2021年长江治理与保护取得的成效、经验，介绍长江治理与保护重大问题研究成果，响应社会关切，特编制《长江治理与保护报告2022》。本报告由长江治理与保护科技创新联盟编写，长江委审核。本报告结合长江流域特点和社会关注热点，介绍了长江流域气候、水资源、水环境质量、水生态、生态环境质量、河道水沙、航运的基本状况，详细阐述了水旱灾害防御、水资源综合利用与保护、航运发展、水环境保护与综合治理、水生态保护与修复、流域综合管理、智慧流域建设等方面的治理与保护成效，展示了联盟成员单位开展的同长江治理与保护密切相关的科技创新成果和亮点特色工作成果。

目 录

第 1 章 概述 — 1
1.1 水旱灾害防御 — 1
1.2 水资源综合利用与保护 — 2
1.3 航运发展 — 2
1.4 水环境保护与综合治理 — 3
1.5 水生态保护与修复 — 4
1.6 长江流域综合管理 — 5
1.7 智慧流域建设 — 6

第 2 章 长江流域基本状况 — 7
2.1 气候条件 — 7
2.2 水资源状况 — 11
2.3 水环境质量状况 — 14
2.4 水生态状况 — 18
2.5 生态环境质量状况 — 19
2.6 河道水沙状况 — 23
2.7 航运状况 — 30

第 3 章 长江流域水旱灾害防御 — 33
3.1 水旱灾害情况 — 33
3.2 水工程联合调度 — 46
3.3 长江水旱灾害防御成效 — 57

第 4 章 长江流域水资源综合利用与保护 — 58
4.1 水资源配置 — 58
4.2 水利工程建设 — 62
4.3 水力发电 — 69
4.4 水资源保护 — 72

第 5 章　长江流域航运发展 　　85

5.1　水运投资 　　85
5.2　航运基础设施建设 　　85
5.3　运输服务发展 　　89
5.4　航运安全保障 　　90
5.5　航运绿色发展 　　91
5.6　绿色航道建设典型案例 　　93

第 6 章　长江流域水环境保护与综合治理 　　96

6.1　水环境保护 　　96
6.2　水土保持 　　102
6.3　典型案例 　　104

第 7 章　长江流域水生态保护与修复 　　112

7.1　法律法规及制度建设 　　112
7.2　水生态监测与评估 　　113
7.3　水生生境保护与修复 　　118
7.4　水生生物资源保护 　　119
7.5　典型案例 　　124

第 8 章　长江流域综合管理 　　130

8.1　法律法规及制度建设 　　130
8.2　监督管理与执法 　　132
8.3　水文化建设 　　134

第 9 章　智慧流域建设 　　137

9.1　智慧气象 　　137
9.2　智慧水利 　　147
9.3　智慧航运 　　160

第10章 科技创新   166

10.1 科技创新主要举措 ………………………………… 166

10.2 重大科技奖励和科技项目 …………………………… 169

10.3 科技创新基地 ………………………………………… 175

第11章 重大问题研究进展   177

11.1 水旱灾害防御 ………………………………………… 177

11.2 水工程建设与运行 …………………………………… 191

11.3 水生态环境保护与修复 ……………………………… 200

11.4 河湖治理与保护 ……………………………………… 211

11.5 流域综合管理 ………………………………………… 218

附 录   223

附录1 长江治理与保护科技创新联盟成员单位 …………… 224

附录2 2021年长江治理与保护大事记 ……………………… 226

第 1 章　概　述

2021年是"十四五"开局之年,我国深入实施创新驱动发展战略,全面推进长江经济带高质量发展,贯彻实施《中华人民共和国长江保护法》,全面实施长江流域重点水域"十年禁捕",诸多工作部署均对新阶段长江治理与保护提出了更高要求。长江治理与保护科技创新联盟各成员单位深入贯彻落实习近平总书记关于推动长江经济带高质量发展和治水、科技创新等重要指示精神,凝心聚力,克难奋进,共同推进长江治理与保护各项工作,在水旱灾害防御、水资源综合利用与保护、航运发展、水环境保护与综合治理、水生态保护与修复、长江流域综合管理以及智慧流域建设等方面取得显著成效。

1.1　水旱灾害防御

2021年汛期,长江流域发生多次强降雨过程,主汛期多条支流发生超警戒及以上洪水,长江上游及汉江流域发生明显秋汛。长江发生1次编号洪水,三峡水库最大入库流量55000m^3/s。汉江丹江口水库发生7次10000m^3/s以上的入库洪水过程,最大入库洪峰达24900m^3/s(为2013年大坝加高以来最大值),秋汛累计来水为1969年以来历史同期第1位。面对严峻复杂的防洪形势,联盟成员单位会同有关单位强化监测预报预警,科学精细调度水工程,全力做好防汛抗洪技术支撑,成功应对了流域多轮强降雨过程和第6号台风"烟花",有效防御了长江2021年第1号洪水和长江上游及汉江、嘉陵江等河流多轮秋季洪水。

水工程联合调度在流域水旱灾害防御中发挥了重要作用。2021年纳入年度联合调度计划的水工程共计107座(处),包括控制性水库47座,总调节库容1066亿m^3、总防洪库容695亿m^3。在防御长江第1号洪水过程中,三峡及上游水库群共拦蓄洪水116亿m^3,其中三峡水库拦蓄75亿m^3,将沙市、城陵矶水位控制在警戒水位以下2.1~3.2m,显著减轻了中下游地区的防洪压力。在防御第6号台风"烟花"过程中,水阳江港口湾水库控制最大出库流量123m^3/s左右,削峰率达90%,降低下游宣城站最高水位约1m;通过马山埠闸、双桥河闸等调度分泄水阳江干流约 1.5 亿 m^3 洪水进入南漪湖,降低水阳江干流新河庄站水位约 0.4m,控制新河庄站水位在保证水位 13.0m 左右。在防御 8 月中下旬以来汉江秋汛过程中,汉江流域控制性水库群累计拦洪总量 145 亿 m^3,有效应对了汉江 7 次较大洪水过程,降低了汉江中下游干流洪峰水位 1.5~3.5m,缩短超警天数 8~14 天,避免了丹江口以下河段超保证水位和杜家台蓄滞洪区分洪运用。

1.2　水资源综合利用与保护

2021 年,长江流域立足国家战略水源地和水电清洁能源重点区的定位,重点围绕国家水网重大工程建设和实现"双碳"目标的部署安排,科学推进水资源配置工程研究、建设与优化运行,有序开展水能资源开发,统筹开展地表和地下水资源保护,水资源综合利用与保护取得显著成效。

(1) 流域水资源保障能力和综合利用水平进一步提升

流域内城镇供水体系进一步完善,农村饮水安全得到巩固提升,城乡一体化供水持续推进,农田水利工程基础不断夯实,大型灌区新建及现代化改造取得重大进展。南水北调中线一期工程 2020—2021 年调水 90.54 亿 m^3,创历史新高,连续两年超工程规划供水量(85.4 亿 m^3);引江济淮工程主体工程全部开工,滇中引水工程顺利推进,《南水北调后续工程中线引江补汉工程可行性研究报告》通过审查。全年在建水电站 30 余座、总装机容量约 4000 万 kW;装机容量 1600 万 kW 的白鹤滩水电站投产发电,正式成为"西电东送"的骨干电源点之一;丹江口水库首次达到满蓄目标(170m)并创下自 1968 年首台机组投产发电以来的年度发电量历史新高(57.49 亿 kW·h)。

(2) 流域水资源保护与管理扎实推进

205 个国家重要饮用水水源保护区内的入河排污口基本整改完成,72.7%的水源地一级保护区实现全封闭管理,取水口水质达标率稳步提升。确定了 83 条跨省河流及 2 个重要湖泊共 131 个控制断面的生态流量(水位)目标,原来间歇性断流的金马河、毗河实现不断流,三峡、乌东德、溪洛渡、向家坝、丹江口等重要水库继续开展生态调度试验,促进流域水生态系统功能持续向好。汉江等 23 条跨省江河的水量分配方案全部编制完成,累计 11 条获得水利部批复。水资源"双控"目标严格落实,节水型社会建设深入实施,全流域全年供用水总量 2072.36 亿 m^3(2020 年为 1957.56 亿 m^3),万元 GDP(当年价)用水量 50.1m^3(2020 年为 53.20m^3),万元工业增加值(当年价)用水量 48.2m^3(2020 年为 52.9m^3),农田灌溉亩均用水量 406m^3(2020 年为 399m^3),水资源利用效率持续提升。

1.3　航运发展

2021 年,长江流域加快完善航运基础设施建设,稳步推进运输生产,积极调整运输结构,大力推动安全绿色发展,航运发展取得显著成效。

(1)基础设施加快完善

长江水系 14 省(直辖市)[①]港航基础设施投资力度持续加大。有序推进航道建设,长江干线武汉—安庆段 6m 水深航道整治工程全面完工并投入试运行,长江口南槽航道治理一期工程、芜裕河段航道整治工程等通过竣工验收并投入运行。汉江河口段 2000 吨级航道全面完工。赣江航道基本达到Ⅲ级航道标准,赣江南昌—吉安—赣州千吨级航线正式开通。推进港口建设和协同发展。推进南通通州湾长江集装箱新出海口建设。推进芜湖、马鞍山、安庆江海联运枢纽及合肥江淮航运中心建设。荆州江陵煤炭储备基地一期工程基本建成,果园港二期及二期扩建工程完工。

(2)运输生产稳中有进

长江干线港口完成货物吞吐量 35.3 亿 t;集装箱吞吐量 2279 万 TEU(标箱)。三峡枢纽(含三峡船闸、升船机)通过船舶 4.5 万艘次,通过量完成 1.51 亿 t。

(3)运输结构优化调整

加快推进重点港区铁路专用线和疏港公路建设,重点解决铁路进港"最后一公里"问题,长江干线 14 个港口铁水联运项目加快推进。长江干线全年完成江海运输量 13.7 亿 t,同比增长 5.0%;完成铁水联运量 24.4 万 TEU,同比增长 31.3%。

(4)安全形势总体稳定

深入开展安全生产专项整治"集中攻坚年"行动,围绕客船群死群伤、危化品船爆炸和污染等安全风险,全面开展防范化解专项工作。全年长江干线水上交通一般等级以上事故"四项指标"同比全面下降,未发生重大水上交通事故。

(5)绿色发展成效明显

健全完善船舶和港口污染治理长效机制,加快推进绿色低碳发展。绿色航道、绿色港口建设不断创新,航道疏浚土生态化综合利用不断推广。深入推进船舶污染治理,长江干线港口码头船舶水污染物固定接收设施基本实现全覆盖,长江经济带船舶水污染物监管与服务信息系统覆盖至长江经济带所有内河码头、基本覆盖长江干线到港中国籍营运船舶,长江干线宜宾—岳阳段船舶水污染物基本实现"零排放",江苏段"一零两全四免费"机制有效运行。

1.4 水环境保护与综合治理

从长江生态整体性和流域系统性出发,统筹水环境、水生态、水资源等要素,以改善水生

[①]长江水系 14 省(直辖市)包括云南、贵州、四川、重庆、湖北、湖南、江西、安徽、江苏、浙江、上海、山东、陕西、河南。

态环境质量为核心,持续开展流域水污染防治、水土保持和水环境综合治理,流域水生态环境持续改善。

(1)水污染防治与水环境保护工作持续推进

加强入河排污口、城镇生活污水、工业污染等污染源治理,开展378个国家地下水考核点位、武汉汉江段新污染物水环境监测,实施汉江流域水华防治等流域水环境保护工作,2021年长江流域江河湖库水环境质量持续改善,总体水质为优。

(2)水土流失治理成效显著

实施坡耕地水土流失综合治理、国家和省级水土保持建设工程,加强水土保持监督管理与监测,长江流域水土流失面积和强度逐年下降,人为水土流失得到有效遏制。

(3)水环境综合治理工作富有成效

探索"城市水管家""环保管家"等水环境综合治理创新模式,推进武汉市武昌区外沙湖、水果湖、楚河水环境综合整治工程,荆州市城市水环境治理等示范项目,凝练出长江生态环境系统性保护修复模式,加快推动长江经济带高质量发展。

1.5 水生态保护与修复

2021年,长江流域水生态保护与修复精准发力,进一步健全了法律法规保障,深入推动水生态监测与评估、水生生境保护与修复、水生生物资源保护,河湖生态环境稳定向好。《中华人民共和国湿地保护法》出台,填补了我国生态系统保护立法空白。

(1)水生态监测与评估体系进一步完善

完善监测站网建设,持续加强长江干流、典型支流和重要水库等重点水域水生态及水生生物资源监测,完成《长江流域水生生物资源及生态环境状况公报》《流域水生态监测与评价学术专辑》《三峡工程运行安全综合监测系统水生态监测报告》等的发布或报送。

(2)水生生境保护与修复工作成效显著

重要生态功能区、河流湖库生境保护力度不断加强。开展丹江口水库专项整治行动,确保一库碧水永续北送;清理整治长江干流及洞庭湖、鄱阳湖非法矮围,恢复水域面积6.8万亩(1亩=0.067hm^2);清退小水电站3500多座,创建示范绿色小水电870座,修复减水河段9万多km;积极开展长江中下游河湖水系连通研究,实施农村河湖生态环境改善,基本完成第一批试点县水美乡村建设;加强栖息地保护、水域及河湖(库)岸带生态修复、生物通道恢复等研究。

(3)水生生物资源保护效益凸显

落实长江重点水域"十年禁捕",共计退捕上岸渔船11.1万艘、涉及渔民23.1万人;持续开展鱼类增殖放流,促进水生生物资源恢复;实现了中华鲟子2.5代繁育成功,保存了150

余种长江流域水生生物遗传资源 10 万余份;持续开展三峡水库、金沙江下游梯级、汉江梯级生态调度试验,首次将乌东德水电站纳入生态调度范围,保障鱼类产卵期生态流量,生态效益显著。

1.6 长江流域综合管理

长江流域综合管理水平稳步提升,法律法规及制度建设逐步完善,监督管理与执法进一步强化,水文化建设有序推进,有效协调流域综合管理与流域经济社会的可持续发展。

(1)法律法规及制度建设逐步完善

联盟成员单位积极宣传贯彻实施《中华人民共和国长江保护法》并建立相应的配套制度,形成了健全流域统筹、区域协作、部门联动的工作格局。长江委印发实施《水利部长江水利委员会生态流量监督管理办法(试行)》,配合水利部制定《河道采砂管理条例》《长江流域控制性水工程联合调度管理办法》,修订《长江河道采砂管理条例》《水行政处罚实施办法》等法规规章,修改完善《长江流域水资源刚性约束制度实施方案》,探索长江流域创新水权交易机制,建立长江流域(片)河湖长制协作机制。长江局提出在长江流域先行先试建立水生态考核机制的建议,协调长江委、长江办参加水生态监测考核指标体系构建工作,为"十四五"时期有效支撑长江流域水生态考核和保护工作奠定基础。长航局拟定的《深入推进长江航运高质量发展任务清单》经交通运输部专题会研究同意后印发。中国气象局印发《长江经济带气象保障能力提升工作方案(2021—2025 年)》,长江流域气象中心印发《湖北省气象局贯彻落实〈长江经济带气象保障能力提升工作方案(2021—2025 年)〉细化方案》及《长江流域气象业务改进工作实施方案》。

(2)监督管理与执法进一步强化

联盟成员单位依法依规开展各项行动,助力长江大保护与长江经济带高质量发展。长江委开展了水旱灾害防御日常监督检查、最严格水资源管理制度执行情况日常监督检查等 4 大类 24 项监督检查工作,开展了水利工程建设安全生产巡查和水利工程安全隐患督导检查、长江流域水行政执法专项监督、长江采砂管理清江行动、长江流域非法矮围专项整治等行动。长江局持续强化流域生态环境监督执法,规范入河排污口行政审批,修订入河排污口审核服务指南,对 10 省(自治区、直辖市)重点问题总计 100 余点位开展综合性监督检查等。长航局从推进运输结构调整、推动运输组织优化、提升服务保障能力等方面出发,加强水路运输市场监管和省际客船、液货危险品船宏观调控等。

(3)水文化建设有序推进

长江委、长航局等单位会同流域各省(自治区、直辖市),结合河湖长制、水利风景区建设、精神文明建设、水利工程建设等工作,因势利导、因地制宜地推进水文化建设,开展了水文化建设的顶层设计、机制体制、工作实践、理论研究、重点任务等方面工作,在保护弘扬传承长江水文化上取得了明显成效。

1.7 智慧流域建设

联盟成员单位以数据获取与交换为基础,以业务协同为重点,依托重点项目建设,加速推进新一代信息技术与长江治理保护工作的深度融合,取得了良好成效。

(1)智慧气象助力精准预报效果显著

打造了具有自主知识产权的长江流域气象业务智能服务一体化平台,实现了气象水文信息联动分析、预报服务智能提示、流域降水格点订正、数据产品快速集成、制作发布便捷高效、预报检验评估实时反馈。研发了便捷智能的三峡梯调气象业务系统和三峡梯调气象信息网,为金沙江下游—三峡梯级水库联合调度提供了及时、可靠的气象预报预测服务支撑。建设了长江流域航道天气监测预警预报系统,开发航运调度管理和船舶行程规划两种服务场景下天气通航等级的具体算法,并开展智能航运气象服务,实现通航等级的场景定制化服务。

(2)开展数字孪生长江建设谋划及试点,推进智慧水利新发展

参与制定《关于大力推进智慧水利建设的指导意见》《智慧水利建设顶层设计》《"十四五"智慧水利建设规划》等水利部相关文件,组织编制《智慧长江顶层设计》《数字孪生长江建设方案编制工作大纲》,进一步明晰建设数字孪生长江为现阶段智慧水利建设的核心任务,立足现有信息化基础,以"透彻感知、全面互联、深度整合、广泛共享、智能应用、泛在服务"为提升方向,着力构建具有"四预"功能的"2+N"水利智能业务应用体系、水利网络安全体系、智慧水利保障体系,全面推进数字孪生长江重点项目建设。

(3)数字化技术助力智慧航运能力建设

持续提升数字化水平,长江干线数字航道综合业务系统上线试运行,长江电子航道图实现干支连通,"三峡通航 e 站"上线 3.0 新版本;苏州港太仓港区四期建成全自动化堆场集装箱码头,5G 智慧港口加快试点应用;交通运输部海事局试点长江三角洲"陆海空天"一体化海事监管体系建设,长航局试点"内河航运安全管控与应急搜救建设"相继启动,物联网、云计算、大数据和移动互联等新技术在海事系统得到广泛应用。

第 2 章　长江流域基本状况

长江流域气候、水资源、水生态环境、河道水沙、航运等基本状况是长江治理与保护的基础,本章介绍了2021年长江流域气候条件、水资源量、水资源利用、水环境质量、水生态、生态环境质量、河道水沙、航道港口建设以及船舶运力等基本状况。

2.1　气候条件

2.1.1　流域气候特征

(1)流域年降水量正常略偏多

根据长江流域700多个气象站监测资料,2021年长江流域平均降水量1224.9mm,较常年略多4%(图2.1-1)。各地降水量410~2852.8mm,其中金沙江大部、岷沱江上游289.1~800mm,嘉陵江中游、洞庭湖南部和鄱阳湖东北部1600~2852.8mm,其他地区为800~1600mm。与常年相比,金沙江大部、岷沱江西部、上游干流区间西部、中游干流区间、鄱阳湖、洞庭湖东部、下游干流区间部分地区偏少1~4成,其他地区偏多1~7成,其中嘉陵江中游和汉江上游大部偏多5~7成(图2.1-2)。

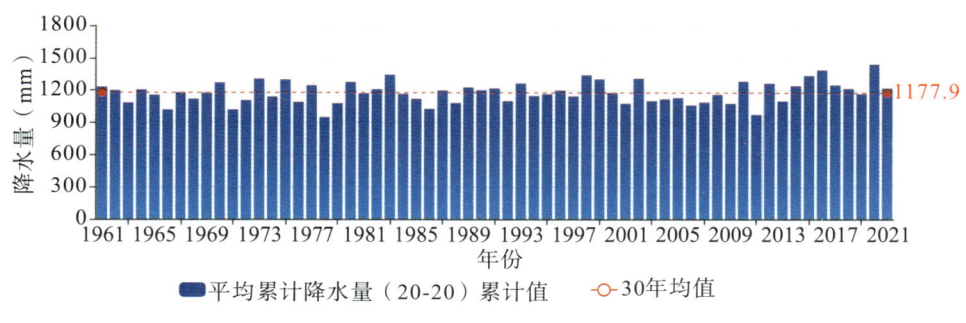

图 2.1-1　1961—2021 年长江流域逐年降水量变化

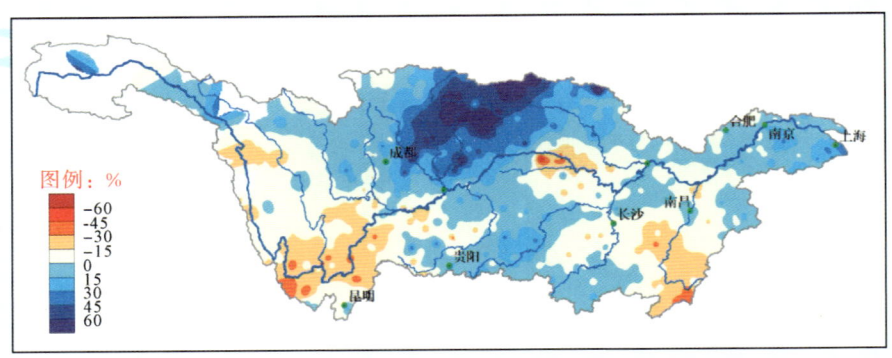

图 2.1-2　2021 年长江流域降水量距平百分率分布

（2）降水时空分布不均，春季、秋汛期降水整体偏多

1月、2月较常年偏少，其中金沙江中下游异常偏少。春季流域降水整体较常年偏多1成，3—4月基本正常，5月异常多3成，排历史同期第3位，金沙江中下游部分地区偏少9成至100％，洞庭湖西南部及鄱阳湖东北部偏多1.5~2倍，降水主要集中在5月中下旬。主汛期（6—8月）流域降水较常年略偏多，呈前少后多特性，长江中下游梅雨偏少，嘉陵江中下游、汉江上中游以及三角洲平原区偏多5成以上。秋汛期（9—10月）流域整体降水较常年偏多1成，其中嘉陵江、岷沱江西南部、汉江上游大部及中游北部、洞庭湖西南部和三角洲平原区偏多3成至1倍，其他大部地区偏少3~6成。11月与常年持平，12月较常年偏少4成。

2021年长江中下游区梅雨偏早、偏少。6月10日入梅，较常年（6月14日）偏早4天；7月11日出梅，较常年（7月13日）偏早2天；雨量259.4mm，较常年（281.0mm）偏少7.7％。

（3）流域气温创新高

2021年长江流域平均气温16.8℃，较常年同期偏高0.9℃，与2006年、2013年和2016年并列为1961年来同期首位（图2.1-3）。各地平均气温－4.2~22.8℃，其中金沙江大部、岷沱江上游、嘉陵江上游、乌江上游、汉江上游－4.2~16℃，其他大部16~22.8℃。与常年相比，大部气温偏高0.1~2.4℃，其中偏高1℃以上的区域集中分布在金沙江大部、两湖流域大部、中下游干流区间大部和三角洲平原区（图2.1-4）。2021年共488站年平均气温排历史同期前5位，其中314站排历史同期首位。

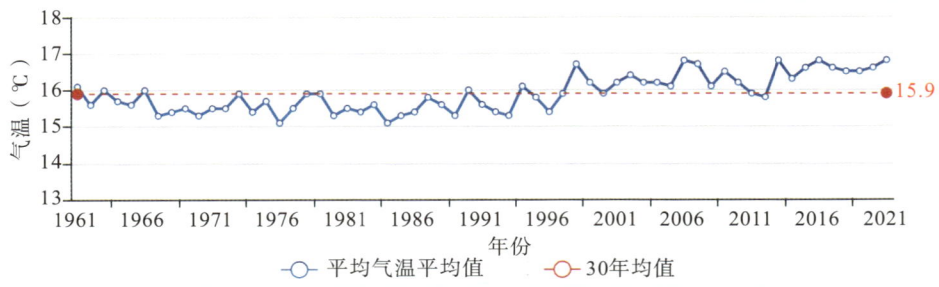

图 2.1-3　1961—2021 年长江流域逐年平均气温变化

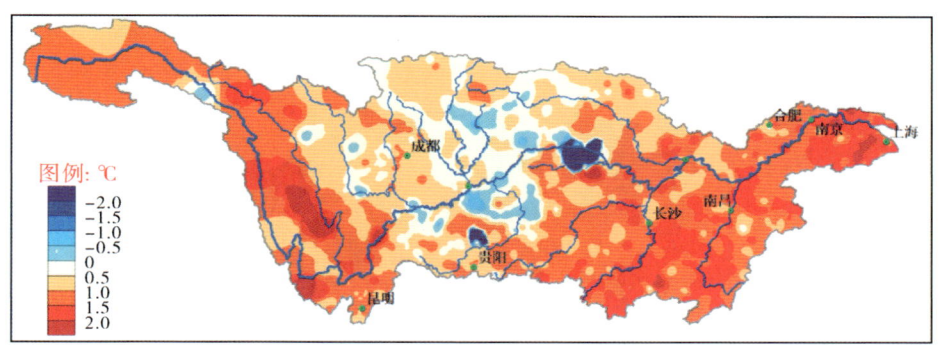

图 2.1-4　2021 年长江流域平均气温距平分布

（4）流域极端降水事件近 5 成出现在 8 月中下旬

根据国家气候中心业务规定，采用百分位方法（95％分位数）确定极端降水事件阈值，若超过阈值即算作出现一次极端降水事件。根据上述方法对 1 日、3 日极端降水事件进行特征分析。2021 年长江流域共 28 站次出现 1 日极端降水事件，其中近 5 成出现在 8 月中下旬，共 10 站突破历史极大值，最大为 312.9mm（8 月 12 日，湖北宜城）；共 49 站次出现 3 日极端降水事件，其中 19 站次突破历史极大值，最大为 385.6mm（8 月 11—13 日，湖北宜城）。

2.1.2　降水和气温变化情况

长江流域多年平均降水量 1183.7mm，1961—2021 年长江流域年降水量呈弱增加趋势（图 2.1-5），平均每 10 年增加 12.3mm；具有较明显的年代际变化特征，20 世纪 70 年代初至 80 年代初、90 年代末至 21 世纪初及 2010 年后为降水偏多时段，其中 2020 年最多为 1447.3mm，其次是 2016 年的 1393.8mm，1983 年、1998 年和 2015 年均接近 1350mm（图 2.1-6）。空间分布上，金沙江下游、岷沱江大部、汉江中游和上游干流区间东部呈下降趋势，每 10 年减少 15mm，其他地区呈增加趋势，其中嘉陵江下游、鄱阳湖北部、洞庭湖大部和三角洲平原区每 10 年增加 60mm。

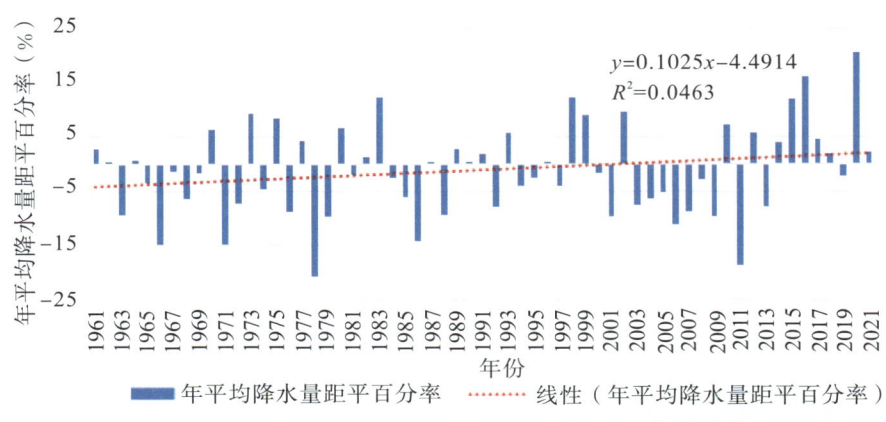

图 2.1-5　1961—2021 年长江流域逐年降水距平百分率变化

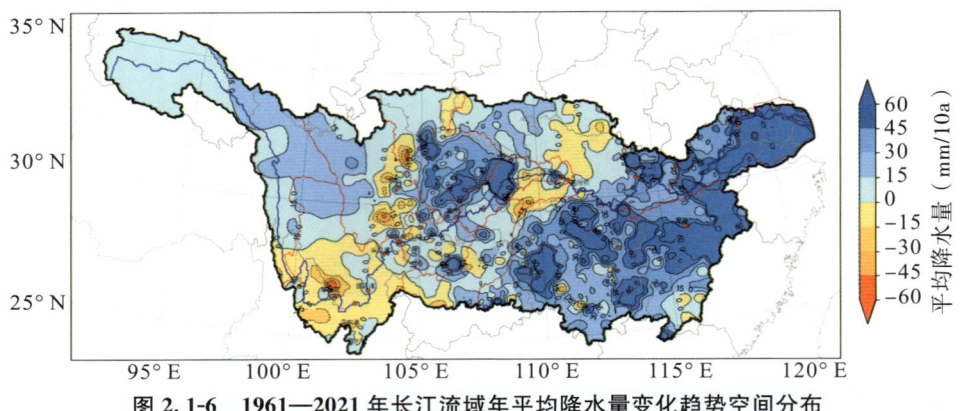

图 2.1-6　1961—2021 年长江流域年平均降水量变化趋势空间分布

长江流域多年平均气温 15.9℃，1961—2021 年长江流域年平均气温呈显著增加趋势（图 2.1-7），平均每 10 年增加 0.2℃；20 世纪 90 年代末期之前流域年平均气温处于偏低时段，仅 1961 年（16.1℃）、1994 年（16.1℃）超 16℃，之后气温大多处于偏高时段，并列第一的四个年份均出现在这一时段（2006 年、2013 年、2016 年、2021 年，16.8℃），其间仅 2000 年（15.9℃）、2011 年（15.9℃）和 2012 年（15.8℃）低于 16℃（图 2.1-7）。空间分布上，除了上游干流区间和乌江下游呈下降趋势外，其他地区年平均气温均呈上升趋势，其中金沙江、洞庭湖、中游干流区间、三角洲平原区上升速率每 10 年增加 0.2～0.4℃（图 2.1-8）。

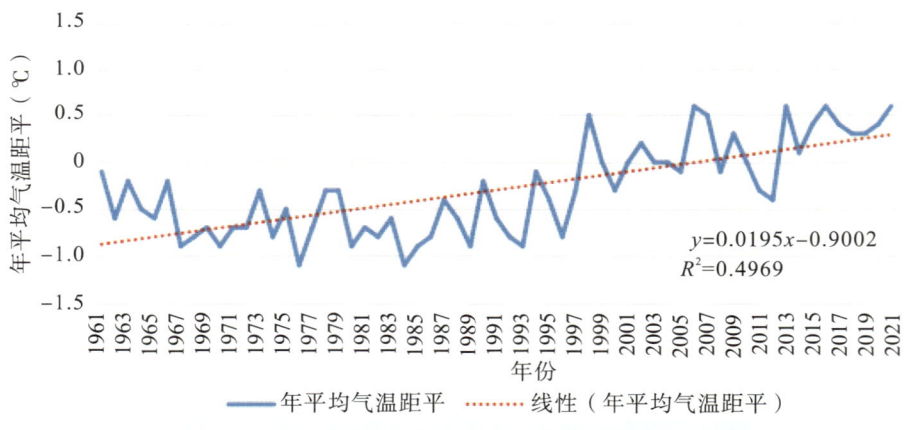

图 2.1-7　1961—2021 年长江流域逐年平均气温距平变化

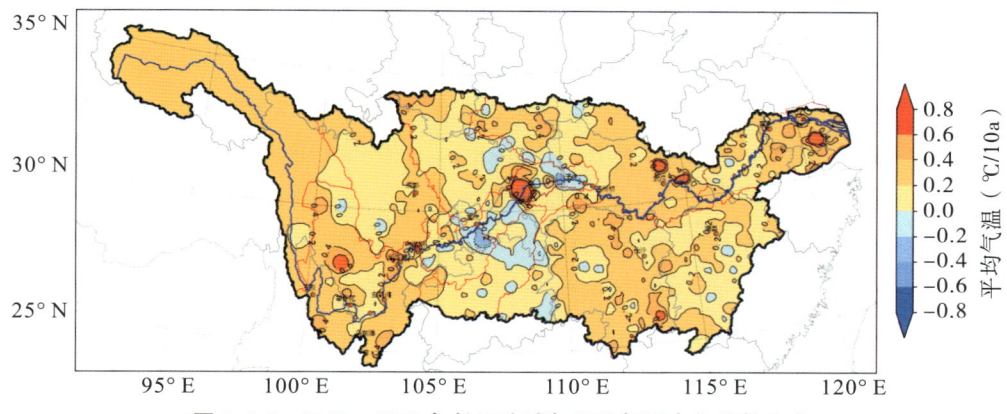

图 2.1-8　1961—2021 年长江流域年平均气温变化趋势分布

2.2　水资源状况[①]

2.2.1　水资源量

长江流域划分为金沙江石鼓以上、金沙江石鼓以下、岷沱江、嘉陵江、乌江、宜宾—宜昌、洞庭湖水系、汉江、鄱阳湖水系、宜昌—湖口、湖口以下干流、太湖水系等 12 个水资源二级区（图 2.2-1）。2021 年长江流域水资源二级区水资源量见表 2.2-1。

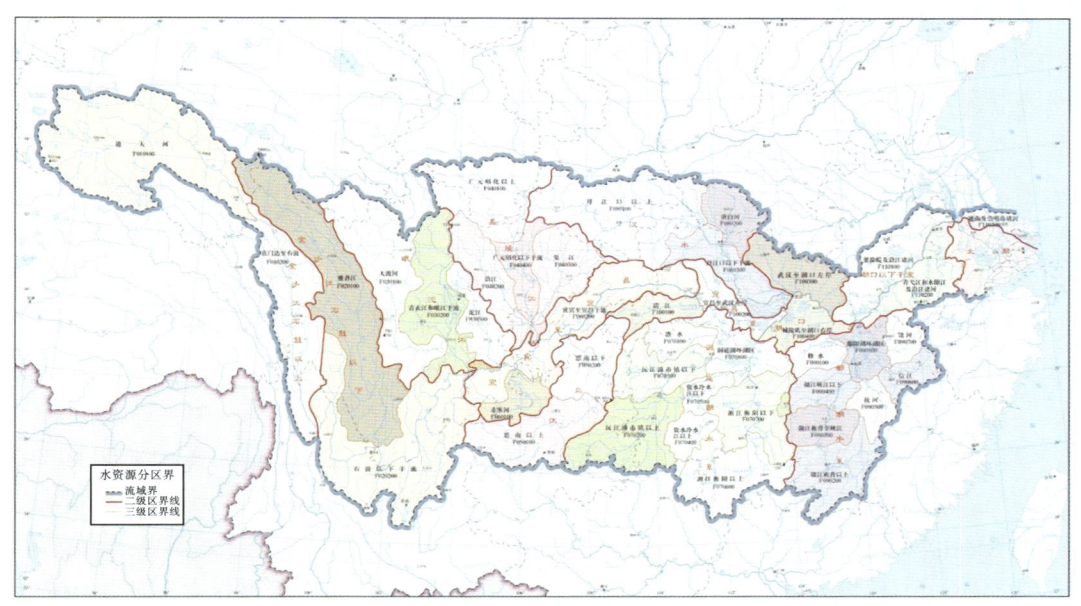

图 2.2-1　长江流域水资源分区

---

① 数据来源于《长江流域水资源公报 2022》。

表 2.2-1　2021 年长江流域水资源二级区水资源量　　　　　　　　（单位：亿 m³）

水资源二级区	降水总量	地表水资源量	地下水资源量	地下水资源与地表水资源不重复量	分区水资源总量
长江流域	20563.15	11079.03	2624.76	107.15	11186.18
金沙江石鼓以上	1036.90	444.00	166.83	0.00	444.00
金沙江石鼓以下	2105.15	989.26	289.09	0.00	989.26
岷沱江	1701.27	1081.50	263.93	1.13	1082.63
嘉陵江	1956.66	1111.01	171.14	0.99	1112.00
乌江	1063.57	593.10	144.76	0.00	593.10
宜宾—宜昌	1282.66	784.67	159.00	0.00	784.67
洞庭湖水系	3910.88	2211.10	539.73	8.59	2219.69
汉江	1902.51	1010.55	232.63	22.57	1033.12
鄱阳湖水系	2609.76	1394.79	329.75	19.17	1413.96
宜昌—湖口	1254.30	646.08	155.92	10.04	656.12
湖口以下干流	1213.08	562.43	120.76	25.30	587.73
太湖水系	526.41	250.54	51.22	19.36	269.90

(1) 降水量

2021 年,长江流域平均降水量为 1152.8mm,比多年平均值偏多 6.7%,比 2020 年减少 10.1%。与 2020 年相比,除汉江、嘉陵江增加 15.2%、13.4%外,其余水资源二级区均减少,减少 20%以上的有宜昌—湖口、湖口以下干流。

(2) 地表水资源量

2021 年,长江流域地表水资源量为 11079.03 亿 m³,折合年径流深 621.1mm,比多年平均值偏多 13.3%,比 2020 年减少 13.0%。与 2020 年相比,除汉江、嘉陵江增加 48.1%、17.5%外,其余水资源二级区均减少,减少 20%以上的有宜昌—湖口(37.2%)、湖口以下干流(34.9%)、岷沱江(20.5%)。

(3) 地下水资源量

2021 年,长江流域地下水资源量为 2624.76 亿 m³,比多年平均值偏多 7.1%,比 2020 年减少 7.3%。其中,平原区地下水资源量为 257.88 亿 m³,山丘区地下水资源量为 2381.94 亿 m³,平原区与山丘区之间的重复计算量为 15.06 亿 m³。地下水资源平均模数为 15.1 万 m³/km²,以洞庭湖水系的 21.1 万 m³/km² 为最大,以金沙江石鼓以上 7.7 万 m³/km² 为最小。

(4) 水资源总量

2021 年,长江流域水资源总量为 11186.18 亿 m³,比多年平均值偏多 13.3%,比 2020

年减少13.0%。其中,地表水资源量11079.03亿 m³,地下水资源量为2624.76亿 m³,地下水资源与地表水资源不重复量为107.15亿 m³。流域水资源总量占降水总量的54.4%,平均单位面积产水量为62.7万 m³/km²。

(5)入海水量及跨流域调水

2021年,长江流域入海水量为10083亿 m³,比2020年减少14.6%。淮河入江水道年净入江水量325.24亿 m³,基本与2020年持平。

2021年,南水北调中线一期工程陶岔渠首共计引调水量94.09亿 m³,比2020年偏多6.4%。南水北调东线一期工程向山东调水5.63亿 m³,江水北调通过江都枢纽抽引长江水1.60亿 m³,江水东引通过江都枢纽、高港枢纽分别自引长江水36.50亿 m³、46.80亿 m³。陕西省引红济石、引乾济石及引湑济黑工程分别从汉江引水0.80亿 m³、0.38亿 m³、0.38亿 m³。安徽省淠史杭灌区调入长江流域水量7.05亿 m³。湖北省广水市黑花飞灌区从淮河流域调入长江流域0.84亿 m³。

2.2.2 水资源利用

(1)供水量

2021年,长江流域总供水量2072.36亿 m³,占当年水资源总量的18.5%。其中,地表水源供水量2003.62亿 m³,占总供水量的96.7%;地下水源供水量39.88亿 m³,占总供水量的1.9%;其他水源供水量28.86亿 m³,占总供水量的1.4%。与2020年相比,总供水量增加114.80亿 m³。其中,地表水源供水量增加112.61亿 m³,地下水源供水量减少0.39亿 m³,其他水源供水量增加2.58亿 m³。2021年长江流域水资源二级区供用水量见表2.2-2。

表2.2-2　　　　　2021年长江流域水资源二级区供用水量　　　　　(单位:亿 m³)

水资源二级区	供水量				用水量				
	地表水源	地下水源	其他水源	总供水量	农业	工业	生活	人工生态环境补水	总用水量
长江流域	2003.62	39.88	28.86	2072.36	1030.9	632.96	345.02	63.48	2072.36
金沙江石鼓以上	3.17	0.07	0	3.24	2.63	0.16	0.45	0	3.24
金沙江石鼓以下	70.52	2	1.82	74.34	47.72	7.26	16.3	3.06	74.34
岷沱江	117.62	3.94	0.85	122.41	77.03	8.95	31.99	4.44	122.41
嘉陵江	91.45	2.99	0.6	95.04	58.56	9.31	24.81	2.36	95.04
乌江	55.62	0.99	0.49	57.1	31.06	11.07	13.91	1.06	57.1
宜宾—宜昌	77.49	1.14	5.34	83.97	36.82	23.19	19.84	4.12	83.97
洞庭湖水系	353.16	7.04	3.66	363.86	230.37	67.06	54.23	12.2	363.86
汉江	147.34	14.44	0.35	162.13	92.44	33.79	23.39	12.51	162.13

续表

水资源二级区	供水量				用水量				
	地表水源	地下水源	其他水源	总供水量	农业	工业	生活	人工生态环境补水	总用水量
鄱阳湖水系	226.92	4.74	2.07	233.73	161.05	41.89	26.44	4.35	233.73
宜昌—湖口	198.36	2.15	0.19	200.7	100.48	57.45	33.45	9.32	200.7
湖口以下干流	326.86	0.32	6.34	333.52	129.15	159.32	38.63	6.42	333.52
太湖水系	335.11	0.06	7.15	342.32	63.59	213.51	61.58	3.64	342.32

(2)用水量

2021年,长江流域总用水量2072.36亿m^3。其中,农业用水量1030.90亿m^3,占总用水量的49.7%;工业用水量632.96亿m^3,占总用水量的30.5%;生活用水量345.02亿m^3,占总用水量的16.7%;人工生态环境补水量63.48亿m^3,占总用水量的3.1%。与2020相比,总用水量增加114.80亿m^3。其中,农业用水量增加49.13亿m^3,工业用水量增加33.13亿m^3,生活用水量增加14.76亿m^3,人工生态环境补水量增加17.78亿m^3。总耗水量861.05亿m^3,综合耗水率为41.5%。

(3)用水指标

长江流域2021年人均综合用水量444m^3,万元GDP(当年价)用水量50.1m^3,万元工业增加值(当年价)用水量48.2m^3,农田灌溉亩均用水量406m^3,城镇居民人均生活用水量255L/d(含公共用水量),农村居民人均生活用水量108 L/d。自1998年以来,长江流域人均综合用水量基本维持在400~460m^3,万元GDP用水量呈下降趋势,农田灌溉亩均用水量总体上呈波动下降趋势。

2.3 水环境质量状况[①]

2021年长江流域河流水环境质量持续改善,总体水质为优。巢湖、滇池等重点湖泊水域的富营养化问题仍未明显改善。

2.3.1 河流水环境质量状况[②]

2021年长江流域河流总体水质为优(图2.3-1和图2.3-2)。监测的1017个国考断面中,Ⅰ~Ⅲ类水质断面占97.1%,比2020年上升1.2%;劣Ⅴ类占0.1%,比2020年下降0.4%。

[①]数据来源于《2021年中国生态环境状况公报》。
[②]河流、湖库、省界断面等水环境评价中,与2020年对比时,2020年采用"十四五"断面(点位)进行评价。

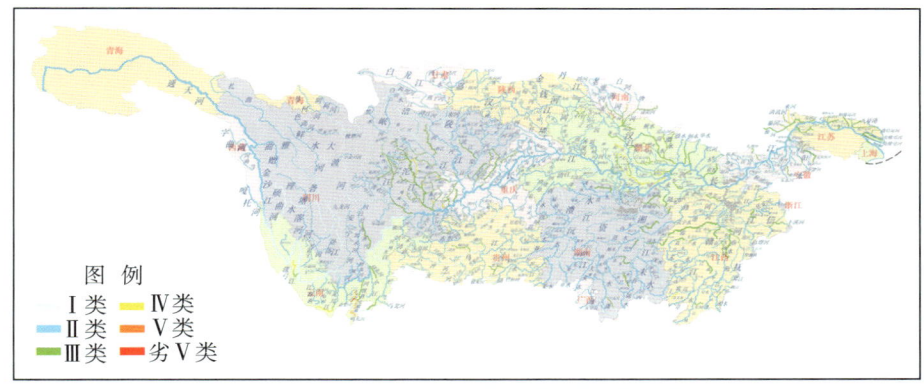

图 2.3-1　2021 年长江流域河流水质分布

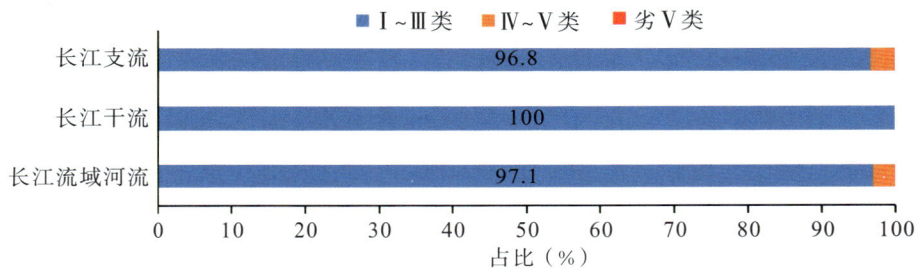

图 2.3-2　2021 年长江流域河流水质类别占比情况

长江干流监测的 82 个断面中,水质均为优,干流水质进一步变好。Ⅰ～Ⅱ类水质断面占 100%,其中Ⅰ类水质断面比 2020 年上升 6.1%。

长江主要支流监测的 935 个断面中,总体水质为优,支流水质总体向好。Ⅰ～Ⅲ类水质断面占 96.8%,比 2020 年上升 1.2%;Ⅳ～Ⅴ类占比 3.1%,比 2020 年下降 0.8%;劣Ⅴ类占比 0.1%,比 2020 年下降 0.4%。

2.3.2　主要湖泊水环境质量状况

2021 年长江流域参与评价的 26 个主要湖泊①中,Ⅰ～Ⅲ类 13 个,占 50.0%;Ⅳ类湖泊 11 个,占比 42.4%;Ⅴ类湖泊 1 个,占比 3.8%;劣Ⅴ类湖泊 1 个,占比 3.8%。与 2020 年相比,上述 26 个湖泊中,Ⅰ～Ⅲ类占比下降 3.8%,Ⅳ～Ⅴ类占比上升 3.8%,劣Ⅴ类占比持平(图 2.3-3)。在 26 个湖泊中,贫营养 2 个,占比 7.7%;中营养 10 个,占比 38.4%;轻度富营养 12 个,占比 46.2%;中度富营养 2 个,占比 7.7%(图 2.3-4)。与 2020 年相比,上述 26 个湖泊中,贫营养湖泊占比上升 3.8%,中营养占比下降 15.4%,轻度富营养占比上升 11.5%,

---

①参与评价的湖泊:程海、泸沽湖、滇池、邛海、红枫湖、草海、梁子湖、斧头湖、洪湖、长湖、黄盖湖、大通湖、洞庭湖、仙女湖、内外珠湖、新妙湖、鄱阳湖、升金湖、南漪湖、武昌湖、泊湖、石臼湖、菜子湖、黄大湖、巢湖、龙感湖。

中度富营养占比持平。

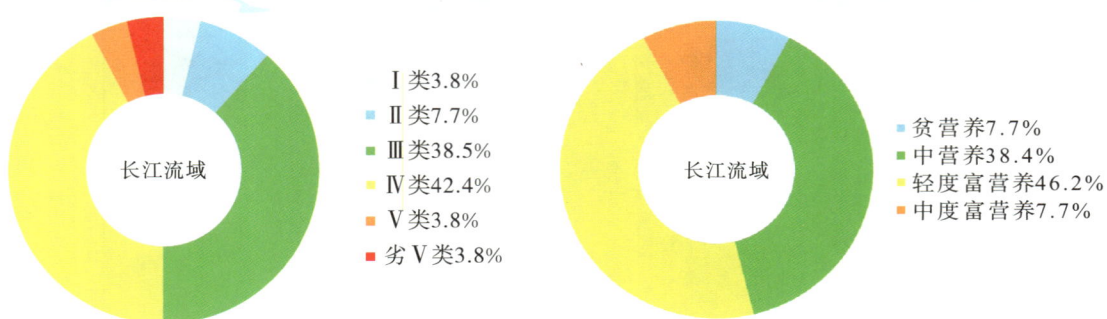

图 2.3-3　2021 年长江流域重要湖泊水质类别　　　图 2.3-4　2021 年长江流域重要湖泊营养状况

以下选取两个典型湖泊进行重点介绍。

(1) 巢湖

2021 年巢湖为轻度污染,主要污染指标为总磷,其中东半湖和西半湖均为轻度污染。全湖为中度富营养状态。其中,东半湖为轻度富营养,西半湖为中度富营养。巢湖环湖河流水质为优,监测的 21 个国考断面中,Ⅱ类占 47.6%,Ⅲ类占 47.6%,Ⅳ类占 4.8%(图 2.3-5)。与 2020 年相比,Ⅱ类水质断面比例上升 19.1%,Ⅲ类下降 14.3%,Ⅴ类下降 4.8%,其他类持平。

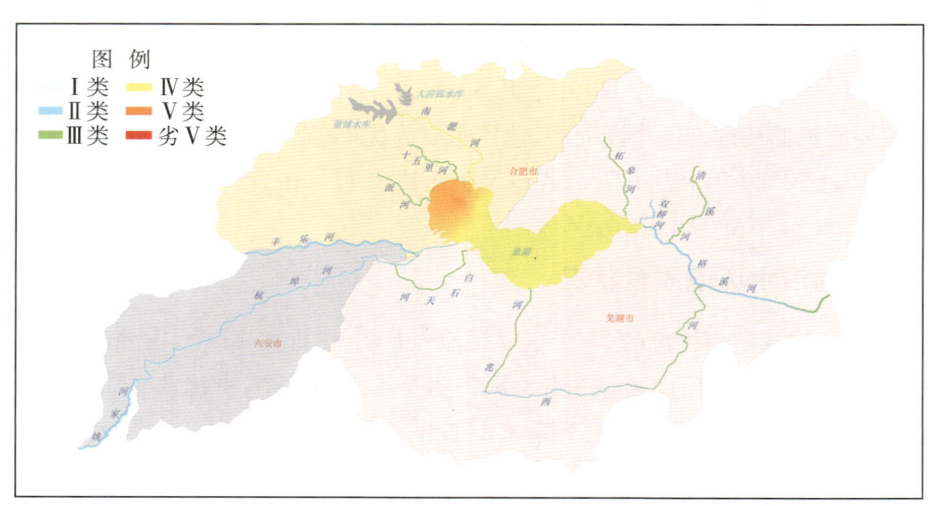

图 2.3-5　2021 年巢湖流域水质分布

(2) 滇池

2021 年滇池为轻度污染,主要污染指标为化学需氧量、总磷和高锰酸盐指数。其中,草海水质良好,外海为中度污染。全湖、草海和外海均为中度富营养状态。滇池环湖河流水质良好,监测的 12 个水质断面中,Ⅱ类水质断面占 33.3%,Ⅲ类占 41.7%,Ⅳ类占 25.0%

(图 2.3-6)。与 2020 年相比，Ⅱ类水质断面比例上升 8.3%，Ⅲ类下降 25.0%，Ⅳ类上升 16.7%，其他类持平。

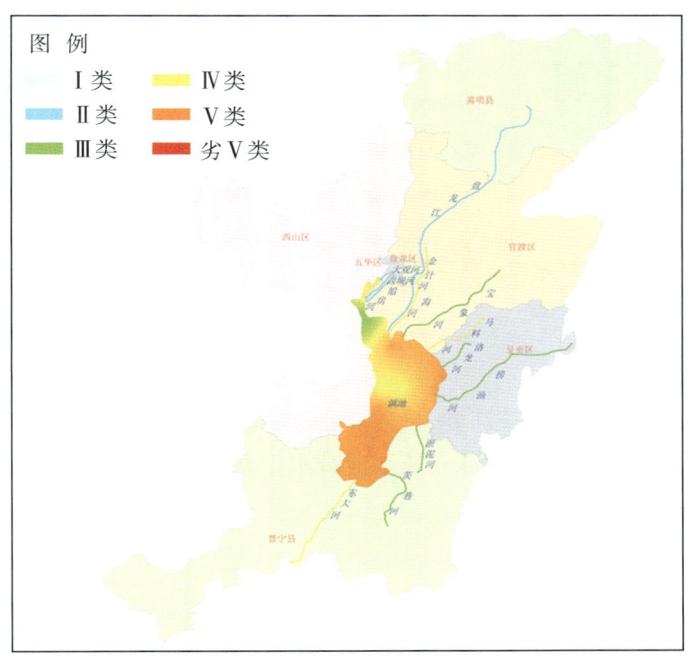

图 2.3-6　2021 年滇池流域水质分布

2.3.3　主要水库水环境状况

2021 年长江流域参与评价的 24 个主要水库①中，Ⅰ类水质的水库有 4 个，占比 16.7%；Ⅱ类水质的水库有 13 个，占比 54.2%；Ⅲ类水质的水库有 7 个，占比 29.2%（图 2.3-7）。与 2020 年相比，上述 24 个水库中，Ⅰ类水质的水库占比持平，Ⅱ类水质的水库占比下降了 4.2%，Ⅲ类水质的水库占比上升了 4.2%。在 24 个水库中，贫营养水库 4 个，占比 16.7%；中营养水库 20 个，占比 83.4%（图 2.3-8）。与 2020 年相比，上述 24 个水库中，贫营养占比上升了 8.3%，中营养占比下降了 8.3%。

2.3.4　省界水体水环境状况

2021 年长江流域监测的 156 个省界断面，Ⅰ～Ⅲ类水质断面达到 95.6%，比 2020 年下降了 0.7%；Ⅳ类水质断面占比 3.8%；Ⅴ类水质断面占比 0.6%；无劣Ⅴ类水质断面。

---

① 参与评价的水库：松华坝水库、葫芦口水库、鲁班水库、玉滩水库、东风水库、百花湖、富水水库、漳河水库、白莲河水库、隔河岩水库、黄龙滩水库、东江水库、七一水库、柘林湖、洪门水库、瀍湖、石门水库（襄河）、丹江口水库、城西水库、太平湖、大房郢水库、花亭湖、董铺水库、北山水库。

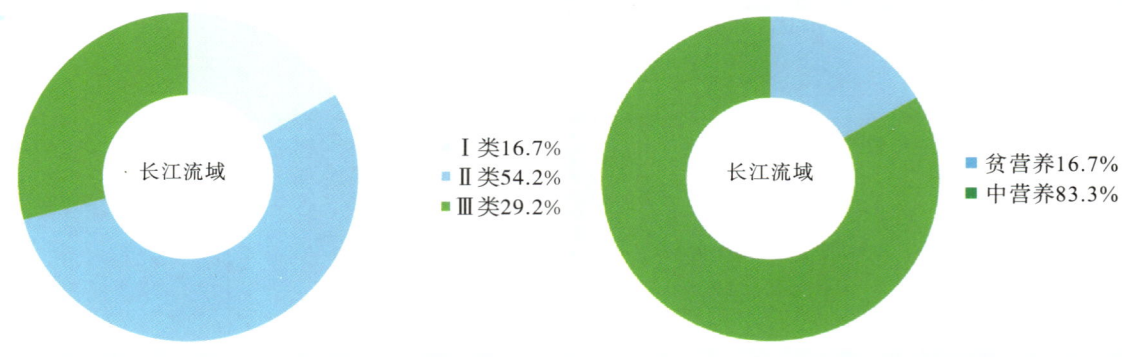

图 2.3-7　2021 年长江流域水库水质类别　　图 2.3-8　2021 年长江流域水库营养状况

2.4　水生态状况[①]

2021 年 12 月,长江办会同长江委、长江局、长航局联合发布了《长江流域水生生物资源及生境状况公报(2020 年)》,对 2020 年长江流域水生态状况进行了系统分析。

2.4.1　旗舰生物

(1)中华鲟

2020 年长江流域共监测中华鲟 263 尾。葛洲坝水利枢纽坝下宜昌江段未监测到中华鲟自然产卵活动,水声学调查显示,该江段中华鲟繁殖群体估算数量为 13 尾。在长江中下游及长江口均未监测到中华鲟幼鱼,长江口监测到中华鲟亚成体 3 尾。监测未发现白鲟。

(2)江豚

长江干流累计监测到长江江豚 366 头次,洞庭湖和鄱阳湖枯水期分别监测到 158 头次、409 头次。2020 年底,石首天鹅洲白鱀豚保护区监测到长江江豚约 90 头,监利何王庙/华容集成长江江豚自然保护区监测到约 23 头,安庆西江长江江豚迁地保护基地监测到约 20 头。监测未发现白鱀豚。

2.4.2　特有鱼类

长江上游攀枝花至重庆江段监测到特有鱼类 38 种,共 3297 尾。其中,圆口铜鱼、短体副鳅、高体近红鲌、短须颌须鮈、圆筒吻鮈、中华金沙鳅、岩原鲤和裸腹片唇鮈等 8 种特有鱼类数量较多。分布水域上,圆筒吻鮈、拟缘鲹、异鳔鳅鮀等主要分布在长江上游干流,短体副鳅、裸体异鳔鳅鮀、鲈鲤等主要分布在金沙江下游,高体近红鲌、裸腹片唇鮈、张氏䱗等主要分布在赤水河。

2.4.3　渔业资源

2017—2021 年,农业农村部组织对长江重点禁捕水域(即"一江一口两湖七河")渔业资

[①] 本节数据来源于《长江流域水生生物资源及生境状况公报(2020 年)》。

源与环境状况进行了系统调查。综合文献记载及调查结果,长江禁捕重点水域历史分布有鱼类443种(含外来物种19种)。

洞庭湖和鄱阳湖单位捕捞努力量渔获量分别为5.0kg/(1000m²·h)、5.2kg/(1000m²·h)。赤水河赤水市江段日均单船渔获量为7.8kg;长江下游及长江口刀鲚、中华绒螯蟹汛期日均单船渔获量分别为4.8kg、14.2kg;长江口凤鲚汛期日均单船渔获量为20.8kg。估算通过长江监利段"四大家鱼"鱼苗径流量为12.3亿尾。

2.5 生态环境质量状况[①]

长江流域气象中心联合国家卫星中心利用2007—2021年的卫星遥感、气象、环境等多源数据对长江流域生态环境质量开展监测评估,结果显示:2007—2021年,长江流域植被覆盖增加,空气质量改善,生态环境质量整体呈现逐年向好的发展趋势。有效生态保护修复措施和有利气象条件,是长江流域生态环境质量改善的主要原因。

2.5.1 植被覆盖评价

2007—2021年长江流域植被覆盖整体呈现逐年向好的发展趋势。其遥感指标表现为,2021年植被指数(正值越大,代表植被覆盖度越好)全流域平均值达到近年第二高0.59(图2.5-1),与近13年(2007—2020年)平均值相比提高4.4%。

2007—2021年除金沙江流域上游和中游、岷沱江上游以及长江中下游沿岸城市群部分地区植被指数存在一定的下降趋势外,其他大部分地区植被指数呈上升趋势,四川、重庆、贵州、湖南沿岸地区植被指数增长速度较快(图2.5-2)。

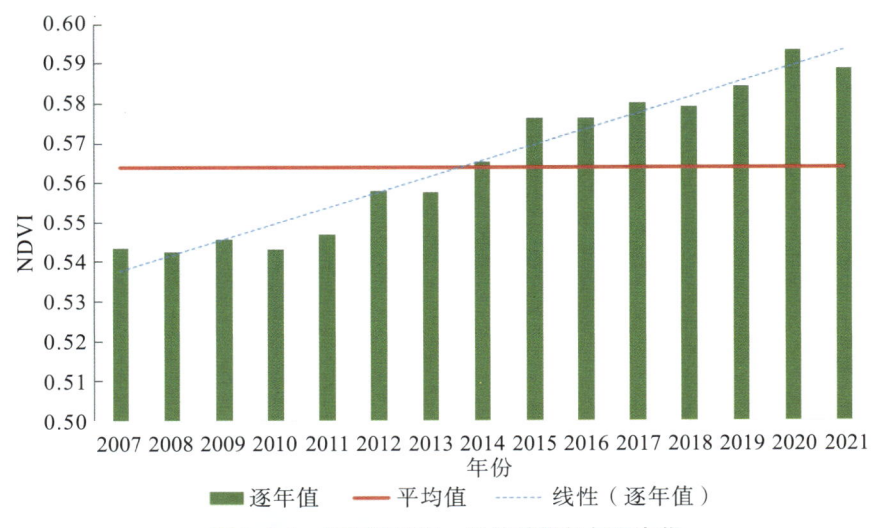

图2.5-1 长江流域归一化植被指数年际变化

---

① 数据来源于中国气象局长江流域气象中心和国家卫星中心整编资料。

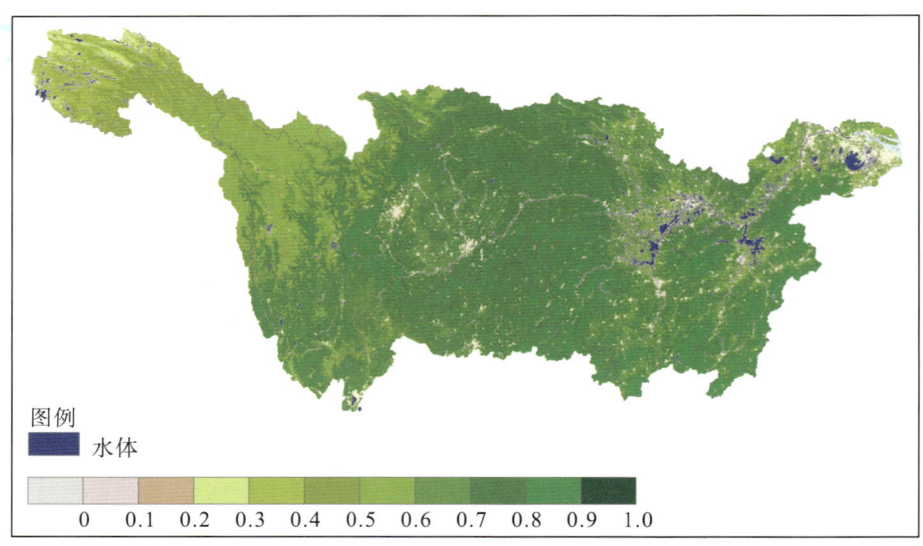

图 2.5-2　2021 年长江流域植被指数分布

2.5.2　空气质量评价

卫星遥感气溶胶光学厚度值越小，表明空气越洁净、空气质量越好。卫星遥感监测显示，2021 年长江流域大部分地区气溶胶光学厚度空间大部分地区在 0.4 以下，空气质量较好；但四川盆地、江汉平原和长三角等地气溶胶光学厚度稍高（图 2.5-3）。

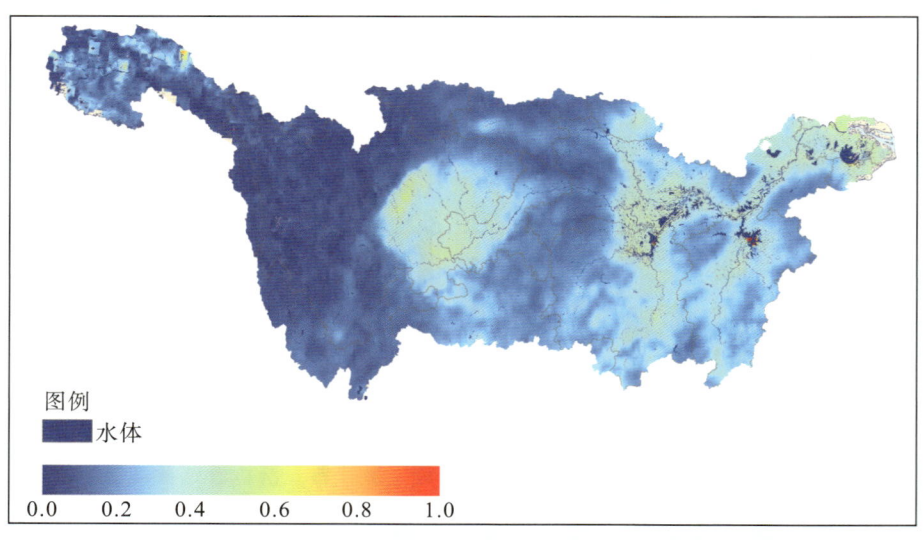

图 2.5-3　长江流域 2021 年气溶胶光学厚度分布

2021 年长江流域气溶胶光学厚度平均值为 0.22，达到 2007 年以来最小值，与 2011 年最高值相比改善了 45.5%。2016 年以来，长江流域气溶胶光学厚度值均保持在低值范围（图 2.5-4）。

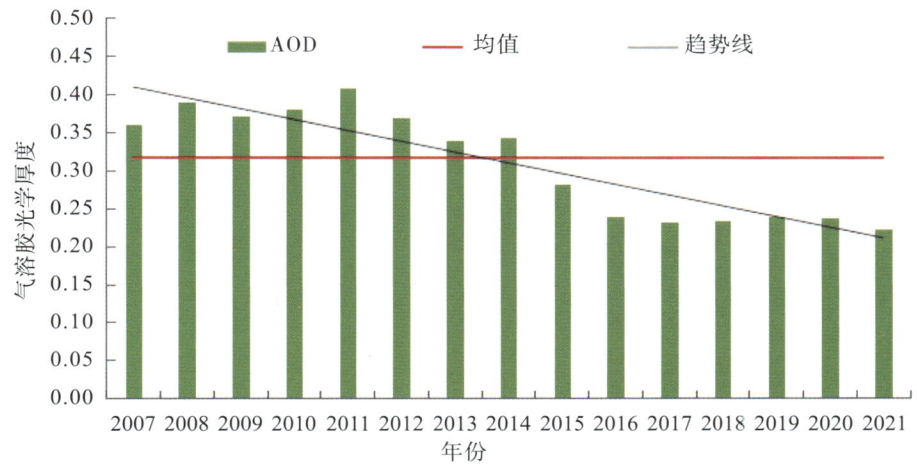

图 2.5-4　长江流域气溶胶光学厚度年际变化

2007—2021 年长江流域气溶胶光学厚度呈现逐年降低趋势。其中,长江源头、四川盆地、三峡河谷、江汉平原、两湖流域和长三角等地下降幅度较大,空气质量改善明显;金沙江大部、岷沱江上游、嘉陵江上游、汉江上游等地气溶胶光学厚度变化不明显(图 2.5-5)。

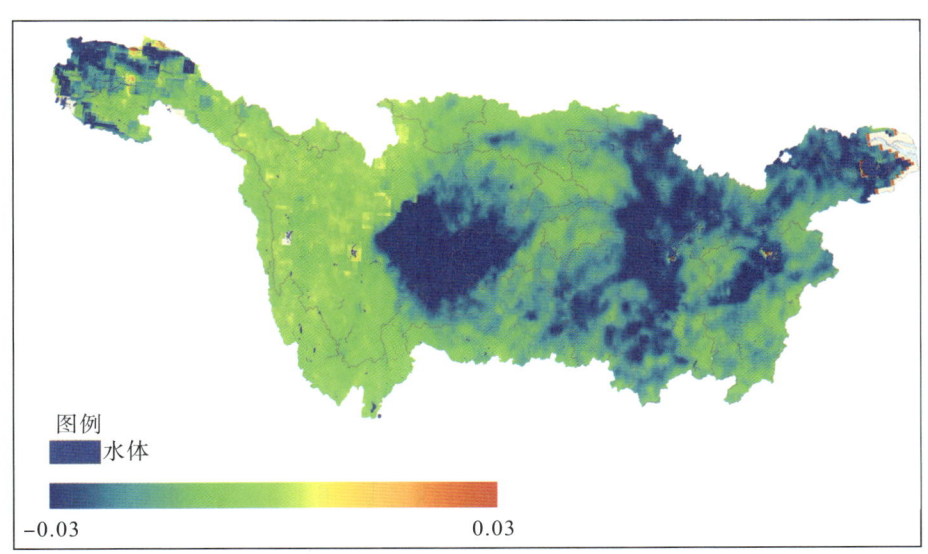

图 2.5-5　2007—2021 年长江流域气溶胶光学厚度空间变化趋势

2.5.3　综合评价

参照《生态环境状况评价技术规范》(HJ 192—2015),利用遥感数据构建了遥感生态环境质量评价模型并计算了生态环境质量指数,其值 0～0.2 表示生态环境质量差,0.2～0.4 表示生态环境质量较差,0.4～0.6 表示生态环境质量中等,0.6～0.8 表示生态环境质量良,0.8～1.0 表示生态环境质量优。

2007—2021年长江流域遥感生态环境质量指数连续监测表明(图2.5-6)：长江流域遥感生态环境质量呈现逐年向好发展的趋势。2007—2012年长江流域遥感生态环境质量指数较低,平均值约为0.65；2013年起开始迅速提高,2021年达到近年最高值0.71,为2007年以来最高,较2007年相比提高8.6%。

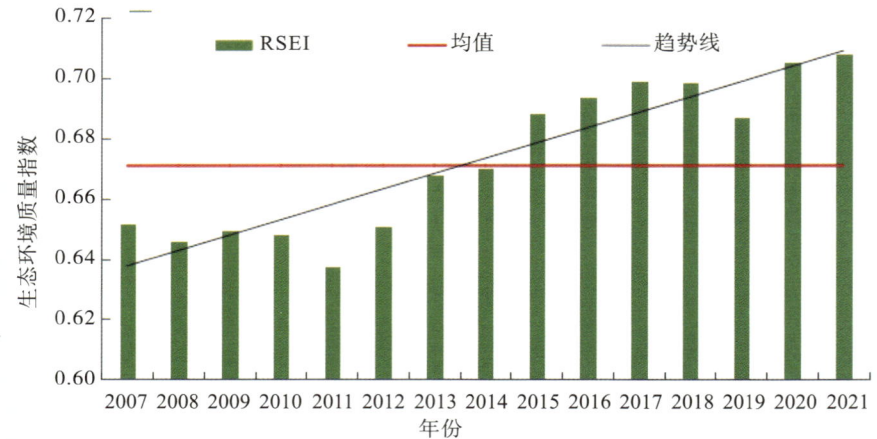

图2.5-6　2007—2021年长江流域遥感生态环境质量指数年际变化

根据2007—2021年长江流域遥感生态环境质量指数分布可知(图2.5-7)：流域生态环境质量为中等的面积区域持续减少,优良的区域面积持续增加。2007—2012年,长江流域生态环境质量为优良的区域占比低于总面积的80%,2013年迅速提高,2014年首次突破80%,2015—2020年平均占比达到87.25%,2021年占比达到88.58%,除长江源头区和长三角城市群局部存在一定面积的中等地区外,长江流域其他区域均为优良,较2007年提高近11.4%。

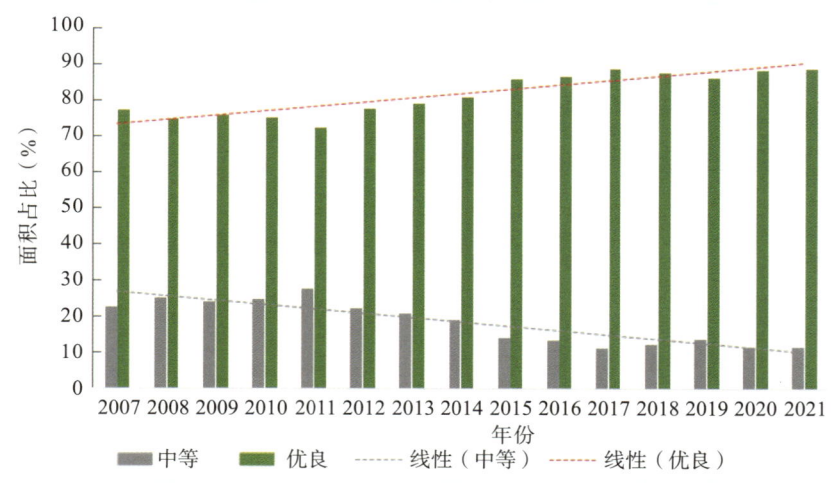

图2.5-7　2007—2021年长江流域遥感生态环境质量指数及质量分级面积占比统计

具体而言,长江源头区生态环境质量呈现明显改善,上游四川盆地周围地区原本生态环境质量较好的区域进一步向好,中下游生态环境质量持续提高,但金沙江下游、岷沱江上游、嘉陵江上游、各省会城市周边局部地区生态环境质量略有下降(图2.5-8)。

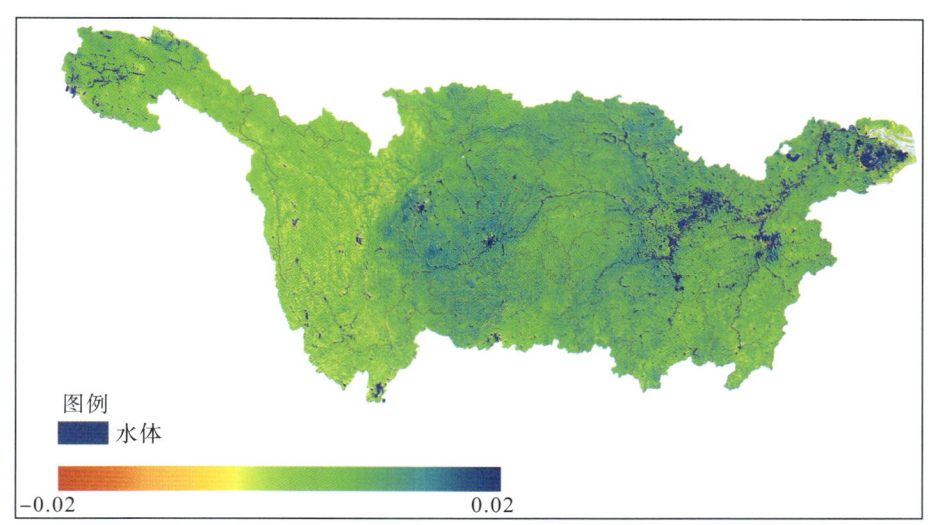

图 2.5-8　2012—2021 年长江流域生态环境质量指数变化

2.6　河道水沙状况

2.6.1　水文泥沙

三峡水库蓄水运用以来,长江中下游各站的径流量较蓄水前略有减少,受上游来沙减少和三峡水库拦沙等因素的共同影响,各站输沙量大幅减少,河道沿程冲刷剧烈,河道冲刷已发展至河口。

2.6.1.1　长江上游

2021 年,长江上游来水总体偏丰,来沙偏少。与 2003—2020 年均值相比,金沙江向家坝站径流量偏少 12%,由于金沙江下游梯级水库拦沙,输沙量则偏少 99%(表 2.6-1);横江横江站、岷江高场站径流量分别偏少 11%、1%,输沙量分别偏少 73%、57%;沱江富顺站径流量偏多 19%,输沙量则偏少 65%;嘉陵江北碚站径流量偏多 67%,输沙量偏多 83%;乌江武隆站径流量偏多 14%,输沙量则偏少 42%(表 2.6-2)。

2021 年,三峡入库径流量为 4058 亿 m^3,较 2002 年以前和 2003—2020 年均值分别偏多 5%、9%;入库悬移质输沙量为 0.827 亿 t,较 2002 年以前和 2003—2020 年均值分别偏少 82%、46%。

表 2.6-1　　　　　　金沙江主要水文站径流量和输沙量与多年均值比较

站名		石鼓	攀枝花	白鹤滩	向家坝
集水面积（km²）		214184	259177	430308	458800
径流量（亿 m³）	2002 年前	422.9	560.4	1282	1454
	2003—2020 年	437.3	584.9	1249	1392
	2021 年	449.0	583.0	1055	1229
	变化率 1（%）	6	4	－18	－15
	变化率 2（%）	3	0	－16	－12
输沙量（万 t）	2002 年前	2420	5220	18100	2550
	2003—2020 年	3280	2620	9350	7940
	2021 年	2140	90.2	438	109
	变化率 1（%）	－12	－98	－98	－96
	变化率 2（%）	－35	－97	－95	－99

注：1. 2002 年前水沙统计年份：石鼓站为 1952—2002 年，攀枝花站为 1966—2002 年，白鹤滩站为 1952—2002 年，向家坝站为 1956—2002 年；

2. 2015 年以前白鹤滩站资料采用华弹站资料，2012 年以前向家坝站资料采用屏山站资料；

3. 变化率 1、2 分别为 2021 年与 2002 年前、2003—2020 年的相对变化，下同。

表 2.6-2　　　　　　三峡上游主要水文站径流量和输沙量与多年均值比较

项目		横江	岷江	沱江	长江	嘉陵江	长江	乌江	三峡入库
		横江	高场	富顺	朱沱	北碚	寸滩	武隆	朱沱＋北碚＋武隆
集水面积（km²）		14781	135378	19613	694725	156736	866559	83035	934496
径流量（亿 m³）	2002 年前	86.4	862.2	121.0	2689	658.2	3476	501.5	3849
	2003—2020 年	77.65	823.5	117.6	2613	659.5	3367	453.5	3726
	2021 年	69.19	816.7	139.8	2440	1101	3605	517.4	4058
	变化率 1（%）	－20	－5	16	－9	67	4	3	5
	变化率 2（%）	－11	－1	19	－7	67	7	14	9
输沙量（万 t）	2002 年前	1380	4820	947	30900	11600	43000	2750	45300
	2003—2020 年	594	2710	623	11600	3130	14100	451	15200
	2021 年	162	1170	218	2290	5720	7350	261	8270
	变化率 1（%）	－88	－76	－77	－93	－51	－83	－91	－82
	变化率 2（%）	－73	－57	－65	－80	83	－48	－42	－46

注：1. 2002 年前统计年份：横江站为 1957—2002 年，高场站为 1956—2002 年，富顺站为 1957—2002 年，朱沱站为 1954—2002 年，北碚站为 1956—2002 年，寸滩站为 1950—2002 年，武隆站为 1956—2002 年；

2. 2001 年以前富顺站资料采用李家湾站资料。

2.6.1.2 长江中下游

2021 年,长江中下游径流偏丰,输沙偏少。2021 年宜昌、汉口、大通站径流量分别为 4723 亿 m^3、7829 亿 m^3 和 9646 亿 m^3,较 2003—2020 年均值分别偏丰 13%、13% 和 10%;输沙量分别为 0.11 亿 t、0.64 亿 t 和 1.02 亿 t,较 2003—2020 年均值分别偏少 68%、33% 和 24%(表 2.6-3)。

表 2.6-3　　　　　　　长江中下游主要水文站径流量和输沙量与多年均值对比

项目		宜昌	枝城	沙市	监利	螺山	汉口	大通
径流量 (亿 m^3)	2002 年前	4369	4450	3942	3576	6460	7111	9052
	2003—2020 年	4188	4283	3907	3779	6222	6929	8782
	2021 年	4723	4823	4352	4228	6850	7829	9646
	变化率 1(%)	8	8	10	18	6	10	7
	变化率 2(%)	13	13	11	12	10	13	10
输沙量 (万 t)	2002 年前	49200	50000	43400	35800	40900	39800	42700
	2003—2020 年	3490	4220	5220	6840	8440	9670	13400
	2021 年	1110	1400	1780	4230	5820	6440	10200
	变化率 1(%)	−98	−97	−96	−88	−86	−84	−76
	变化率 2(%)	−68	−67	−66	−38	−31	−33	−24

注:2002 年前统计年份:宜昌站为 1950—2002 年,枝城站为 1955—2002 年,沙市站为 1955—2002 年,监利站为 1951—2002 年,螺山站为 1954—2002 年,汉口站为 1954—2002 年,大通站为 1950—2002 年。

2021 年,洞庭湖入、出湖水量分别为 2266 亿 m^3 和 2670 亿 m^3,分别较 2003—2020 年均值偏多了 5% 和 8%;入、出湖沙量分别为 805 万 t 和 1120 万 t,分别较 2003—2020 年均值偏少了 53% 和 37%(表 2.6-4)。

2021 年,鄱阳湖"五河"入湖和湖口出湖径流量分别为 1045 亿 m^3 和 1361 亿 m^3,较 2003—2020 年均值分别偏少 14% 和 10%;入、出湖输沙量分别为 511 万 t 和 352 万 t,较 2003—2020 年均值分别偏少 19% 和 66%(表 2.6-5)。

表 2.6-4　　　　　　　不同时段洞庭湖入、出湖年均水沙量统计

项目		荆江 三口	湘江 湘潭站	资水 桃江站	沅水 桃源站	澧水 石门站	"四水" 合计	入湖 合计	城陵矶 (出湖)
径流量 (亿 m^3)	2002 年前	905.8	657.9	228.4	640	147.1	1673	2579	2868
	2003—2020 年	497.8	645.5	215.8	646.4	144.8	1652	2150	2482
	2021 年	521.6	587.3	239.4	765.1	151.7	1744	2266	2670
	变化率 1(%)	−42	−11	5	20	3	4	−12	−7
	变化率 2(%)	5	−9	11	18	5	6	5	8

续表

项目		荆江三口	湘江 湘潭站	资水 桃江站	沅水 桃源站	澧水 石门站	"四水"合计	入湖合计	城陵矶（出湖）
输沙量（万 t）	2002 年前	11400	976	191	1080	572	2820	14200	3950
	2003—2020 年	873	478	56	129	167	830	1700	1780
	2021 年	438	217	35.9	76	38.2	367	805	1120
	变化率 1(%)	−96	−78	−81	−93	−93	−87	−94	−72
	变化率 2(%)	−50	−55	−36	−41	−77	−56	−53	−37

注：1. 入湖水沙未包括未控区间来量；

2. 荆江三口数据为新江口站、沙道观站、弥陀市站、藕池（康）站、藕池（管）站 5 站之和；

3. 2002 年前统计年份：新江口站为 1955—2002 年，沙道观站为 1955—2002 年，弥陀市站为 1953—2002 年，藕池（康）站为 1950—2002 年，藕池（管）站为 1950—2002 年，湘潭站为 1950—2002 年，桃江站为 1951—2002 年，桃源站为 1951—2002 年，石门站为 1950—2002 年，城陵矶站为 1951—2002 年。

表 2.6-5　　不同时段鄱阳湖入、出湖年均水沙量统计

项目		赣江 外洲站	抚河 李家渡站	信江 梅港站	饶河 虎山站	饶河 渡峰坑站	修水 万家埠站	修水 虬津站	入湖合计	湖口（出湖）
径流量（亿 m³）	2002 年前	685.0	127.3	179	71.28	46.27	35.29	84.33	1228	1476
	2003—2020 年	680.2	118.7	180.6	69.78	47.21	35.78	81.86	1214	1510
	2021 年	491.9	97.04	190.4	89.66	50.71	35.32	90.23	1045	1361
	变化率 1(%)	−28	−24	6	26	10	0	7	−15	−8
	变化率 2(%)	−28	−18	5	28	7	−1	10	−14	−10
输沙量（万 t）	2002 年前	955	150	221	59.5	46.2	38.4	/	1470	938
	2003—2020 年	248	103	105	104	46.3	24.9	/	631	1050
	2021 年	117	61.0	97.1	176	38.0	22.0	/	511	352
	变化率 1(%)	−88	−59	−56	196	−18	−43	/	−65	−62
	变化率 2(%)	−53	−41	−8	69	−18	−12	/	−19	−66

注：1. 入湖水沙未包括未控区间来量；

2. 2002 年前统计年份：外洲站为 1950—2002 年，李家渡站为 1953—2002 年，梅港站为 1953—2002 年，虎山站为 1953—2002 年，渡峰坑站为 1953—2002 年，万家埠站为 1953—2002 年，虬津站为 1956—2002 年，湖口站为 1950—2002 年。

2.6.2 上游水库(河道)冲淤

2.6.2.1 金沙江下游梯级水库

2021年,金沙江下游乌东德、白鹤滩、溪洛渡、向家坝四个梯级水库共淤积泥沙6845万 m^3,其中,乌东德水库淤积917万 m^3(变动回水区冲刷22万 m^3、常年回水区淤积939万 m^3);白鹤滩水库淤积5431万 m^3(变动回水区冲刷31万 m^3、常年回水区淤积5462万 m^3);溪洛渡水库淤积277万 m^3(变动回水区冲刷483万 m^3、常年回水区淤积760万 m^3);向家坝水库淤积220万 m^3(变动回水区淤积51万 m^3、常年回水区淤积169万 m^3)。

天然状态下,金沙江下游河道呈微冲微淤状态。向家坝水库蓄水运用以来(各水库起算时间以蓄水为准),四个梯级水库累计淤积泥沙6.679亿 m^3,其中,乌东德、白鹤滩、溪洛渡和向家坝水库淤积泥沙分别为1943万 m^3、5431万 m^3、55532万 m^3 和3880万 m^3。

2.6.2.2 向家坝坝下—江津河段

2021年,向家坝坝下—江津干流河段冲刷泥沙262万 m^3,其中,坝下—宜宾段、宜宾—江津段分别冲刷41万 m^3 和221万 m^3。

向家坝水库蓄水运用以来,2012—2021年坝下—江津干流段累积冲刷15160万 m^3,其中,坝下—宜宾段冲刷1243万 m^3,宜宾—朱沱段和朱沱—江津段分别冲刷7929万 m^3 和5988万 m^3。

2.6.2.3 三峡水库

2021年,三峡水库干流段(江津—大坝)淤积泥沙6497万 m^3,其中,变动回水区(江津—涪陵段)淤积571万 m^3,常年回水区(涪陵—大坝段)淤积5926万 m^3。三峡水库蓄水运用以来,库区干流段累计淤积17.835亿 m^3,其中,变动回水区累计冲刷0.694亿 m^3,常年回水区累计淤积18.529亿 m^3。

2.6.3 中下游河道冲淤

2.6.3.1 宜昌—湖口河段

2020年11月—2021年4月,宜昌—湖口河段(其中宜昌—枝城河段2020年11月至2021年10月)平滩河槽微淤0.038亿 m^3,其中,宜昌—枝城河段冲刷0.025亿 m^3,荆江河段冲刷0.365亿 m^3,城陵矶—汉口河段淤积0.187亿 m^3,汉口—湖口河段淤积0.241亿 m^3(表2.6-6)。

表 2.6-6　　　　　　　　不同时段宜昌—湖口河段冲淤量对比(平滩河槽)

项目	时段	河段				
		宜昌—枝城	荆江	城陵矶—汉口	汉口—湖口	宜昌—湖口
河段长度(km)		60.8	347.2	251	295.4	954.4
总冲淤量 (万 m³)	1975—2002 年	−14400	−29804	10726	16607	−16871
	2002 年 10 月至 2006 年 10 月	−8138	−32830	−5990	−14679	−61637
	2006 年 10 月至 2008 年 10 月	−2230	−3569	197	4693	−909
	2008 年 10 月至 2021 年 4 月	−6302	−90196	−44406	−58989	−199893
	2020 年 10 月至 2021 年 4 月	−251	−3649	1873	2405	378
	2002 年 10 月至 2021 年 4 月	−16670	−126595	−50199	−68975	−262439
年均冲 淤强度 (万 m³/ (km·a))	1975—2002 年	−8.8	−3.2	1.6	2.1	−0.7
	2002 年 10 月至 2006 年 10 月	−33.5	−23.6	−4.8	−9.9	−15.1
	2006 年 10 月至 2008 年 10 月	−18.3	−5.1	0.4	7.9	−0.5
	2008 年 10 月至 2021 年 4 月	−8.0	−20.0	−13.6	−15.4	−16.1
	2020 年 10 月至 2021 年 4 月	−4.1	−10.5	7.5	8.1	0.4
	2002 年 10 月至 2021 年 4 月	−14.4	−19.2	−10	−11.7	−14.1

注：1. 城陵矶—湖口河段 2002 年 10 月地形(断面)资料采用 2001 年 10 月资料。
　　2. 宜昌—枝城段 2021 年 4 月地形(断面)资料采用 2021 年 10 月资料。

三峡水库蓄水运用之前(1975—2002 年)，宜昌—湖口河段平滩河槽总体冲刷 1.69 亿 m³，年均冲刷强度仅 0.7 万 m³/(km·a)，河段总体冲淤平衡。三峡水库蓄水运用后，2002 年 10 月至 2021 年 4 月，宜昌—湖口河段平滩河槽总冲刷量为 26.24 亿 m³(含河道采砂影响)，年均冲刷强度为 14.1 万 m³/(km·a)，冲刷主要集中在枯水河槽，其冲刷量占平滩河槽冲刷量的 92%。

2.6.3.2 湖口—徐六泾河段

(1)湖口—江阴

2020年11月至2021年11月,湖口—江阴河段平滩河槽冲刷0.838亿 m³,其中,湖口—大通河段冲刷0.415亿 m³,大通—江阴河段冲刷0.423亿 m³。该河段冲刷强度与三峡水库蓄水运用以来年平均基本持平(表2.6-7)。

表2.6-7　　不同时段湖口—江阴河段平滩河槽冲淤量对比

项目	时段	湖口—大通	大通—江阴	湖口—江阴
	河段长度(km)	228.0	431.4	659.4
总冲淤量 (万 m³)	1975—2001 年	17882	−5154	12728
	2001 年 10 月至 2006 年 10 月	−7986	−15087	−23073
	2006 年 10 月至 2011 年 10 月	−7611	−38150	−45761
	2011 年 10 月至 2016 年 10 月	−21569	−27109	−48678
	2016 年 10 月至 2021 年 11 月	−15054	−38082	−53136
	2020 年 11 月至 2021 年 11 月	−4150	−4227	−8377
	2001 年 10 月至 2021 年 11 月	−52220	−118428	−170648
年均冲淤强度 (万 m³/(km·a))	1975—2001 年	3.0	−0.5	0.7
	2001 年 10 月至 2006 年 10 月	−7.0	−7.0	−7.0
	2006 年 10 月至 2011 年 10 月	−6.7	−17.7	−13.9
	2011 年 10 月至 2016 年 10 月	−18.9	−12.6	−14.8
	2016 年 10 月至 2021 年 11 月	−13.2	−17.7	−16.1
	2020 年 11 月至 2021 年 11 月	−18.2	−9.8	−12.7
	2001 年 10 月至 2021 年 11 月	−11.5	−13.7	−12.9

三峡水库蓄水运用之前,湖口—江阴河段冲淤变化较小,1975—2001 年年均淤积强度0.7万 m³/(km·a)。三峡水库蓄水运用后,2001年10月至2021年11月,平滩河槽冲刷泥沙17.06亿 m³(含河道采砂影响),年均冲刷强度达12.9万 m³/(km·a),冲刷主要集中在枯水河槽,其冲刷量占平滩河槽冲刷量的86%。

(2)江阴—徐六泾

2020年11月至2021年11月,江阴—徐六泾河段冲刷0.758亿 m³。与三峡水库蓄水运用以来平均相比,2021年该河段冲刷量有所偏大。

三峡水库蓄水运用之前,江阴—徐六泾河段基本冲淤平衡,1977—2001年平均淤积0.001亿 m³/a。三峡水库蓄水运用以来,2001年10月至2021年11月累积冲刷6.17亿 m³,年均冲刷量0.309亿 m³/a。

2.6.3.3 长江河口段

2020年11月至2021年11月，长江河口南支河段冲刷0.111亿 m^3，北支河段淤积0.154亿 m^3。与三峡水库蓄水运用以来平均相比，南支河段冲刷量有所偏小，北支河段淤积强度基本持平。

三峡水库蓄水运用之前(1984—2001年)，南支河段年均冲刷泥沙0.117亿 m^3，北支河段则年均淤积泥沙0.243亿 m^3。三峡水库蓄水运用以来，2001年8月至2021年11月，南支河段累计冲刷3.95亿 m^3，年均冲刷量为0.198亿 m^3；北支河段累积淤积3.14亿 m^3，年均淤积量为0.157亿 m^3/a，南支河段冲刷幅度有所加大，北支河段淤积幅度有所减小。

2.7 航运状况

2.7.1 航道概况

（1）长江干线航道

长江干线航道上起云南水富至长江口，全长2838km。按照不同河段航道特点，长江航道划分为：宜昌以上为长江上游航道，宜昌—汉口为长江中游航道，汉口—浏河口为长江下游航道，浏河口—长江口灯船为长江口航道。各航段枯水期可通航船舶吨级分别为：长江上游航道，水富—宜宾段未经系统治理，仅能通航300吨级内河船舶，宜宾—重庆段可通航1500吨级船舶，重庆—葛洲坝段可通航3000~5000吨级船舶；长江中游航道，可通航3000~4000吨级船舶；长江下游航道，武汉—南京段可通航5000~10000吨级海船，南京以下河段可全天候双向通航5万吨级海船，20万吨级海船可减载乘潮抵达江阴港；长江口航道，南支南港北槽为主航道，可全潮通航5万吨级海船，北港可乘潮通航3万吨级海船，南槽可乘潮通航万吨级海船，北支利用自然水深通航。

（2）长江水系航道通航里程

截至2021年底，长江水系航道通航里程64736km，京杭大运河1438km，基本形成以长江干线为主轴，以京杭大运河、长江三角洲高等级航道网和岷江、嘉陵江、乌江、沅江、湘江、汉江、江汉运河、赣江、信江、合裕线等支线高等级航道为主脉，干支衔接、局部成网的总体格局。

2.7.2 港口概况

截至2021年底，长江水系14省（直辖市）内河港口共拥有生产用码头泊位13731个，占全国内河港口的88%，散货、件杂货物年综合通过能力41.2亿t，集装箱年综合通过能力2968万TEU。其中，长江干线港区拥有生产用码头泊位2720个，散货、件杂货物年综合通过能力20.9亿t，集装箱年综合通过能力2372.6万TEU；拥有万吨级及以上泊位443个。

2.7.3 船舶运力

(1)运输船舶总规模

截至 2021 年底,长江水系 14 省(直辖市)拥有水上运输船舶 10.41 万艘,净载重量 2.09 亿 t,载客量 53.5 万客位,集装箱箱位 210.4 万 TEU。其中,内河运输船舶 9.7 万艘、载客量 43.0 万客位、净载重量 1.23 亿 t;内河货船 7.8 万艘、净载重量 1.17 亿 t。集装箱运输船舶(不包含驳船)852 艘,标准箱位 187.1 万 TEU。其中,内河集装箱运输船舶 426 艘,标准箱位 6.5 万 TEU。

(2)船舶吨位结构

2021 年,长江水系 14 省(直辖市)货运船舶(包括货船、驳船)平均吨位 2392t,集装箱运输船舶(不包含驳船)平均箱位 2196TEU。其中,内河货运船舶平均吨位 1505t,内河集装箱运输船舶平均箱位 152TEU。

2.7.4 运输生产

(1)水路运输量

2021 年,长江水系 14 省(直辖市)完成水路客运量 1.1 亿人、旅客周转量 20.4 亿人·km,同比分别增长 5.2%、下降 6.2%。其中,内河客运量 7368 万人、旅客周转量 12.6 亿人·km,分别下降 0.01%、8.9%。省际客运市场上半年逐步起势,但下半年受到新冠肺炎疫情影响较大,市场恢复至疫情前水平还有待时日。全年完成水路货运量 59.0 亿 t,货物周转量 68353.4 亿 t·km,分别增长 7.6%、6.5%。其中,内河货运量 33.9 亿 t,货物周转量 15832.8 亿 t·km,分别增长 8.8%、11.2%。干散货运输市场总体保持平稳,全年运价前高后低、震荡波动。散装液体危险货物运输市场相对稳定。集装箱运输市场呈现大幅增长态势,集装箱铁水联运量增长明显。

(2)港口吞吐量

2021 年,长江水系 14 省(直辖市)完成港口吞吐量 94.4 亿 t,同比增长 8.4%。其中,内河港口 50.9 亿 t,增长 10.0%。全年完成外贸吞吐量 26.5 亿 t,增长 6.2%。其中,内河港口 4.8 亿 t,增长 4.2%。全年完成集装箱吞吐量 14748 万 TEU,增长 9.5%。其中,内河港口完成 2568 万 TEU,增长 16.6%。长江干线港口全年完成货物吞吐量 35.3 亿 t,增长 6.9%;集装箱吞吐量 2279 万 TEU,增长 16.1%;外贸货物吞吐量 4.7 亿 t,增长 4.3%。

(3)三峡枢纽通航情况

2021 年,三峡枢纽(含三峡船闸、升船机)共运行 1.5 万个有载闸(厢)次,通过船舶 4.5 万艘次,通过量 1.51 亿 t,同比增长 9.3%。其中,三峡船闸通过量 1.46 亿 t,增长 6.96%,超过其设计通过能力的 46%;三峡升船机通过量 414.10 万 t,增长 375.16%;葛洲坝船闸通过量 1.54 亿 t,增长 9.11%(表 2.7-1)。

表 2.7-1　　　　　　　　　　三峡枢纽船舶交通流量状况

三峡枢纽		上行	下行	合计	同比变幅(%)
三峡船闸	艘次	19877	20502	40379	2.37
	通过量(万t)	7182.83	7460.85	14643.67	6.96
三峡升船机	艘次	2892	1911	4803	204.18
	通过量(万t)	185.49	228.61	414.10	375.16
	客运量(万人)	5.24	4.78	10.02	224.80
葛洲坝船闸	艘次	23237	22873	46110	9.40
	通过量(万t)	7531.87	7846.11	15377.98	9.11

第3章 长江流域水旱灾害防御

长江流域全力做好水文气象监测预报预警,开展精准水文气象预报,实时联合调度多种水工程,扎实做好防汛抢险技术支撑工作,科学制定河湖治理方案,有力保障了长江流域人民生命财产安全。

3.1 水旱灾害情况

3.1.1 极端降水情况①

大气环流异常是造成我国秋季降水异常的直接原因。从 2021 年 9—10 月平均的 500hPa 位势高度(等高线)及距平场上可以看出(图 3.1-1),欧亚高纬度高度场偏强,欧亚中纬度为弱的"两脊一槽"型,乌拉尔山以西为高压脊,巴尔喀什湖邻近地区为槽区,贝加尔湖—东北亚的大部地区高度场偏高,该形势有利于西路冷空气活动,但是势力总体较弱。低纬度地区高度场总体偏强,副高偏强、面积偏大、西伸明显、脊线偏北。

850hPa 距平风场显示(图 3.1-2),在中南半岛和南海南部地区以及菲律宾以东地区为两个反气旋性环流距平区,前者反气旋性环流北部的偏南风距平有利于引导副高西段外围来自南海的水汽向长江上游输送,造成长江上游降水偏多,水汽输送通量距平矢量也证实了这两个特征。

---

① 数据来源于长江流域气象中心整编资料。

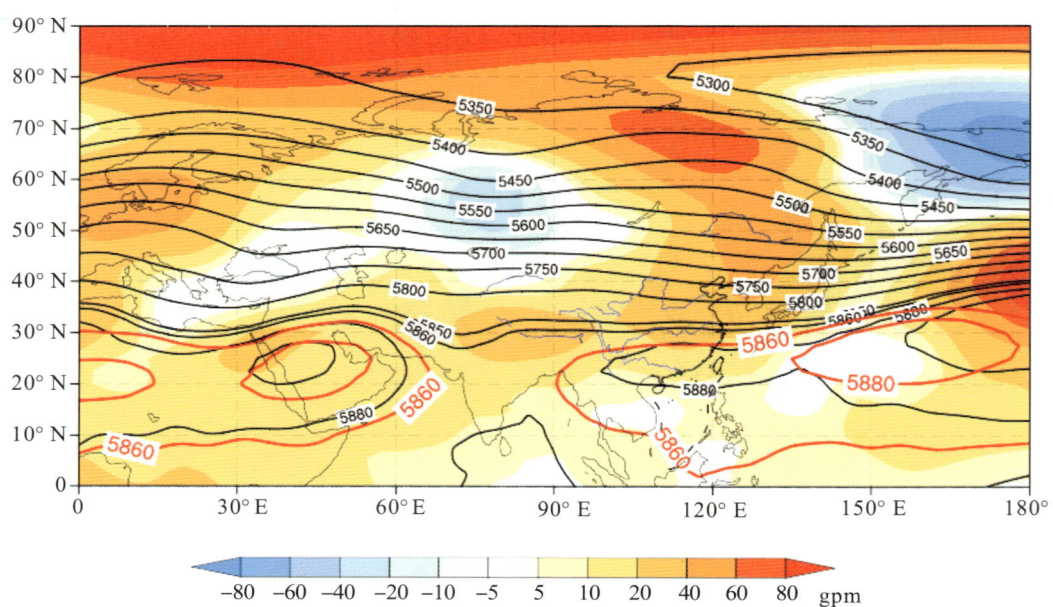

图 3.1-1　2021 年 9—10 月 500hPa 位势高度(等高线)及距平场(填色)
(红色等高线为气候平均的 5880gpm 线)

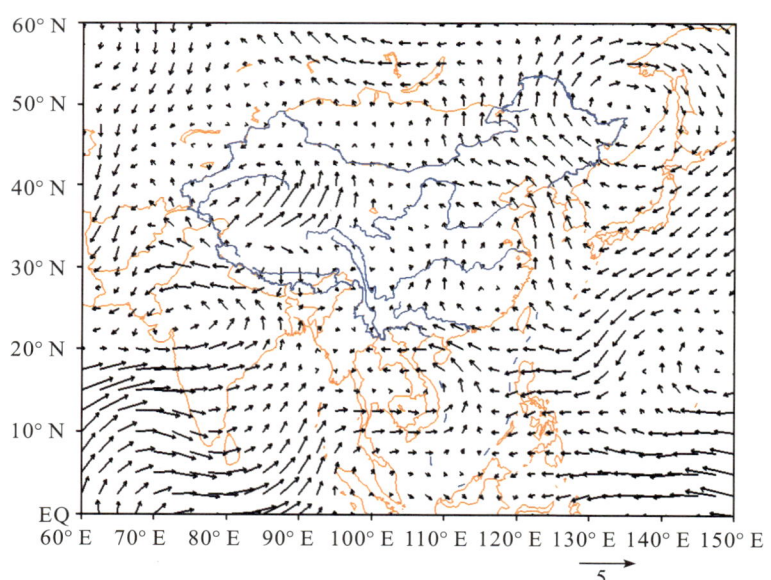

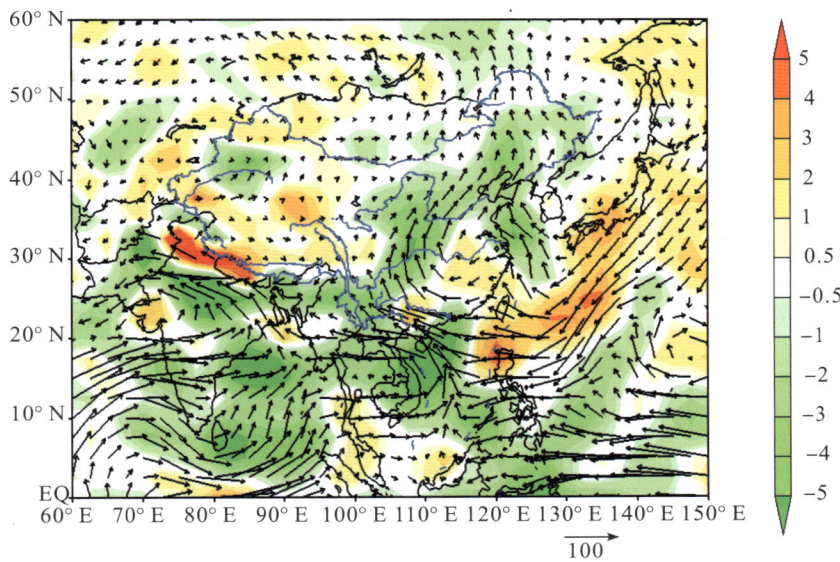

图 3.1-2 2021 年 9—10 月 850hPa 距平风场分布(箭矢,单位:m/s)和
整层水汽通量(箭头,单位:kg/(m·s))及水汽通量散度(阴影,单位:10^{-5}kg/(m²·s))

监测显示,自 2020 年 8 月开始的拉尼娜事件于 2021 年 3 月结束,持续时间 8 个月,类型为中等强度的东部型;2021 年 10 月再次进入拉尼娜状态,至 2021 年 12 月 Nino3.4 指数已达－1.04℃(图 3.1-3)。热带印度洋海温一致型模态(IOBW)自 2021 年 3 月开始持续正位相。南方涛动指数(SOI)自 2020 年 7 月以来持续为正值,2021 年 7 月达到最大值。2021 年 8—10 月沃克环流距平场显示(图 3.1-4),在日界线附近为明显的下沉运动,而在 100°～140°E 为明显的上升运动,无论是 SOI 指数还是沃克环流特征均显示,夏季中后期开始,热带大气对拉尼娜状态已经响应。

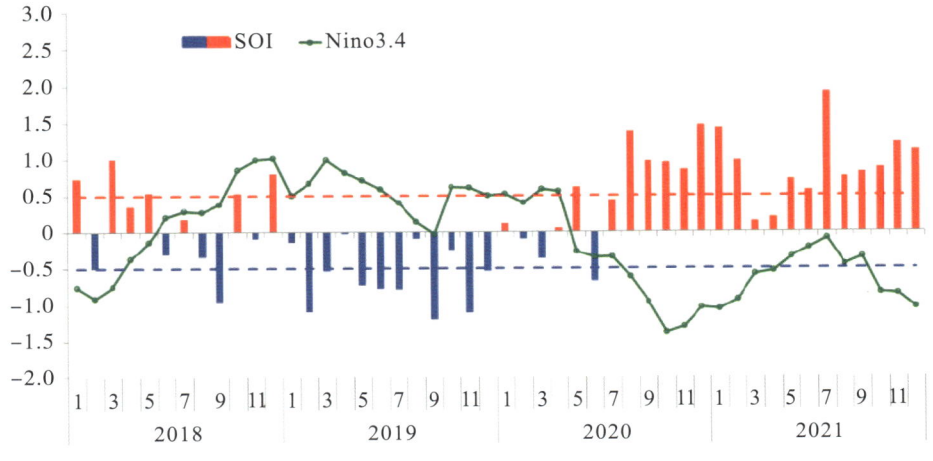

图 3.1-3 2018 年 1 月至 2021 年 12 月 Nino3.4 与南方涛动指数

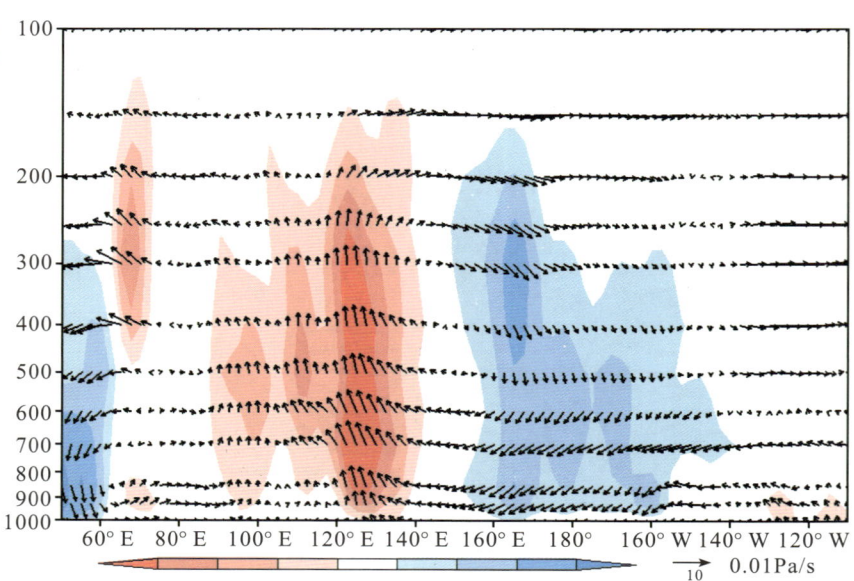

图 3.1-4　2021 年 8—10 月沃克环流距平(阴影,单位:0.01Pa/s)

已有研究表明①,热带太平洋和印度洋海温异常是影响我国秋季降水异常的重要外强迫因子。在拉尼娜年,我国秋季降水易出现北多南少的异常分布特征。从历史上夏秋季进入拉尼娜状态年份(1984 年、1995 年、2000 年、2007 年、2017 年和 2020 年)合成的 9—10 月 500hPa 位势高度(等高线)及距平场图看(图 3.1-5),中高纬为"两脊一槽"形态,乌拉尔山附近为异常高脊区,巴尔喀什湖—贝加尔湖一带为异常低槽区,且东亚高度场有西高东低的异常分布,均有利于北方冷空气不断分裂南下。在低纬度地区,阿拉伯海—孟加拉湾一线均为负异常区,表明拉尼娜发生时,印缅槽也是加深的,西南季风加强,有利于来自印度洋的西南暖湿气流向我国内陆输送。对比发现,2021 年和 2020 年夏秋季进入拉尼娜状态年的 500hPa 中高纬度环流特征较为接近。此外,2021 年夏秋季副高偏强和西伸已显示出对 IOBW 持续正位相的响应。总体来说,2021 年拉尼娜事件和印度洋暖海温导致中高纬"两脊一槽",有利于西路冷空气活动频繁;副高偏强偏大偏西,最终导致南支水汽在长江上游大量辐合从而降水异常偏多。

---

①参考文献:谌芸,施能. 厄尔尼诺/南方涛动与我国秋季气候异常[J]. 热带气象学报,2003,19(2):137-146.

刘宣飞,袁慧珍,ENSO 对印度洋偶极子与中国秋季降水关系的影响[J]. 南京气象学院学报,2006,29(6):762-768.

韩晋平,张人禾,苏京志,中国北方秋雨与热带中太平洋海表冷却的关系[J]. 大气科学,2013,37(5):1059-1071.

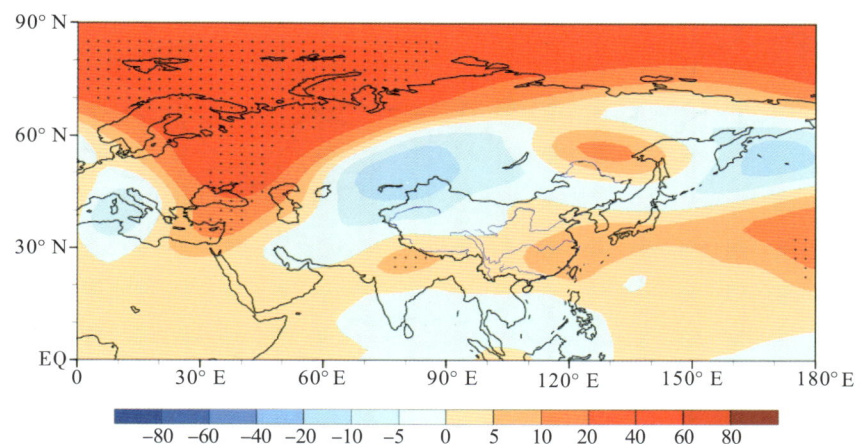

图 3.1-5 拉尼娜年 9—10 月 500hPa 位势高度(等高线)及距平场(填色)合成
(黑点为通过 0.1 显著性水平检验区域,单位:gpm)

3.1.2 极端气候事件变化情况[①]

(1)暴雨事件

1961—2021 年长江流域多年平均暴雨日 3.3 天,呈增多趋势,平均每十年增加 0.1 天;排名前三位的暴雨年依次为 2020 年的 4.8 天、1999 年的 4.6 天、1998 年的 4.5 天,而排名倒数前三位的暴雨年依次为 1978 年的 2 天、1971 年和 1976 年的 2.3 天、1966 年的 2.4 天。从整体上来看,1978 年后未出现年平均暴雨日低于 2.5 天的年份,2006 年后未出现年平均暴雨日低于 3 天的年份(图 3.1-6)。空间上,岷沱江下游、嘉陵江中下游、乌江下游、长江中下游干流区间、三角洲平原区部分地区、两湖流域大部暴雨日 3~8 天,其中鄱阳湖流域东部 6~8 天,金沙江中上游、岷沱江上游基本无暴雨,其他地区暴雨日 1~2 天(图 3.1-7)。

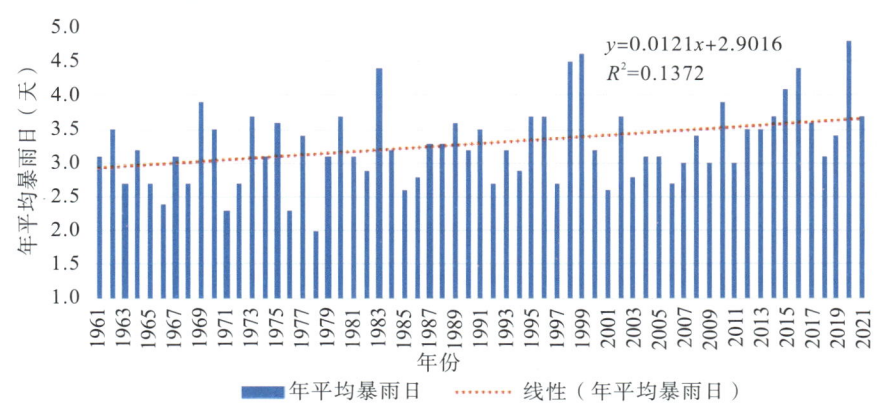

图 3.1-6 1961—2021 年长江流域逐年暴雨日变化

[①] 数据来源于长江流域气象中心整编资料。

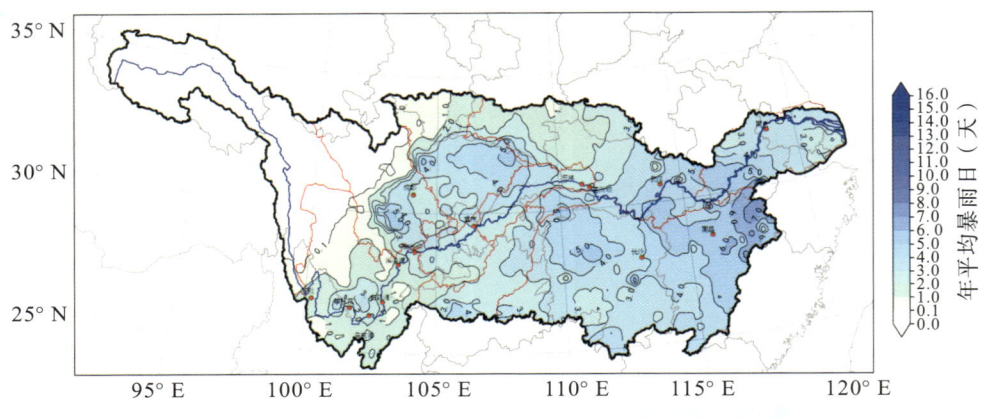

图 3.1-7　1961—2021 年长江流域年平均暴雨日分布

(2) 高温事件

1961—2021 年长江流域多年平均高温日 15.7 天,呈增多趋势,平均每 10 年增加 1.2 天(图 3.1-8)。20 世纪 60 年代至 70 年代末长江流域多年平均高温日约 15 天;70 年代末至 90 年代末长江流域多年平均高温日偏少,平均约 12 天,排名倒数前三位的多年平均高温处于这个时段,分别为 1993 年的 6.1 天、1987 年的 6.6 天和 1982 年的 7.1 天;21 世纪以来长江流域多年平均高温日呈明显增加趋势,平均每 10 年增加 3 天,平均为 20 天,排名前三位的多年平均高温日处于这个时段,分别为 2013 年的 30.8 天、2018 年的 25.5 天和 2006 年的 25.3 天。空间上,洞庭湖流域局部、鄱阳湖流域中东部、长江中游干流区间部分地区高温日 40~52 天,洞庭湖流域中部、鄱阳湖流域其他地区、三角洲平原区南部、长江中游干流区间下游、汉江流域部分地区 20~40 天,金沙江流域大部、岷沱江流域北部无高温过程,流域其他地区 1~19 天。

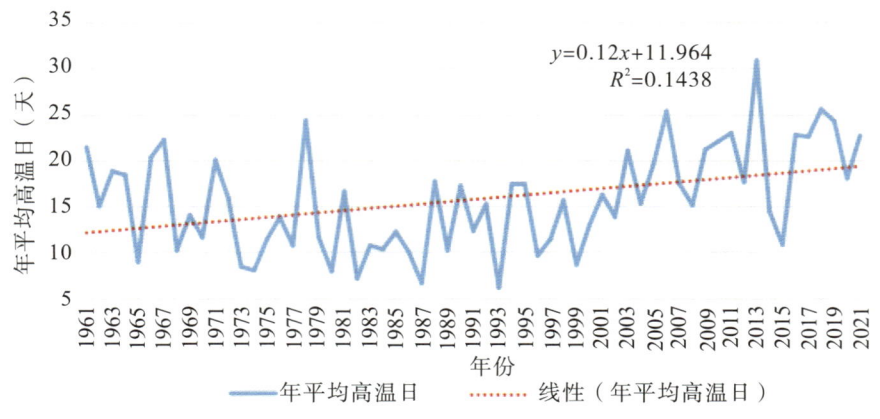

图 3.1-8　1961—2021 年长江流域逐年高温日变化

(3)夏季1日和3日极端降水事件

1961—2021年长江流域夏季1日极端降水事件平均为19站次,呈增加趋势,平均每10年增加2站次(图3.1-9)。90年代中期开始1日极端降水事件的站次明显偏多,其中1998年和2016年最多达45站次,其次是2020年的39站次,排名第三位的是2010年的36站次。夏季3日降水极端事件平均为25站次,年际变化趋势不明显(图3.1-10)。夏季3日极端降水事件排名前三位的年份分别是1982年的68站次、2020年的60站次和1964年的57站次。

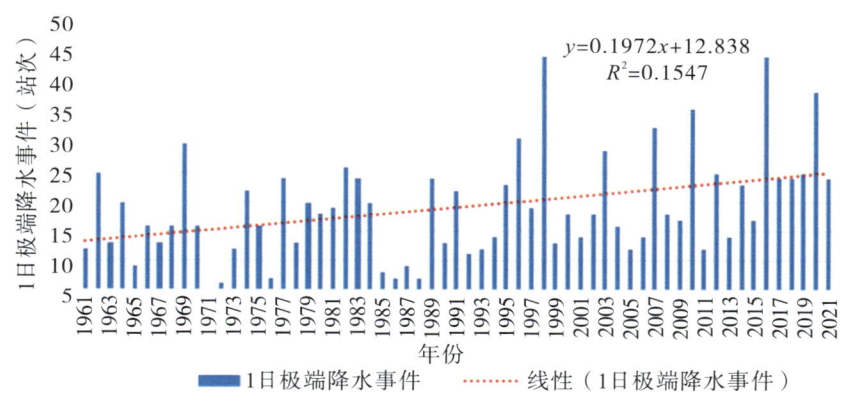

图3.1-9　1961—2021年长江流域夏季1日极端降水事件站次变化

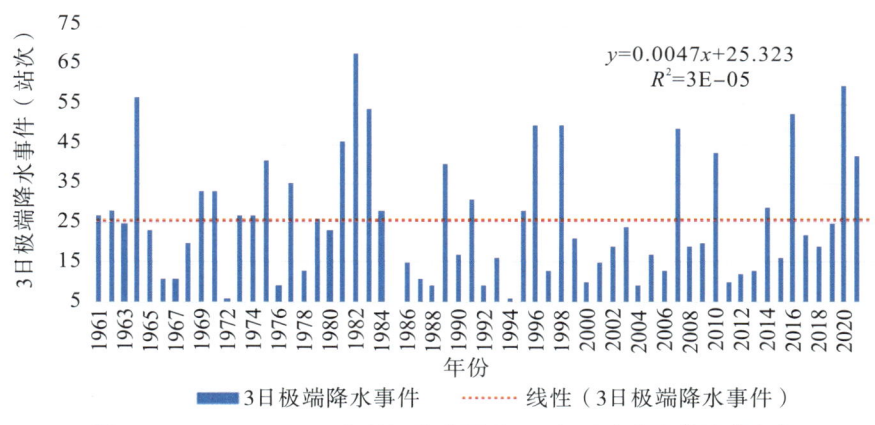

图3.1-10　1961—2021年长江流域夏季3日极端降水事件站次变化

3.1.3　主要水旱灾害[①]

3.1.3.1　长江上游和汉江秋汛

长江上游东部和汉江上游秋雨于8月下旬初开始,11月初结束,雨季长度达到75天左

[①]数据来源于长江流域气象中心和长江委水文局整编资料。

右,开始日期较常年偏早 8 天,结束日期较常年偏迟 5 天,雨季长度偏长 13 天左右。沱江、嘉陵江、长江上游干流区间、汉江上游出现 7 次区域性较强降水过程,汉江上游、嘉陵江、沱江、重庆至万县平均累计降水量分别达到 604mm、551mm、435mm、487mm,较常年同期分别偏多 130％、120％、90％、70％,汉江上游、嘉陵江、沱江位列历史同期第 1 位,重庆至万县为第 3 位。受长江上游东部持续强秋雨影响,相继发生"嘉陵江 2021 年第 2 号洪水""长江 2021 年第 1 号洪水""嘉陵江 2021 年第 3 号洪水"。其间,汉江上中游累计出现 120 站日暴雨、15 站日大暴雨,其中 8 月 22 日勉县、镇安单日降水量分别达 237.9 mm、136.3mm,9 月 26 日城固单日降水量达 112.8mm,均破历史纪录。汉江流域发生持续性时间长、洪水量级大的超 20 年一遇秋季洪水,汉江中下游干流发生 2011 年以来同期最大洪水,鸭河口水库出现超历史特大洪水,陕西安康和湖北十堰部分乡镇以及中下游大量洲滩被淹,十堰竹溪鄂坪水电站出现重大险情,湖北宜城—汉川江段部分堤防出现管涌、散浸险情(图 3.1-11)。

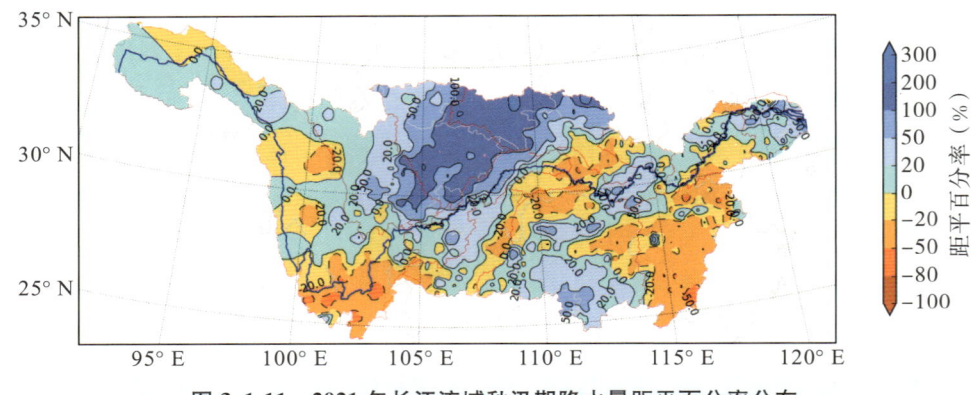

图 3.1-11 2021 年长江流域秋汛期降水量距平百分率分布

2021 年汛期,渠江三汇站洪峰流量位居历史第 2 位,汉江白河站、皇庄站洪峰流量均居历史第 5 位。嘉陵江、汉江主要控制站年最高水位、年最大流量居历史系列中较前的位置,超警站点多。长江干流及洞庭湖、鄱阳湖"两湖"流域各站来水偏少,年最高水位、年最大流量居历史系列中较后的位置,部分站点年最高水位、年最大流量居历史系列中末位。

(1)长江上游秋汛洪水

8 月下旬至 10 月上旬,长江上游发生多次涨水过程,长江干流发生 1 次编号洪水,嘉陵江发生 2 次编号洪水,三峡水库出现 5 次入库洪峰超过 40000m³/s 的较大洪水过程,其中 9 月 6 日 20 时出现年最大洪峰流量 55000m³/s。按照暴雨的发生发展过程,2021 年秋汛期(8 月下旬至 10 月中旬)长江上游洪水过程可分为 5 个阶段。

第一阶段(8 月下旬至 9 月初),长江上游出现明显秋汛,多条支流发生明显涨水过程,三峡水库出现多轮涨水过程,8 月下旬有 3 次 40000m³/s 及以上涨水,过程最大入库流量分别为 40000m³/s(8 月 25 日 2 时)、45000m³/s(8 月 27 日 8 时)、48000m³/s(8 月 29 日 14 时)。

第二阶段(9月初至9月中旬),金沙江、长江上游支流嘉陵江发生年最大洪水过程,干流寸滩站发生超警戒洪水,嘉陵江、长江干流相继发生编号洪水。嘉陵江发生年最大洪水过程,支流渠江罗渡溪站9月6日8时水位涨至219.29m(警戒水位219.00m),形成"嘉陵江2021年第2号洪水",过程最大流量20000m³/s(9月7日2时)、最高水位222.66m(9月7日2时,超警戒3.66m),北碚站9月7日8时30分出现年最大流量26600m³/s。9月6日14时三峡入库流量涨至54000m³/s,"长江2021年第1号洪水"在上游形成,9月6日20时出现过程最大入库流量55000m³/s。

第三阶段(9月中旬至9月下旬),长江上游多条支流再次发生明显涨水过程,干流寸滩站、三峡水库均发生1次复式洪水过程。干流寸滩站出现1次较大的复式涨水过程,来水自21000m³/s左右增加,复式洪水过程最大流量分别为34500m³/s(9月17日16时)、33400m³/s(9月20日15时);上游来水叠加区间来水,三峡水库再次发生较大复式洪水过程,最大入库流量分别为42000m³/s(9月17日20时)、47000m³/s(9月19日14时)。

第四阶段(9月下旬至10月初),长江上游支流嘉陵江再次发生明显涨水过程,北碚站最大流量23100m³/s(9月29日8时)。三峡水库入库流量最大涨至38000m³/s(9月29日20时)。

第五阶段(10月初至10月中旬),嘉陵江发生1次明显涨水过程,支流涪江小河坝站10月5日17时水位涨至238.34m,相应流量8440m³/s,"嘉陵江2021年第3号洪水"在涪江干流形成,小河坝站最大流量13000m³/s(10月5日21时6分),干流武胜站出现1981年以来最大洪水,最高水位226.24m(10月6日22时,超警戒1.74m)、最大流量19200m³/s(10月6日21时51分),北碚站最大流量24700m³/s(10月7日4时)。三峡水库入库流量最大涨至38000m³/s(10月7日14时)。

2021年秋汛期各阶段三峡入库洪水地区组成中,嘉陵江、金沙江、岷江、三峡区间来水占主导地位。嘉陵江来水占比大于面积占比,金沙江来水占比小于面积占比。

(2)汉江秋汛洪水

8月上旬至10月上旬,主要受副高西伸北抬及冷空气南下影响,汉江流域出现多轮持续强降雨过程,汉江流域出现明显秋汛洪水过程。按照暴雨洪水的发生发展过程,整个洪水过程可划分为七个阶段。丹江口水库入出库及库水位过程见图3.1-12。

第一阶段(8月6—18日),汉江流域发生2次移动性强降雨过程,流域下垫面土壤含水量逐步增大,汉江上游发生明显涨水过程,主要水库拦蓄洪水,库水位逐步抬高。本阶段汉江中下游干流主要控制站均未超过警戒水位。

第二阶段(8月19—25日),汉江流域发生持续强降雨过程,汉江上游多条支流发生超警戒及以上洪水,丹江口水库对汉江中下游实施补偿调度,汉江下游发生超警戒洪水。汉江上游干流洋县站发生1次较大涨水过程,多条支流发生较大涨水过程,其中旬河发生超警戒洪水,月河发生超保证洪水。丹江口—皇庄区间多条支流再次发生较大涨水过程,鸭河口水库最高库水位177.25m(8月26日18时30分,超正常高0.25m);丹江口水库以控泄皇庄站流量在 9000m³/s 左右为目标进行补偿调度,汉江中下游干流主要站水位持续上涨,其中汉川、新沟站水位超警戒。

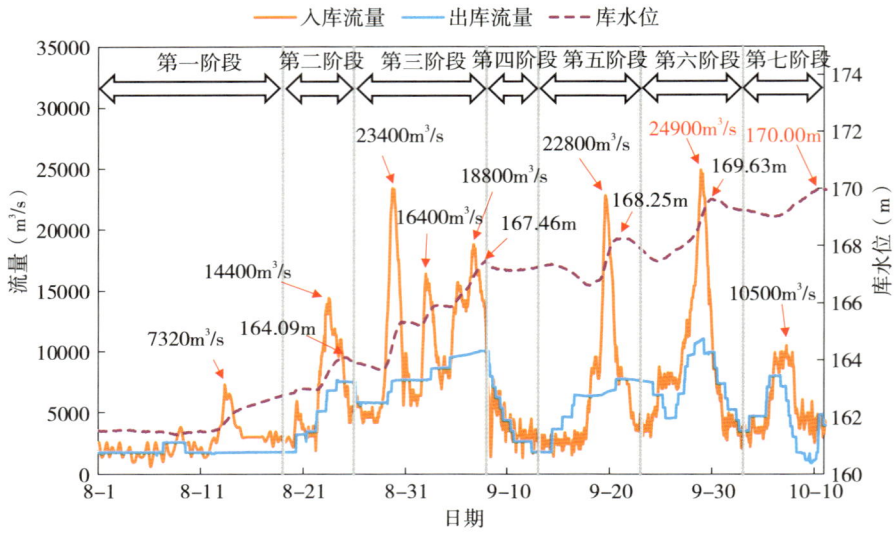

图 3.1-12　丹江口水库入出库及库水位过程

第三阶段(8月26日至9月7日),汉江流域再次发生持续强降雨过程,汉江上游丹江口水库发生大坝加高以来最大入库洪水,8月30日0时出现最大入库流量23400m³/s,水库全力拦洪,库水位突破历史最高水位。汉江中下游发生全年最大涨水过程,皇庄站水位9月2日6时涨至最高水位48.29m(超警戒0.29m);沙洋站水位9月9日19时涨至最高水位42.20m(超警戒0.40m);仙桃站水位9月10日7时涨至最高水位35.63m(超警戒0.53m);汉川站水位9月10日12时涨至最高水位30.56m(超警戒1.56m)。汉江中下游主要控制站超警戒幅度0.40~1.56m。

第四阶段(9月8—12日),汉江流域无明显降雨过程,汉江上游来水消退,汉江中下游主要控制站水位相继退出警戒水位。

第五阶段(9月13—22日),汉江上游发生2次强降雨过程,丹江口水库发生1次复式涨水过程,最大入库流量分别为9570m³/s(9月18日21时)、22800m³/s(9月19日19时),中下游干流主要控制站水位返涨并接近警戒水位。

第六阶段(9月23日至10月2日),汉江上游多条支流发生较大涨水过程,其中月河、旬河、丹江发生超警戒洪水,湑水河发生超保证洪水、溢水河发生超历史洪水;石泉、安康水库逐步拦至正常蓄水位附近;丹江口水库发生近10年最大入库洪水过程,入库洪峰24900m³/s(9月29日3时),控制最大出库11100m³/s,削峰率55%,最高调洪水位169.63m(9月30日2时)。汉江中下游干流主要站水位复涨并相继再次超警,超警戒幅度0.10~1.12m。汉江鸭河口水库发生超历史特大洪水,9月25日3时40分出现最大入库流量18200m³/s(历史最大入库11700m³/s,1975年8月),4时48分出现最大出库流量5000m³/s;9月25日10时,最高库水位179.91m,超设计洪水位(179.84m)。

第七阶段(10月3—10日),汉江流域上游发生移动性降雨过程,上游干流再次发生明显涨水过程。上游多条支流发生明显涨水过程,石泉、安康水库在来水上涨前提前预泄至汛限水位以下,此后拦蓄洪水至正常蓄水位附近;丹江口水库再次发生10000m³/s量级以上的洪水过程,库水位回落至168.99m后开始拦蓄,10月10日14时库水位蓄至正常蓄水位170m,为水库大坝自2013年加高后首次蓄满。10月4日汉江中下游主要站已全面退出警戒水位;10月7日后汉江流域强降雨已基本结束;10月8日上游来水退至5000m³/s左右波动。

分析2021年8月下旬至10月上旬汉江上游发生的几次较大洪水过程丹江口入库洪水水量组成,白河以上来水占47.1%～90.5%,支流堵河黄龙滩站占6.0%～10.2%,近坝区支流占7.0%～39.0%,无控区间占7.0%;丹江口水库入库水量主要来自白河以上,一般占7成左右;8月底(8月28—31日)洪水过程较为特殊,白河来水与近坝区来水各占一半。

3.1.3.2 金沙江、两湖流域旱灾

2020年11月1日至2021年5月31日,金沙江流域平均累计降水较常年同期偏少4成,为1961年以来倒数第4位,其中金沙江中游、下游分别偏少8成、4成,四川西南部、云南中北部降水持续偏少,降水量不足130mm,发生了中度以上气象干旱,滇西、滇西北、四川西南部大部达重旱,局部特旱。云南15个州(市)发生旱情,水库蓄水严重不足,造成419.31万人受灾,累计因旱引水困难98.24万人,农作物累计受灾面积20.34万hm²,其中绝收1.26万hm²,直接经济损失22.84亿元。冬春季高温少雨加上风速增大,1月初迪庆发生森林火灾,3月中旬至5月上旬迪庆、丽江、大理等州(市)森林火灾频发。6月6日雨季开始,金沙江中下游多次出现强降水过程,旱情明显缓和(图3.1-13)。

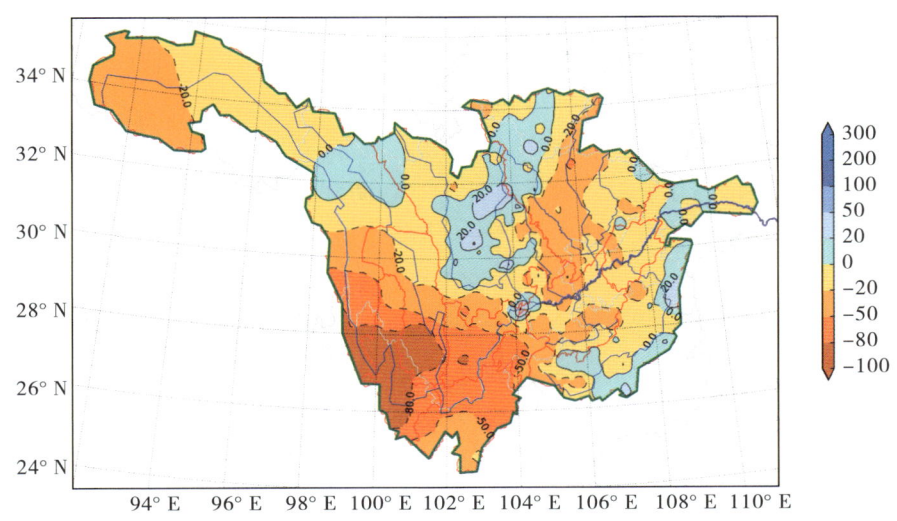

图3.1-13 2020年11月1日至2021年5月长江上游降水量距平百分率分布

2020年11月1日至2021年2月23日,洞庭湖、鄱阳湖流域平均累计降水较常年同期分别偏少4成和6成,气温异常偏高,造成两湖多地出现中度以上气象干旱。江西鄱阳湖1月15日水域面积(1044km²)比历史同期偏小4成,2月23日10时鄱阳湖标志水文站星子站水位8.12m,鄱阳湖已在9m以下低枯水期运行长达70余天,为5年来最长低枯水期。2月24—28日降水过程后中下游大部地区旱情得到缓解(图3.1-14)。

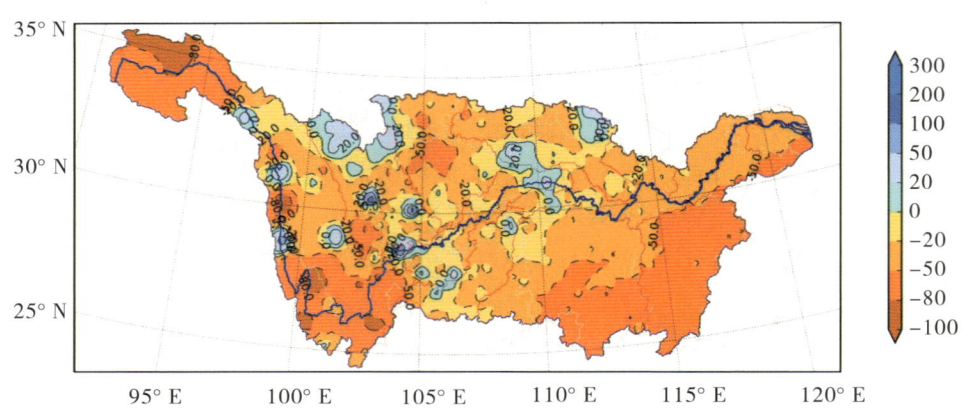

图3.1-14　2020年11月1日至2021年2月23日长江流域降水量距平百分率分布

3.1.4　气象监测预测预报

2021年,面对复杂天气气候形势,长江流域气象中心流域沿线新建或升级了约800个自动气象站,2套地基遥感垂直观测系统、15部X波段天气雷达,部分天气雷达完成双偏振技术改造,不断完善气象观测站网布局。开展了长江流域气象服务平台升级改造,初步建立了流域强降水实时监测分析业务,优化了多源融合降水实况分析产品研制技术,提高了强降水尤其是极端降水捕捉能力,不断完善精细化气象要素网格预报业务,开发了基于XGboost、LightGBM等人工智能方法的长江流域月面雨量预测技术,发展了基于动态临界阈值的长江流域中小河流洪水气象风险预警模型,研发了长江流域中小河流洪水气象风险预警产品。在防汛关键期,联合流域各省(直辖市)气象局和水文部门,及时开展天气气候会商研判,加强上下游、左右岸配合,强化流域气象灾害性天气联防联动,为长江流域水旱灾害防御和水工程联合调度决策提供了强有力的气象支撑和保障。

2021年,长江流域气象中心将长江上游面雨量预报分区从11个细化至25个,预报时效由7天延长至10天。开发或优化了延伸期、月、季、年气候趋势预测以及评估产品。自4月起,开展逐日短、中天气形势分析和预报,提供长江上游面雨量精细化预报。先后组织流域气候趋势预测、天气联合会商及三峡服务会商20多次,在转折期、关键期重大流域灾害性天气过程加强与长江委、三峡梯调中心会商,向长江防总、长江委及流域各省(直辖市)气象部门发布《长江流域重要气象报告》12期和长江流域延伸期、月、关键期、年气候趋势预测以及影响评估产品、长江短中期天气预报、长江上游面雨量预报、长江流域雨情快报等服务材料1180期。特别在

2021年汉江严重秋汛服务中,连续发布《长江流域重要气象报告》6期,提前预测了严重秋汛气候趋势,准确预报出每次降雨过程的量级与落区,滚动发布《长江流域天气公报》《长江防汛抗旱应急专题气象服务》等服务材料189期。在汉江上游安康段、中游唐白河支流突发超历史洪水期间,为长江委水文局提供中小流域面雨量短时临近预报,为长江委提供的《汉江流域1983年和2021年秋季气候背景对比分析》明确提出10月出现1983年持续性强降水可能性不大,为丹江口水库安全度秋汛、首次成功蓄水到170m提供了科学支撑。

针对气象因素对受电区域用电负荷和输电线路影响,开发了受电区域气象要素格点要素制作平台,向三峡梯调中心推送受电区域未来10天逐日最低、最高气温预报图、受电区域冻雨预报产品。全年针对寒潮、高温、台风等灾害性天气过程提供《受电区域温度预报》58期、《受电区域专题气象服务》20期。

加强与长江航务、海事部门合作,基本建立智慧型精准航运气象服务业务,汛期以来共发布长江水道通航天气预报、重点港口天气预报189期。

3.1.5 洪水预报

2021年,长江委水文局开展了多类洪水预报工作,主要包括短期水情预报、短期气象预报、中期水情气象预报、延伸期预报、长期预报等,为长江流域水旱灾害防御、水资源利用、水资源与水环境保护等工作提供了重要支撑。

2021年,长江委水文局短期水情预报分为常态化预报和非常态化预报。其中,常态化预报是指全年每天发布预报(每日1期),主要发布站点有三峡水库、沙市、七里山、汉口、大通和丹江口水库等,2021年共发布常态化预报365期。非常态化预报(即汛期预报,当汛期某站水位或流量达到发布标准后发布预报)主要发布站点有:长江干流主要控制站,包括寸滩、宜昌、枝城、石首、监利、莲花塘、螺山、黄石港、码头镇、九江、湖口、安庆;汉江主要控制站,包括白河、余家湖、皇庄、兴隆、泽口、潜江、岳口、仙桃、汉川、新沟和舵落口等,此外还包括长江上游主要支流出口控制站及两湖水系出口控制站(按水利部要求,发生大范围强降雨过程即发布)。2021年共发布汛期预报157期。另外,针对三峡中小洪水调度服务共发布三峡水库短期水情预报200期(4月15日至10月31日)。

2021年,长江流域水情预报精度总体与多年平均相当。三峡水库预报精度较2020年略有降低。宜昌—石首河段各站水位流量直接受三峡水库出库影响,三峡水库蓄水运用后,荆江河段各站水位流量关系变化复杂,河段内各站水位预报主要通过水位流量关系或上下站水位相关转换获得,预报难度较大。监利以下各站水位流量预报精度较高。从2021年主要洪水过程预报效果来看,每次洪水过程做到至少提前3天预警,并随着水雨情发展逐步滚动预报洪峰,对过程和洪峰的把握均较为准确,为防汛调度决策提供了重要的技术支撑。

2021年,长江委水文局共发布长江流域短中期降水预报203期,提供7天以内分区降雨预报。发布长江流域延伸期试验预报129期,延伸期预报提供未来第8天到第20天的逐日降水预测信息,并重点提供主要降雨天气过程预测分析信息,较好地满足流域水旱灾害防御和水工程联合调度需求。

2021年3月31日,长江委水文局对外发布了"2021年汛期长江流域旱涝趋势预测",8月下旬发布了秋汛期(9—10月)长江上游、汉江上游地区降雨及三峡水库、丹江口水库平均入库流量综合预测,10月底发布"2021年枯水期(2021年11月至2022年4月)长江流域水雨情长期预报"。汛期5—8月逐月发布了月滚动预报,每月底提供下个月长江流域水雨情趋势综合预报分析。

3.2 水工程联合调度

长江流域水工程联合调度旨在统筹堤防、水库、蓄滞洪区、排涝泵站、引调水工程等各类水工程与所在河流及长江中下游的防洪、水量、生态调度关系,充分发挥水工程对长江流域的整体防洪作用,有效保障流域内及受水区供水安全,维护流域水生态环境安全,应对流域特枯水、水污染、水生态破坏、咸潮入侵、水上安全事故、涉水工程事故等突发事件,努力减轻灾害损失。

2021年长江流域水工程联合调度运用计划纳入了白鹤滩、两河口、猴子岩、长河坝、大岗山、江坪河水库,水工程范围扩大到107座。通过强化监测预报预警,科学精细调度水工程,全力做好防汛抗洪技术支撑,成功应对了流域多轮强降雨过程,有效防御了"长江2021年第1号洪水"和长江上游及汉江、嘉陵江等河流多轮秋季洪水,丹江口水库首次实现170m满蓄目标,取得了2021年汛期洪水防御工作决定性胜利。

3.2.1 水工程联合调度方案

3.2.1.1 水工程范围

2021年长江流域水工程联合调度运用计划中,纳入联合调度的水工程数量为107座,其中控制性水库47座,总调节库容1066亿m^3,总防洪库容695亿m^3;蓄滞洪区46处,总蓄洪容积591亿m^3;排涝泵站10座,总排涝能力1562m^3/s;引调水工程4项,年设计总引调水规模241亿m^3。

(1)水库

纳入2021年联合调度范围的控制性水库(图3.2-1),包括:

1)长江上游

金沙江梨园、阿海、金安桥、龙开口、鲁地拉、观音岩、乌东德、白鹤滩、溪洛渡、向家坝水库;雅砻江两河口、锦屏一级、二滩水库;岷江紫坪铺,大渡河猴子岩、长河坝、大岗山、瀑布沟水库;嘉陵江碧口、宝珠寺、亭子口、草街水库;乌江构皮滩、思林、沙沱、彭水水库;长江干流三峡水库,共27座。

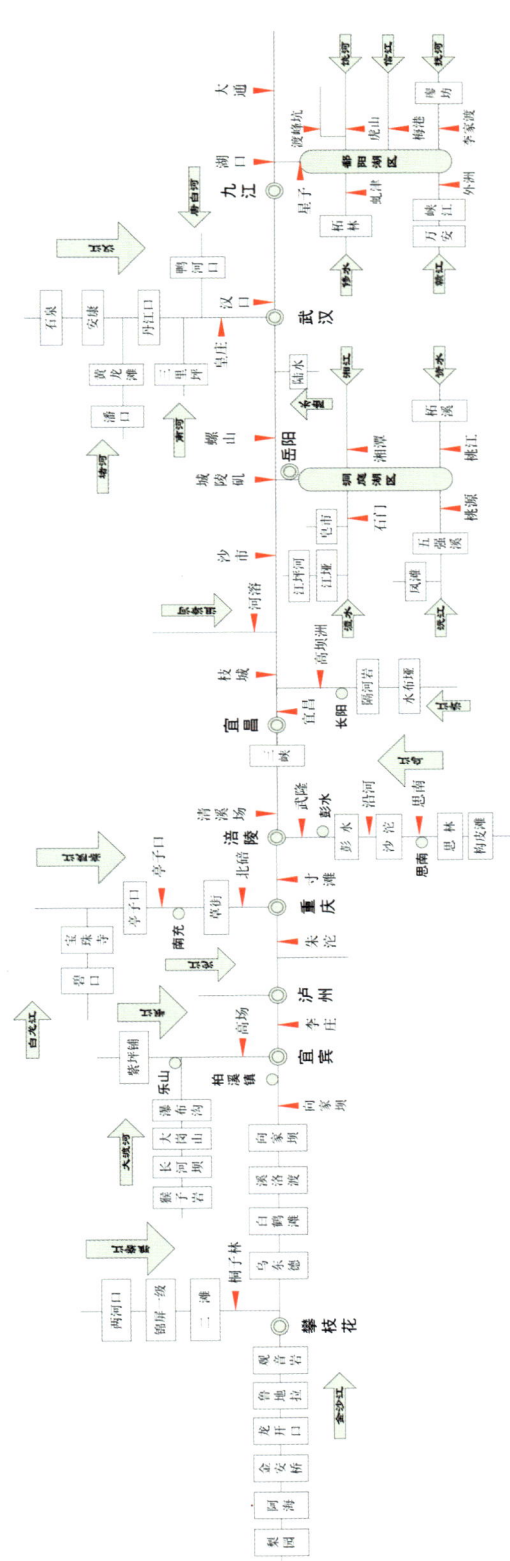

图3.2-1　纳入2021年度联合调度的控制性水库示意图

2)长江中游

清江水布垭、隔河岩水库；洞庭湖水系资水柘溪、沅江凤滩、五强溪、澧水江坪河、江垭、皂市水库；陆水水库；汉江石泉、安康、丹江口、潘口、黄龙滩、三里坪、鸭河口水库；鄱阳湖水系赣江万安、峡江，抚河廖坊，修水柘林水库，共20座。

(2)蓄滞洪区

长江中下游的荆江地区、城陵矶附近区、武汉附近区、湖口附近区、滁河流域等地区共安排了46处蓄滞洪区，均纳入2021年联合调度范围(图3.2-2)，包括：

1)荆江地区

包括荆江分洪区、涴市扩大区、人民大垸及虎西备蓄区，共4处，蓄洪容积72.27亿m^3。

2)城陵矶附近区

包括钱粮湖、共双茶、大通湖东、澧南垸、围堤湖、民主垸、城西垸、西官垸、建设垸、九垸、屈原垸、建新垸、江南陆城、六角山、安澧垸、安昌垸、安化垸、南顶垸、和康垸、南汉垸、义合垸、北湖垸、集成安合、君山垸、洪湖东分块、洪湖中分块、洪湖西分块，共27处，蓄洪容积338.23亿m^3。

3)武汉附近区

包括杜家台、西凉湖、武湖、涨渡湖、白潭湖、东西湖，共6处，蓄洪容积129.94亿m^3。

4)湖口附近区

包括康山、珠湖、黄湖、方洲斜塘、华阳河，共5处，蓄洪容积49.55亿m^3。

5)滁河流域

包括荒草二圩、荒草三圩、蒿子圩、汪波东荡，共4处，蓄洪容积0.97亿m^3。

(3)排涝泵站

纳入2021年联合调度范围的主要为宜昌—湖口河段(含洞庭湖区和鄱阳湖区)排涝能力大于100 m^3/s、位于蓄滞洪区和农田涝片的排涝泵站，共10座(图3.2-3)，总设计流量1562m^3/s，包括：

1)宜昌—城陵矶(含洞庭湖区)河段

包括闸口二站、苏家吉排洪泵站、蒋家嘴大电排站、明山电排泵站，共4座，设计流量606m^3/s。

2)城陵矶—汉口河段

包括新滩口泵站、螺山泵站、金口电排站、铁山嘴电排站，共4座，设计流量622m^3/s。

3)汉口—湖口(含鄱阳湖区)河段

包括樊口电排站、大冶湖泵站等2座，设计流量334m^3/s。

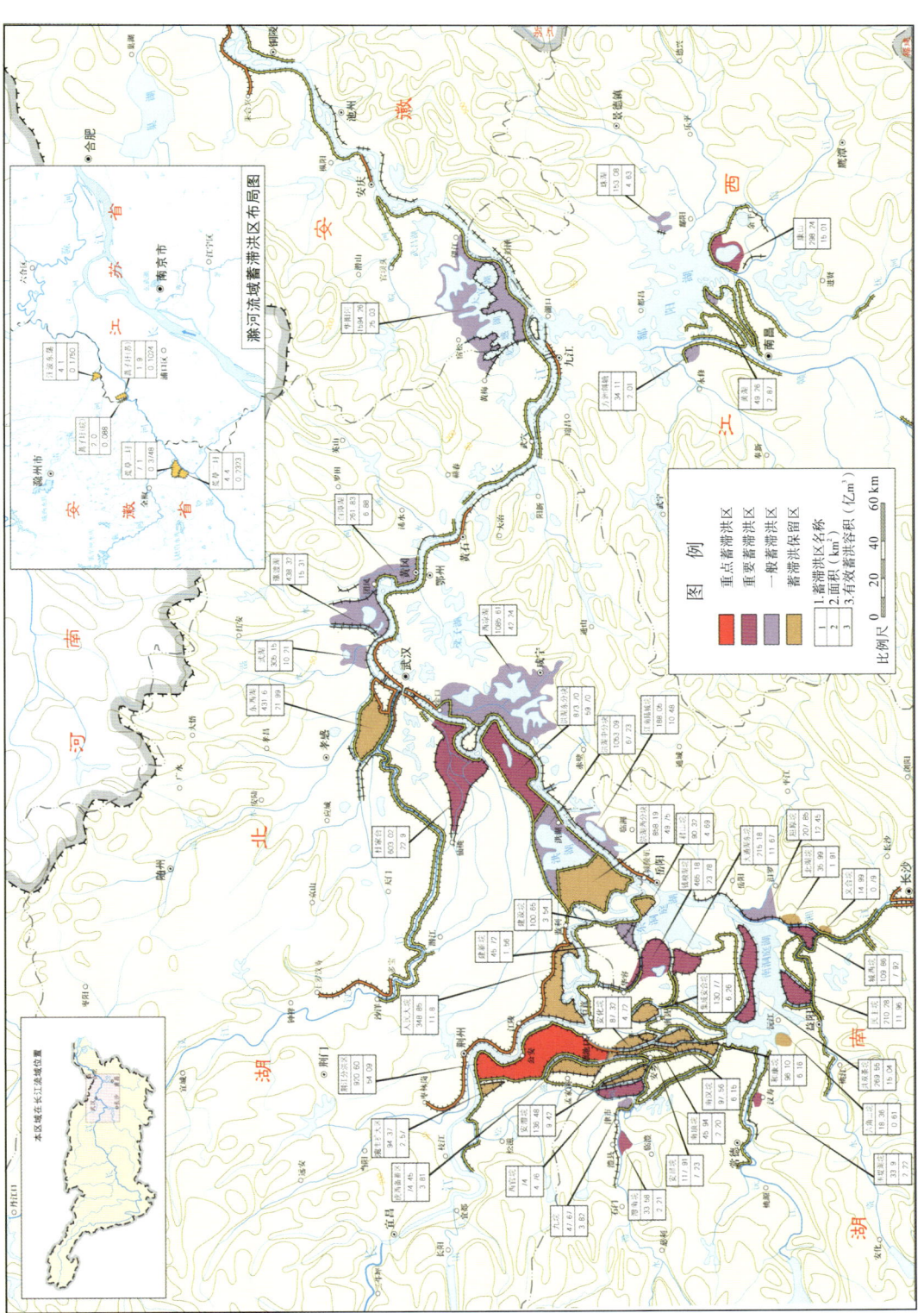

图3.2-2 纳入2020年联合调度范围的蓄滞洪区

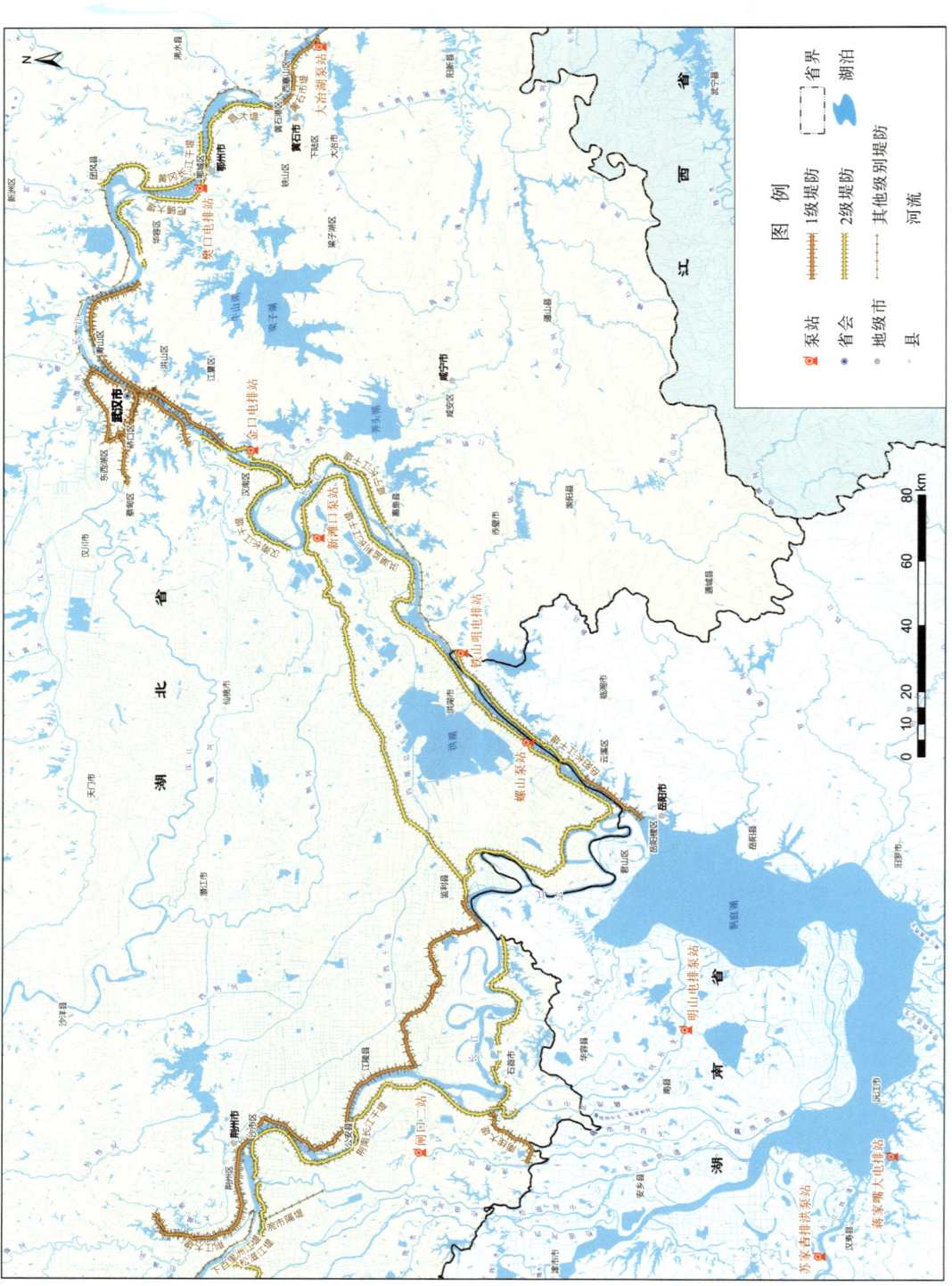

图3.2-3 纳入2021年联合调度范围的排涝泵站

(4)引调水工程

纳入2021年联合调度范围的引调水工程包括南水北调中线引江济汉工程、南水北调中线一期工程、南水北调东线一期工程、引江济太工程4项(图3.2-4)。

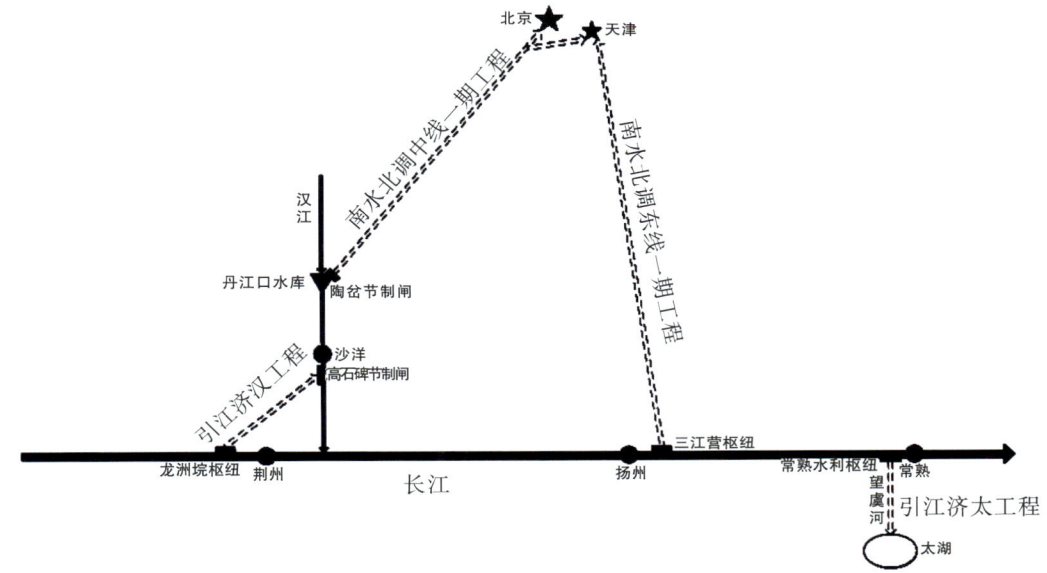

图 3.2-4　纳入 2021 年联合调度的引调水工程示意图

3.2.1.2　防洪调度

长江流域防洪遵循"蓄泄兼筹,以泄为主"的原则,统筹上下游,协调左右岸,兼顾干支流,根据洪水发展进程,针对防洪保护对象需求,按照一定的原则和次序联合调度相关防洪工程。水库作为调蓄洪水最为灵活有效的"王牌",在洪水调度全过程承担主动防洪任务,随着洪水态势的不断发展,再统筹考虑河道堤防超高运用、洲滩民垸行蓄洪水、沿江排涝泵站限排入江和蓄滞洪区启用等措施。

长江流域各河段工程联合调度方案详见《2021年长江流域水工程联合调度运用计划》。

(1)川渝河段

川渝河段的防洪任务为提高宜宾、泸州主城区的防洪标准至50年一遇,提高重庆主城区的防洪标准至100年一遇,主要由溪洛渡、向家坝水库承担,乌东德等上游水库配合;必要时,梨园、阿海、金安桥、龙开口、鲁地拉、观音岩、锦屏一级、二滩、紫坪铺、瀑布沟、亭子口等水库配合溪洛渡、向家坝水库对川渝河段洪水实施拦洪错峰。

(2)长江中下游干流

长江中下游干流防洪任务为总体达到防御1954年洪水,减小分洪量和蓄滞洪区的使用概率。荆江河段防洪标准达到 100 年一遇,同时对遭遇 1000 年一遇或类似 1870 年洪水,应有可靠措施保证荆江两岸干堤防洪安全,防止发生毁灭性灾害。

1)荆江河段

荆江河段发生洪水时,充分利用河道下泄洪水,利用三峡等水库联合拦蓄洪水。当荆江河段发生 100 年一遇以下洪水时,控制沙市站水位不超过 44.5m;当荆江河段发生 100 年一遇以上、1000 年一遇以下洪水时,配合蓄滞洪区、排涝泵站运用,控制沙市站水位不超过 45m。

2)城陵矶河段

当城陵矶地区发生洪水时,充分利用河湖泄蓄洪水,利用三峡等水库联合拦蓄洪水,控制城陵矶(莲花塘)站水位不超过 34.4m。其中,梨园、阿海、金安桥、龙开口、鲁地拉、观音岩、锦屏一级、二滩、瀑布沟、亭子口、草街、构皮滩、思林、沙沱、彭水等水库,结合所在河流防洪任务,实施与三峡水库同步拦蓄洪水的调度方式,适当控制水库下泄;金沙江下游乌东德、溪洛渡、向家坝水库在留足川渝河段所需防洪库容的前提下,根据三峡水库预报水情实施拦蓄,削减进入三峡水库的洪峰或减少入库洪量;洞庭湖水系水库防洪调度在满足本流域防洪要求的前提下,与干流防洪调度相协调。当三峡水库对城陵矶地区的防洪补偿调度库容用完后,预报城陵矶水位仍将达到 34.4m 并继续上涨,视实时水情工情,相机运用重要蓄滞洪区、一般蓄滞洪区分洪,控制城陵矶水位不高于 34.9m。当城陵矶水位超过 34m 时,视沙市站和汉口站水位,排涝泵站服从统一调度。

3)武汉河段

通过上游水库群联合调度,武汉河段洪水仍然较大时,为减小武汉河段分洪量和蓄滞洪区的使用概率,相机启用丹江口、陆水等水库。当汉口站水位超过 29m 时,排涝泵站服从统一调度;汉口站水位达到 29.5m 并预报继续上涨时,视长江、汉江水情,配合杜家台等蓄滞洪区运用,控制汉口水位不超过 29.73m。

4)湖口河段

鄱阳湖水系水库防洪调度在满足本流域防洪要求的前提下,与干流防洪调度相协调。当三峡水库对长江中下游防洪调度时,若鄱阳湖水系来水不大且预报不会发生大洪水时,水库群相机配合调度,减少入湖洪量。当湖口站水位超过 22m 时,排涝泵站服从统一调度;湖口站水位达到 22.5m 并预报继续上涨,配合康山等蓄滞洪区运用,控制湖口站水位不超过 22.5m。

5)湖口以下河段

充分利用河道下泄洪水,相机运用河段内长江干堤之间洲滩民垸行蓄洪水,控制干流水位不超过堤防设计水位。

(3)其他重要支流

岷江(大渡河)的防洪任务为提高金马河、成昆铁路沙坪段防洪标准,减轻乐山市等沿江城市防洪压力，主要由紫坪铺、瀑布沟水库承担，猴子岩、长河坝、大岗山等水库适时配合调度。

嘉陵江中下游的防洪任务为提高苍溪、阆中、南充等城市（镇）的防洪标准，减轻合川、重庆主城区的防洪压力，主要由亭子口水库承担，碧口、宝珠寺、草街等水库适时配合调度。

乌江中下游的防洪任务是提高思南县城的防洪标准，减轻沿河、彭水、武隆等城市（镇）的防洪压力，主要由构皮滩、思林、沙沱、彭水等水库承担，其他水库配合运用。

清江的防洪任务是提高长阳县城及下游沿江城镇的防洪标准，主要由水布垭、隔河岩等水库承担。

洞庭湖水系的防洪任务是提高安化、桃江、益阳、桃源、常德、石门、澧县、津市等城市（镇）及下游尾闾地区防洪能力，主要由各支流骨干水库承担，洲滩民垸、蓄滞洪区等配合运用。

汉江上游的防洪任务是提高石泉、安康及沿江城镇的防洪能力，主要由石泉、安康水库承担。汉江中下游的防洪任务是防御1935年同大洪水（相当于100年一遇），主要由丹江口水库承担，安康、潘口、三里坪、鸭河口等其他干支流水库以及杜家台蓄滞洪区和中下游部分民垸配合运用。

鄱阳湖水系的防洪任务是提高南昌、吉安、抚州、永修等城市（镇）及下游尾闾地区防洪能力，赣江由万安、峡江水库，抚河由廖坊水库，修水由柘林水库等承担，一般控制不超过河道安全泄量，以减轻下游河段及尾闾地区的防洪压力。

3.2.1.3 水库群蓄水调度

长江上游配合三峡水库承担长江中下游防洪任务的梨园、阿海、金安桥、龙开口、鲁地拉、锦屏一级、二滩、乌东德等水库，一般情况下8月初开始逐步有序蓄水。承担所在河流防洪和长江中下游防洪双重任务的溪洛渡、向家坝、亭子口、草街、构皮滩、思林、沙沱、彭水等水库，在留足所在河流（或河段）所需防洪库容的前提下，9月初可逐步蓄水；观音岩、瀑布沟水库根据防洪库容预留要求分时段逐步蓄水。三峡水库9月中旬可逐步蓄水。紫坪铺、碧口、宝珠寺等水库10月初开始蓄水。猴子岩水库11月初开始蓄水。两河口、白鹤滩水库按批复的蓄水计划及调度方案蓄水。长江中游清江及洞庭湖水系水库一般可在8月初开始逐步蓄水；陆水及鄱阳湖水系水库一般可在7月初开始逐步蓄水；汉江流域水库一般可在10月初开始逐步蓄水，其中潘口、鸭河口水库8月中下旬开始蓄水。水库具体开始蓄水时间根据水库承担的防洪任务及防洪形势确定，并合理安排蓄水过程。

3.2.1.4 供水调度

按照批复的水量分配方案和年度水量调度计划，通过水工程联合调度，满足控制断面最小下泄流量要求，保障流域生活、生产用水安全。水库枯水期应结合供水调度，逐步消落，汛前按规定时间消落至防洪限制水位或以下。

通过上游干支流水库群联合调度，控制向家坝、寸滩站流量分别不小于 $1200m^3/s$、$3310m^3/s$。通过三峡及上游水库群联合调度，控制宜昌、大通站流量分别不小于 $5500m^3/s$、$10000m^3/s$。

3.2.1.5　生态调度

通过水工程联合调度，满足各主要控制断面生态流量，维护两湖及河口地区的生态环境用水安全。

5—6月，在防洪形势和水雨情条件许可的情况下，相机开展溪洛渡、向家坝、三峡、丹江口等水库促进典型鱼类自然繁殖的生态调度试验。

乌东德、溪洛渡水库在 2—4 月可有针对性地实施单层或多层叠梁门分层取水调度试验，尽可能提高出库水温，以减缓低温水下泄对达氏鲟、胭脂鱼等鱼类产卵繁殖的不利影响。

根据实际需求和水库运行情况，可实施抑制三峡库区和汉江中下游水华的生态调度试验。

3.2.1.6　应急调度

当流域内发生特枯水、水污染、水生态破坏、咸潮入侵、水上安全事故、涉水工程事故等突发事件时，视当时水情、工情等具体情况适时启动水工程应急水量调度。

当南水北调工程发生突发事件影响供水安全时，按照《南水北调工程供用水管理条例》的要求，配合开展应急水量调度。

长江口发生咸潮入侵灾害时，按照《长江口咸潮应对工作预案》的要求，实施应急调度。

3.2.2　水工程联合调度实践

3.2.2.1　防洪调度

(1)"长江 2021 年第 1 号洪水"调度

为减轻"长江 2021 年第 1 号洪水"期间川渝河段尤其是重庆主城区防洪压力，同时不增大长江中下游防洪压力，长江委根据流域水雨情形势，统筹上下游防洪安全，9 月 6 日联合调度金沙江下游乌东德、白鹤滩、溪洛渡、向家坝等梯级水库全力拦蓄金沙江洪水，将金沙江 $13000m^3/s$ 左右的来水削减至 $6500m^3/s$ 以下；调度三峡水库出库流量逐步加大至 $31000m^3/s$ 左右，同时会同四川省调度亭子口水库控制出库流量，共同加快寸滩站水位退至警戒水位以下，减轻重庆市及川渝河段防洪压力。

防御"长江 2021 年第 1 号洪水"期间，三峡及上游水库群共拦蓄洪水 116 亿 m^3，其中三峡水库最大入库洪峰 $55000m^3/s$(上游乌东德、白鹤滩、溪洛渡、向家坝水库最大入库洪峰分别为 14100m³/s、14800m³/s、12900m³/s 和 14800m³/s），最大出库流量 31400m³/s，削峰率 42.91%，拦蓄约 75 亿 m³，将沙市、城陵矶水位控制在警戒水位以下 2.1～3.2m。在有效减轻重庆市、川渝河段防洪压力的同时，显著减轻长江中下游地区防洪压力。

（2）汉江秋季洪水调度

8 月下旬至 10 月上旬，汉江发生超 20 年一遇的秋季大洪水，丹江口水库发生 7 次入库洪峰超过 10000m³/s 的洪水过程，其中 5 次超 15000m³/s，3 次超 20000m³/s，9 月 29 日发生了 2011 年以来最大入库洪峰 24900m³/s，连续洪水持续时间长、过程洪量大，秋汛累计来水约 340 亿 m³，较常年同期偏多约 4 倍，为 1969 年以来历史同期第 1 位。

面对汉江严峻汛情，长江委统筹考虑汉江上下游防洪需求，共向陕西、湖北、河南等省发出加强防御工作的各类通知 8 个，下发调度令 47 个，联合调度丹江口和石泉、安康、潘口、黄龙滩、鸭河口等干支流控制性水库拦洪削峰错峰，控制性水库群累计拦洪总量 145 亿 m³（其中丹江口水库累计拦蓄洪水约 98.6 亿 m³），同时加大南水北调中线一期工程供水流量，有效应对了汉江 7 次较大洪水过程。丹江口水库于 8 月 23 日、8 月 30 日、9 月 2 日、9 月 6 日、9 月 19 日、9 月 29 日、10 月 7 日入库洪峰分别为 14400m³/s、23400m³/s、16400m³/s、18800m³/s、22800m³/s、24900m³/s、10500m³/s，最大出库流量分别控制在 7710m³/s、7730m³/s、8690m³/s、10100m³/s、6650m³/s、11100m³/s、8090m³/s，最大削峰率 71%（表 3.2-1）。

表 3.2-1　　2021 年丹江口水库 7 次超 10000m³/s 入库洪水场次调度统计

场次	洪峰流量（m³/s）	峰现时间（月-日 时）	最大出库流量（m³/s）	削峰率（%）	拦洪量（亿 m³）
1	14400	8-23 18	7710	46	10.39
2	23400	8-30 0	7730	67	15.37
3	16400	9-2 6	8690	47	6.82
4	18800	9-6 22	10100	46	15.45
5	22800	9-19 19	6650	71	16.13
6	24900	9-29 3	11100	55	21.80
7	10500	10-7 12	8090	23	10.36

通过联合调度以丹江口水库为核心的汉江流域控制性水库群，有效降低汉江中下游干流洪峰水位 1.5～3.5m，缩短超警天数 8～14 天，避免了丹江口以下河段超保证水位和杜家台蓄滞洪区分洪运用。

3.2.2.2　蓄水调度

8 月中旬开始，长江委统筹考虑长江中下游及川渝河段防洪需要和长江上游水库群整体蓄水形势，部署上游水库群安全有序蓄水，及时上报或批复三峡、丹江口、溪洛渡、向家坝、瀑布沟等水库2021年汛末蓄水方案（计划）。

8月至10月上旬，流域纳入联合调度的水库群累计蓄水511.5亿 m^3，控制性水库均基本蓄至正常蓄水位，其中三峡水库10月31日蓄至175m，连续12年完成175m蓄水任务；丹江口水库是自2013年水库大坝工程加高完成以来第1次蓄至正常蓄水位。至10月底，47座控制性水库死水位以上蓄水量900亿 m^3，其中上游27座控制性水库死水位以上蓄水量593亿 m^3，为保障冬春供水、生态、发电、航运以及南水北调中线工程等综合用水奠定了坚实基础。

3.2.2.3 供水调度

丹江口水库圆满完成了2020—2021年供水任务，水库累计向北方供水超90亿 m^3，创历史新高，连续两年超工程规划供水量。汛前，按照"汛前多削落、汛末早蓄水"的调度原则，提早布局、超前谋划，为成功实施蓄水创造良好条件、奠定坚实基础：6月，《丹江口水库优化调度方案（2021年度）》获水利部批复，为汛期高水位运用提供重要调度依据；9月，《丹江口水库2021年汛末提前蓄水计划》获水利部批复，为利用秋汛期洪水蓄水创造了有利的调度条件。汛期，在水利部联合调度和统筹安排下，丹江口水库充分利用洪水资源向北方供水：10月7日，陶岔渠首入总干渠流量达400m^3/s；10月10日，丹江口水库成功蓄水至正常蓄水位170m，有力提高了向北方供水的保障能力。通水近7年来，丹江口水库累计向北方供水超430亿 m^3，为保障国家水安全提供了有力支撑。

3.2.2.4 生态调度

2021年，结合水库汛前消落，长江委联合长江办、三峡集团、国家电网有限公司等单位共同开展了9次生态调度试验，更大程度地促进了鱼类自然繁殖产卵。据监测，宜都江段鱼类总产卵量超过124亿粒，其中"四大家鱼"产卵量约84亿粒；估算沙市江段鱼类总产卵量约125亿粒，创历年之最。其中，三峡水库4月中旬至5月初开展了3次促进库区产黏沉性卵鱼类自然繁殖的生态调度试验，5月底至6月三峡水库开展2次促进坝下游产漂流性卵鱼类自然繁殖的生态调度试验；1—3月开展了乌东德、溪洛渡水电站分层取水试验，缓解下泄低温水的影响；汛前为抑制伊乐藻及其他沉水植物大量繁殖，开展了2次丹江口—王甫洲区间生态调度试验，改善了汉江中下游的水生态环境。

3.2.2.5 应急调度

在应对汉江中下游"水华"过程中（1月19—30日），长江委会同湖北省水利厅对丹江口水库、兴隆枢纽、引江济汉工程及汉江中下游航电梯级实施应急水量调度，紧急增加丹江口水库向汉江中下游下泄水量0.93亿 m^3，有效抑制了汉江中下游"水华"发展，保障了汉江中下游武汉、仙桃等城市近 40 万人的供水安全。

3.3 长江水旱灾害防御成效

3.3.1 洪水防御成效

2021年汛期，长江流域多条支流发生超警戒及以上洪水，长江上游及汉江流域发生明显秋汛。联盟有关单位深入贯彻习近平总书记关于防汛救灾重要指示精神和在推进南水北调后续工程高质量发展座谈会上的重要讲话精神，落实党中央、国务院决策部署和国家防总、水利部工作要求，强化监测预报预警，科学精细调度流域水工程，全力做好防汛抗洪技术支撑，成功应对多轮秋季洪水和台风影响，有力保障了人民生命财产安全。

结合水文气象预测预报，长江委提前编制长江洪水调度方案并及时上报水利部，做到有方案、有措施、有准备。洪水调度过程中，在水利部的统一指挥下，结合预测预报情况，统筹上下游、干支流、江河湖库防洪需求，科学精准调度以三峡为核心的长江上游水库群和以丹江口为核心的汉江上中游水库群拦洪削峰错峰，有效防御了"长江2021年第1号洪水"和长江上游及汉江、嘉陵江等河流多轮秋季洪水，汛期流域控制性水库群拦蓄洪水共计约 386 亿 m^3，其中三峡水库拦洪约 130 亿 m^3，汉江流域控制性水库群秋汛累计拦洪 145 亿 m^3，切实保障了流域防洪安全。

在防御第6号台风"烟花"过程中，台风来临前指导地方调度台风可能影响区内的大中型水库提前预泄腾库，严格控制水库运行水位。台风影响期间，在与江苏、安徽等省份会商研判的基础上，按照水阳江洪水调度方案、滁河洪水调度方案指导两省洪水防御工作。其中，水阳江港口湾水库控制最大出库流量 $123 m^3/s$ 左右，削峰率达 90%，降低下游宣城站最高水位约 1m；通过马山埠闸、双桥河闸等调度分泄水阳江干流约 1.5 亿 m^3 洪水进入南漪湖，降低水阳江干流新河庄站水位约 0.4m，控制新河庄站水位在保证水位 13.0m 左右。

3.3.2 旱灾防御成效

2021年，云南省遭遇严重干旱，昆明市的主要供水水源云龙等骨干水源水库蓄水严重不足，承担应急供水任务的德泽水库来水也较多年平均偏枯 5 成以上。

为有效应对昆明城市供水面临的严峻形势，长江委审查并印发实施《德泽水库2021年11月至2022年6月应急供水调度方案》，明确了应急供水任务、调度原则、调度管理要求及保障措施等，积极协调各相关单位，加强流域来水预测预报，优化水库调度运行，逐月批复德泽水库月度应急供水计划，实施计划滚动修正和动态调整。

2021年11月至2022年6月，在保障牛栏江流域用水和生态安全的前提下，德泽水库通过干河泵站累计向昆明市供水约 2.6 亿 m^3（其中，城市应急供水 0.59 亿 m^3、滇池生态补水 2.01 亿 m^3），有效保障了昆明市 600 万人民群众的生活、生产用水安全。应急供水期间，滇池水质总体保持稳定，未发生蓝藻水华暴发现象，有力维护了滇池生态安全。

第4章 长江流域水资源综合利用与保护

2021年,长江流域面向国家水网重大工程建设和实现"双碳"目标的部署安排,在统筹开展地表和地下水资源保护的基础上,以水资源节约利用为前提,科学推进水资源配置工程方案研究、建设与运行调度,有序开发水能资源,水资源综合利用与保护取得显著成效。

4.1 水资源配置

4.1.1 水资源节约集约利用

长江流域按照节水优先、保护优先、综合利用的原则,制定和落实水资源消耗总量和强度双控安排,聚焦重点领域和缺水地区,实施重大节水工程,加强监督管理,推动节水制度、政策、技术、机制创新,加快推进用水方式由粗放向节约集约转变。2021年,长江流域供用水总量2072.36亿m^3,万元GDP(当年价)用水量50.1m^3,万元工业增加值(当年价)用水量48.2m^3,农田灌溉亩均用水量406m^3,水资源利用效率和节约用水水平持续提升。

(1)强化用水指标控制

2021年,长江流域19省(自治区、直辖市)全部完成2025年省、市、县三级用水总量控制指标的分解工作,制定了各省(自治区、直辖市)"十四五"时期的用水总量与用水效率目标。持续推动建立先进的用水定额体系,2021年4月发布《服务业用水定额:餐饮》《服务业用水定额:绿化管理》,并先后开展江西省、湖北省用水定额第3轮评估,开展《重庆市第二三产业用水定额》《湖北省主要工业行业用水定额》修订发布前技术评估,充分发挥好定额的导向和约束作用,不断提升用水定额的"务实管用"水平。深入落实规划和建设项目节水评价,规范评价审查,严把节水关口,以节水评价为抓手,推进完善规划和建设项目节水指标体系。

(2)严格用水过程管理

积极完善取水许可禁限批管理制度,依据《长江保护法》,长江委于2021年11月从水资源开发利用强度、用水消耗强度、水生态环境管控、水资源监督管控4个方面制定印发《长江流域取水许可禁限批管理工作水法规摘编》,明确了59条取水许可禁止审批事项和限制审批事项,为流域内各级取水许可审批机关和有关技术单位取水许可管理工作提供参考。积极推动水资源论证,探索构建了涵盖河流规划、城市总体规划、园区(经开区)规划、重大产业布局规划的规划水资源论证工作体系,同时组织开展建设项目水资源论证,到2021年底,长江委保有取水许可证的许可取水量约27724亿 m^3,其中河道外取水量约685亿 m^3。严格实施计划用水监督管理,一方面依托长江委重点监控用水单位管理系统,到2021年底实现了重点监控用水单位监管全覆盖,另一方面印发《长江水利委员会关于印发加强长江流域取水口取水在线监测工作指导意见的通知》,实现了长江委委管河道外规模以外取用水单位取水在线监测的全覆盖。

(3)积极推进工程节水和节水型社会建设

推进灌区续建配套和节水改造,2021年1月,水利部和财政部联合印发《全国中型灌区续建配套与节水改造实施方案(2021—2022年)》,明确了461处中型灌区的改造任务,涉及农田有效灌溉面积2144万亩,长江流域紧抓机遇,加快补齐灌区工程完好率低、设施不配套等短板,提高灌溉水利用率。强化重大水资源工程的节水指标约束,全力推动滇中引水工程受水区节水约束性指标纳入政绩考核试点,并编制《滇中引水工程受水区节水评价体系》。推进节水型社会建设,通过长江委年度复核的77个县(区)全部纳入水利部公布的《第四批节水型社会建设达标县(区)名单》。

4.1.2 主要河流水量分配

自2011年以来,长江委先后推动了4批共23条跨省江河流域水量分配方案编制,确定了各流域用水总量控制指标和重要断面下泄流量(水量)指标,基本实现了跨省江河流域水量分配方案全覆盖。

其中,前三批的汉江、嘉陵江、岷江、沱江、赤水河、金沙江、乌江、牛栏江、沅江等9条河流水量分配方案均已于2020年底前获批;2020年底,新一批14条跨省江河流域水量分配方案全部通过了水规总院技术审查;2021年3月底,成果全部修订完善后报送水规总院审核;2021年11月底前,綦江、御临河、澧水、洞庭湖环湖区、滁河、青弋江及水阳江等6河流已经征求相关部委及相关省(自治区、直辖市)人民政府意见;2022年1月,綦江、御临河2条跨省江河流域水量分配方案正式获水利部批复。

4.1.3 水资源调度

截至2022年1月,长江流域已有11条跨省江河流域水量分配方案获批。长江委根据河流特点,分类施策,统筹推进重点河流年度水量调度管理。对于流域水资源开发利用程度较高、涉及省(直辖市)较多、工程调度条件较好的河流,如乌江、汉江、牛栏江、嘉陵江等4条河流,由长江委组织实施年度水量调度计划管理;对于电力调度与水量调度矛盾突出的河流,如金沙江中游河段、大渡河等 2 条河流,由云南华电金沙江中游水电开发有限公司、国家能源集团大渡河流域水电开发有限公司牵头编制年度水量调度计划并报长江委审批;对于流域水资源开发利用程度较低或者主要位于一省之内的河流,如赤水河、岷江、沱江等 3 条河流,由长江委组织实施年度水量分配方案管理。

(1) 乌江

2021 年 8 月,长江委在统筹协调乌江流域长期来水预测和各省(直辖市)提出的乌江流域 2021—2022 年度用水计划建议及工程运行计划建议的基础上,组织编制并印发实施了《乌江 2021—2022 年度水量调度计划》,明确了各省级行政区 2021—2022 年度用水量,协调梯级水电站蓄泄关系以及梯级水电站最小下泄流量要求,有效保障了乌江流域供水、生态、发电、航运等各方用水安全。

2020 年 10 月至 2021 年 9 月,乌江年度水量调度计划批复分配水量为 62.40 亿 m^3,其中,云南省、贵州省、重庆市、湖北省分别为 0.54 亿 m^3、54.73 亿 m^3、6.50 亿 m^3、0.63 亿 m^3。根据各省(直辖市)提交的年度总结初步成果,乌江流域实际总用水量为 52.68 亿 m^3,其中,云南省、贵州省、重庆市、湖北省分别为 0.48 亿 m^3、46.53 亿 m^3、5.28 亿 m^3、0.39 亿 m^3,未超年度计划批复供水量,满足用水总量控制要求。

长江委建立的长江流域水资源动态管控平台已实现了引子渡、东风、鸭池河、索风营、乌江渡、构皮滩、思林、思南、沙沱、沿河、彭水、银盘、武隆、洪家渡、贵阳、大河边、浩口、江口等 18 个主要控制断面及重要水利工程最小下泄流量监测监督管理。据统计,2020 年 10 月 1 日至 2021 年 9 月 22 日,18 个主要控制断面中按日均流量评价,最小下泄流量满足程度为 100% 的有 5 个,95%~100% 的有 12 个,90% 以下的有 1 个(乌江唐岩河大河边断面,最小下泄流量满足程度为 84.03%)。乌江流域主要控制断面最小下泄流量满足程度总体良好,有效保障了流域供水安全和生态安全。

(2) 汉江

2021 年 10 月,长江委组织编制并印发了《汉江 2021—2022 年度水量调度计划》和《汉江流域水量调度协商会议纪要(2021—2022 年度)》,明确了各省级行政区 2021—2022 年用水量指标、省界和重要断面下泄水量指标以及纳入流域水量统一调度的水工程调度运用控制指标,为统筹做好 2021—2022 年汉江流域和南水北调中线一期工程水量调度工作提供了重要支撑。

2020 年 11 月至 2021 年 10 月,汉江年度水量调度计划批复分配水量为 171.1124 亿 m^3,其中,陕西省、湖北省、河南省、四川省、重庆市、甘肃省分别为 24.13 亿 m^3、116.97 亿 m^3、29.61 亿 m^3、0.0512 亿 m^3、0.3412 亿 m^3、0.01 亿 m^3。根据各省(直辖市)提交的年度总结成果,汉江流域实际总用水量为 164.2722 亿 m^3,其中,陕西省、湖北省、河南省、四川省、重庆市、甘肃省分别为 20.01 亿 m^3、115.88 亿 m^3、28.01 亿 m^3、0.0436 亿 m^3、0.3188

亿 m^3、0.0098 亿 m^3，未超年度计划批复供水量，满足用水总量控制要求。

长江委建立的长江流域水资源动态管控平台已实现了汉中、石泉、喜河、安康、安康水文站、蜀河、白河、丹江口、黄家港、王甫洲、崔家营、皇庄、兴隆、仙桃、大竹河、茅坪关、上津、陡岭子、长沙坝、白岩(茅塔)、鄂坪、潘口、小漩、黄龙滩、黄龙滩水文站、荆紫关、梅家铺(梅铺)、白土岗、鸭河口、新店铺、唐河、郭滩等 32 个主要控制断面及重要水利工程最小下泄流量监测监督管理。据统计，2020 年 11 月 1 日至 2021 年 10 月 31 日，32 个主要控制断面中按日均流量评价，最小下泄流量满足程度为 100% 的有 18 个，90%～100% 的有 13 个，90% 以下的有 1 个(夹河上津断面最小下泄流量满足程度为 82.3%)。汉江流域主要控制断面最小下泄流量满足程度总体良好，有效保障了流域供水安全和生态安全。

(3) 牛栏江

2021 年 12 月，长江委组织编制并印发实施了《牛栏江 2022 年度水量调度计划》，明确了各省级行政区 2022 年度用水量，统筹流域内用水和跨流域调水，协调梯级水电站蓄泄关系以及梯级水电站最小下泄流量要求，充分发挥水资源综合利用效益，维护河湖健康和良好生态环境，促进水资源可持续利用。

2021 年度牛栏江流域分配水量为 6.33 亿 m^3，其中，云南省、贵州省分配水量分别为 5.66 亿 m^3、0.67 亿 m^3。根据初步统计，云南省、贵州省 2021 年度牛栏江流域实际用水量约为 5.20 亿 m^3、0.49 亿 m^3，流域内各省实际用水量未超过年度分配水量，满足用水总量控制要求。

根据水文站报汛资料统计，按日均流量评价，流域内黄梨树和大沙店断面 2021 年度最小下泄流量满足程度分别为 100%、94.7%，满足最小下泄流量满足程度不低于 90% 的要求。

(4) 嘉陵江

2021 年 12 月至 2022 年 1 月，长江委组织编制并印发实施了《嘉陵江 2022 年度水量调度计划》，明确了各省级行政区 2021—2022 年度用水量，协调梯级水库蓄泄关系以及最小下泄流量要求，有效保障了嘉陵江流域供水、生态、发电、航运等各方用水安全。

2021 年度嘉陵江流域分配水量为 115.82 亿 m^3，其中，陕西省、甘肃省、四川省、重庆市分配水量分别为 1.37 亿 m^3、2.40 亿 m^3、92.18 亿 m^3、19.87 亿 m^3。根据初步统计，流域内各省(直辖市)实际用水量未超过年度分配水量，满足用水总量控制要求。

根据水文站点报汛资料统计，按日均流量评价，2021 年度流域内茨坝、白水江(谈家庄)、亭子口水电站、苍溪、武胜、草街水电站、北碚、江洛河甘陕(白水江)、成县、谭家坝(谭家坝)、燕子河甘陕(燕子砭)、白云、碧口水电站、白水街(碧口)、宝珠寺水电站、三磊坝、文县、升钟水电站、罗渡溪、河口(大通江)(西街)、铁溪(万僧寺)、青峪、河口(州河)、三汇、射洪、潼南(小河坝)、小河坝、太安(光辉)共 28 个断面最小下泄流量满足程度均高于 90%，满足最小下泄流量控制管理要求。

(5)金沙江

2022年1月,云南华电金沙江中游水电开发有限公司会同其他梯级电站运行管理单位,统筹协调发电、供水、生态、航运等用水需求,编制完成了《金沙江中游河段梯级电站2022年度水量调度计划》,调度范围为金沙江中游河段,调度对象包括金沙江中游河段梨园、阿海、金安桥、龙开口、鲁地拉、观音岩、金沙水电站。长江委审查并印发实施了《金沙江中游河段梯级电站2022年度水量调度计划》,明确了纳入流域水量统一调度的梯级水电站调度运用控制指标及最小下泄流量要求。

(6)大渡河

2021年11月,国家能源集团大渡河流域水电开发有限公司会同其他梯级电站运行管理单位,统筹协调发电、供水、生态、航运等用水需求,编制完成了《大渡河2021—2022年度水量调度计划》,调度范围为大渡河干流双江口—河口河段,调度对象包括大渡河干流已投产发电(含部分投产)的14座水电站。长江委审查并印发实施了《大渡河2021—2022年度水量调度计划》,明确了纳入流域水量统一调度的梯级水电站调度运用控制指标及最小下泄流量要求。

(7)赤水河、岷江、沱江

赤水河、岷江、沱江均属于开发利用程度较低、缺少控制性工程或主要位于一省之内的河流,以取用水总量控制为重点实施水量调度管理。2021年12月,长江委组织编制了《岷江、沱江、赤水河2022年度水量分配方案》,并分别印发了《岷江、沱江、赤水河2022年度水量分配方案》,明确了各省级行政区2022年度用水量及重要控制断面最小下泄流量要求。

4.2 水利工程建设

水利工程建设对于提升水资源优化配置能力、提升水旱灾害防御能力,对于加快构建以国内大循环为主体、国内国际双循环相互促进的新发展格局,稳定宏观经济大盘发挥了重要作用。2021年,国家150项重大水利工程已批复67项,累计开工62项。其中,长江流域夹岩工程、观音水库工程、长江干流江西段崩岸应急治理工程、杜家台分蓄洪区工程、蕲水灌区新(扩)建工程等重大水利工程取得重要进展。

4.2.1 国家水网重大工程

实施国家水网重大工程,是党的十九届五中全会明确的一项重大任务。2021年5月14日,习近平总书记在推进南水北调后续工程高质量发展座谈会上指出,要加快构建国家水网,"十四五"时期要以全面提升水安全保障能力为目标,以优化水资源配置体系、完善流域防洪减灾体系为重点,统筹存量和增量,加强互联互通,加快构建国家水网主骨架和大动脉,为全面建设社会主义现代化国家提供有力的水安全保障。2021年12月28日,水利部印发

"十四五"时期实施国家水网重大工程实施方案以及实施国家水网重大工程的指导意见,要求到2025年,建设一批国家水网骨干工程,有序实施省、市、县水网建设,着力补齐水资源配置、城乡供水、防洪排涝、水生态保护、水网智慧化等短板和薄弱环节,提升水安全保障能力。

2021年,长江流域围绕建立国家、省、市、县、乡五级水网,全面推动水网规划顶层设计。长江委编制完成《国家水网工程规划长江流域(片)水网工程建设思路与重点报告》,提出流域层面水网建设布局,全力支撑国家水网建设。江西、湖北、湖南、四川等省也在国家水网总体框架下,组织编制了各自省级水网规划,结合各自水系特点及发展战略谋划了省级水网工程布局制定实施方案,提出了省级水网建设主要任务,重点推进省内骨干水系通道和调配枢纽建设,加强国家重大水资源配置工程与区域重要水资源配置工程的互联互通。

2021年,长江流域围绕支撑国家水网主骨架大动脉建设和加快实施区域水网工程,取得显著成效。面向推进南水北调后续工程高质量发展的战略部署,科学制定了南水北调东、中线一期工程年度调水计划,全力推动南水北调中线引江补汉工程前期工作,有序实施观音寺、鱼泉、沙坨湖、雄安等中线调蓄工程的前期工作有序开展,推进南水北调东线二期工程前期工作,深化南水北调西线工程前期论证。同时推进引江济淮、湖北鄂北水资源配置、渝西水资源配置、陕西引汉济渭等在建重大引调水工程建设,安徽引江济淮二期、湖北鄂北水资源配置二期、白龙江引水工程、引大济岷工程等的前期工作也取得重大进展。

(1)南水北调中线工程

南水北调中线一期工程自2014年12月12日全线通水以来,完成各项供水保障任务(图4.2-1)。截至2022年1月底,陶岔渠首累计调水总量约453亿m^3,已成为京津冀豫沿线大中城市的重要水源,沿线直接受益人口超8500万,为京津冀协同发展、雄安新区建设等国家重大战略实施提供了可靠的水资源保障。2021年5月,习近平总书记在推进南水北调后续工程高质量发展座谈会上强调南水北调工程事关战略全局、事关长远发展、事关人民福祉,要从守护生命线的政治高度,切实维护南水北调工程安全、供水安全、水质安全。2021年7月,河南省大部分地区及河北省部分地区遭遇入汛以来范围最广、强度最大的极端强降雨,郑州、安阳等地1小时降雨量突破历史极值。为应对特大暴雨,中线工程采取了一系列应急调度控制措施,全线未发生供水中断,切实保障了工程总体安全和供水安全。2021年8月,汉江发生罕见秋汛,丹江口水库首次蓄满至正常蓄水位170m,为中线工程年供水任务的完成创造了有利条件。

2020—2021年,南水北调中线一期工程计划供水量74.23亿m^3,生态补水量6.62亿m^3。实际调度中,结合丹江口水库实际来水蓄水情况,统筹协调丹江口水库防洪、供水、发电需求和华北生态补水要求,优化调度方案,陶岔渠首年度实际供水量90.54亿m^3,超过规划多年平均供水量。

为提高汉江流域的水资源调配能力,增加南水北调中线工程北调水量,提升中线工程供水保障能力,向工程输水线路沿线地区城镇生活和工业补水,并为引汉济渭工程达到远期调水规模、汉江中下游梯级生态调度创造条件,拟建设引江补汉工程,从三峡库区龙潭溪自流引水至丹江口水库坝下汉江干流,工程由输水总干线、沿线补水工程和汉江影响河段综合整治工程三部分组成。

图 4.2-1　南水北调中线工程线路

根据加快推进引江补汉工程前期工作的部署,长江委组织长江设计集团等单位开展引江补汉工程可行性研究工作,项目部克服新冠肺炎疫情重重阻力,战胜各种困难,于 2020 年

8月完成了引江补汉可研报告,经水规总院审查后报送至国家发改委(图4.2-2)。2021年,为深入贯彻习近平总书记在推进南水北调后续工程高质量发展座谈会上重要讲话精神,水利部组织长江设计集团等单位重点围绕工程规模论证和工程布局,开展了《引江补汉工程可行性研究报告》修订工作。

图 4.2-2　引江补汉工程线路

工程可行性研究报告修订版按照"以供定需、适当兼顾"原则确定引江补汉工程多年平均引江水量 39 亿 m³，其中补中线北调水量 24.9 亿 m³。工程施工总工期 108 个月，按 2021 年第二季度价格水平估算，工程静态总投资 598 亿元。工程可行性研究报告修订版于 2021 年 8 月通过水规总院审查，为引江补汉工程后续工作的开展奠定了坚实基础。

(2) 引江济淮工程

引江济淮工程是以城乡供水和发展江淮航运为主，结合灌溉补水及改善巢湖、淮河水生态环境。工程供水范围涉及安徽省、河南省 15 市 55 县（市、区），总面积 7.06 万 km²，输水线路总长 723km。安徽省供水范围为 13 市 46 县（市、区），总面积 5.85 万 km²。工程等级为 Ⅰ 级，自南向北分为引江济巢、江淮沟通、江水北送三大段，主要建设内容为引江济巢、江淮沟通两段输水航运线路和江水北送段的西淝河输水线路，以及相关枢纽建筑物、跨河建筑物、交叉建筑物、影响处理工程及水质保护工程等。

到 2021 年底，引江济淮工程主体工程已全部开工，引江济淮河道（航道）初现，淠河总干渠渡槽正式通水，沪蓉高铁桥改建拨接，江水北送段实现向亳州相机应急供水，桥梁完工 46 座、通车 45 座，工程建设进入试通水试通航攻坚阶段；累计搬迁安置 58699 人，全线 39 个集中安置点已全部开工；2021 年度共完成主体工程投资 125.56 亿元，累计完成工程投资 735.17 亿元、征迁投资 281.64 亿元。

(3) 滇中引水工程

滇中引水工程以城镇生活和工业供水为主，兼顾农业用水和生态用水。工程供水范围涉及云南省丽江、大理、楚雄、昆明、玉溪、红河 6 市（州）的 35 个县，总面积 3.69 万 km²，多年平均引水量 34.03 亿 m³。

滇中引水工程包括水源工程和输水工程两部分。水源工程在金沙江干流石鼓大同取水，经引水渠沉沙、冲江河右岸地下泵站提水后接香炉山隧洞，进入输水总干渠。泵站设计扬程 218.83m，总装机容量 492MW；输水工程总长 661km，沿线布置隧洞、渡槽、倒虹吸、暗涵等输水建筑物 129 座，渠首设计流量 135m³/s。工程设计总工期 96 个月，2017 年 8 月正式开工建设。

截至 2021 年 12 月下旬，水源工程各类隧洞开挖 12.85km，占总长的 60%；衬砌 0.83km，占总长的 6%；土石方开挖 392 万 m³，占总量的 63%；混凝土浇筑 0.8 万 m³，占总量的 3%。输水工程共 549 个工作面，353 个工作面正在施工（340 个工作面为主洞施工），134 个工作面已完工。累计开挖（掘进）365.25km，占施工总里程的 48.35%。其中输水建筑物 278.24km，占总长的 41.89%；施工支洞 87.01km，占总长的 95.41%。累计完成建筑物施工（混凝土浇筑、衬砌、钢管安装等）88.12km，其中输水建筑物 60.47km，施工支洞 27.65km。

(4) 引汉济渭二期工程

引汉济渭二期工程是国家 2020—2022 年加快推进的 150 项重大水利工程项目。2021

年 11 月 24 日,引汉济渭二期工程北干线下穿黑河输水管道工程正式开工。

引汉济渭二期工程是输配水工程的骨干工程,由黄池沟配水枢纽、输水南干线、输水北干线及其配套设施组成,承担着将调来的汉江水输送给 21 个受水对象的任务。引汉济渭二期工程输水线路全长 189.9km,主要建设内容包括隧洞、压力管道、倒虹吸,以及跨渭河、泾河、灞河的管桥等。

4.2.2 防洪减灾工程

(1)重点崩岸治理工程

2020—2021 年,实施列入《三峡后续工作规划》的宜昌—湖口河段 62.235km 崩岸治理工程,其中:湖北宜昌二期河道整治工程 17.345km,湖北荆州二期河道整治工程 35.410km,湖北咸宁嘉鱼河道整治工程 9.480km。到 2021 年底,长江干流江西段(湖口以下河段)65.4km 崩岸应急治理工程全线开工,172 项节水供水重大水利工程的长江池州段河道治理工程可行性研究、长江芜湖河段整治工程可行性研究通过水利部审查并报国家发改委。

1)长江干流江西段崩岸应急治理工程

长江干流江西段崩岸应急治理工程是"十三五"期间国家重点推进 172 项节水供水重大水利工程中的江河湖泊治理骨干工程之一,已列入 2020—2022 年 150 项后续重大水利工程项目清单。2021 年 7 月,江西省水利厅对工程初步设计进行批复,批复治理崩岸段 17 段,护岸总长 65.4km,涉及九江瑞昌、柴桑等沿江 7 县(市、区),工程的主要任务是消除江岸坍塌险情,维护岸线河势基本稳定,保障长江干流江西段沿岸防洪安全。概算总投资 13.45 亿元,总工期 24 个月。长江干流江西段崩岸应急治理工程湖口以上段为《三峡后续工作规划》实施范围。该项目于 2021 年 11 月 12 日开工建设,计划 2023 年 11 月完工。

该工程实施完成后,将与长江干堤已建护岸工程构成完整的防洪工程体系,为江西筑起牢固的防洪安全屏障。

2)其他河道整治工程

三峡后续工作长江中下游影响处理湖北荆州段一期河道整治工程总长 53.53km。其中,水下岸坡新护段总长 13.58km,水下岸坡加固段总长 39.95km。水上新建护坡工程长 13.58km,水上整修护坡工程长 21.70km。自 2019 年 12 月以来,该项目进入了全面实施阶段,至 2021 年大部分工程段已完成验收。

三峡后续工作长江中下游影响处理湖南一期河道整治工程总长 17.42km。其中,加固工程段总长 10.53km,新护岸工程段总长 6.89km。2018 年 12 月该项目开工建设,至 2021 年工程完工验收。

三峡后续工作长江中下游影响处理湖北咸宁嘉鱼段河道整治工程总长 25.5km。其中,新护岸工程段总长 4.3km,护岸加固工程段总长 21.2km。自 2021 年 1 月以来,该项目进入了全面实施阶段。

熊家洲—城陵矶河段崩岸重点治理工程（湖北段）项目工程总长 10.53km。其中，水下加固段总长 4.86km，新护段总长 5.67km。自 2020 年 1 月以来，该项目进入了全面实施阶段，2021 年工程项目完工。

熊家洲—城陵矶河段崩岸重点治理工程（湖南段）包括水下护脚总长 10.31km。其中，新护段总长 4.81km，加固段总长 5.50km；水上护坡 4.81km。自 2019 年 1 月以来，该项目进入了全面实施阶段，至 2021 年底已完成了分部工程验收。

安庆河段岳王庙崩岸应急治理工程治理河长 270m，包括水下抛石护岸和水上削坡工程。该项目于 2021 年 5 月开始实施，至 2021 年底，工程已完成了分部工程验收。

（2）杜家台分蓄洪区工程

杜家台分蓄洪区蓄滞洪工程和安全建设工程是"十三五"期间规划建设的 172 项节水供水重大水利工程之一，也是 150 项国家重大水利工程项目之一。2021 年 1 月，国家发改委批复了《湖北省杜家台分蓄洪区蓄滞洪和安全建设工程可行性研究报告》；2021 年 9 月全线开工。

杜家台分蓄洪区是汉江中下游和长江中游防洪体系的重要组成部分，主要任务是分蓄汉江下游超额洪水，解决并承担分蓄长江超额洪水的任务。本工程包括杜家台分蓄洪区蓄滞洪工程和安全建设工程两个部分。其中，蓄滞洪工程主要包括：分蓄洪区堤防加培 109.634km，新建堤防 4.869km，建设穿堤建筑物 42 座，修建堤顶防汛道路 160.226km，新建竹林湖泵站和临时进退洪口门等。安全建设工程主要包括：新建面积为 56.9km^2 的下东城垸安全区 1 处，建设穿堤建筑物 12 座，修建转移道路 20 条共 62.81km，转移道路配套桥梁（桥涵）25 座，泵站保护 25 处，新建分洪码头 1 处等。

通过工程建设，创造安全有效启用条件，保障流域防洪安全和分蓄洪区居民生命财产安全，对完善汉江中下游和长江武汉附近区防洪工程体系、保护汉江中下游和武汉市的防洪安全具有十分重要的作用。

4.2.3 灌溉节水和供水工程

（1）夹岩水利枢纽及黔西北供水工程

2021 年 12 月 28 日，随着夹岩水利枢纽及黔西北供水工程（以下简称"夹岩工程"）水源区大坝生态洞闸门顺利放下，标志着贵州省历史上最大的水利工程成功实现下闸蓄水。

夹岩工程是国家"十三五"期间规划建设的 172 项节水供水重大水利工程之一，由水源工程、毕大供水工程、灌区骨干输水工程三大部分组成。水源大坝坝址位于长江流域乌江一级支流六冲河中游河段，水库总库容 13.23 亿 m^3。灌区骨干输水工程由 6 条干渠和 16 条支渠组成，总长 648km。工程为 I 等大（1）型，概算总投资 186.49 亿元，总工期 66 个月。

工程全部建成后，将向贵州省毕节市、遵义市共 10 个县（市、区）以及 8 个工业园区、69 个乡镇、369 个农村集中聚居点提供安全、稳定用水。设计年供水量 6.88 亿 m^3，受益人口

267万,灌溉面积90.42万亩。

夹岩工程自2015年12月开工建设以来,工程建设者们克服了工程建设点多、面广、战线长的管理难度;攻克了喀斯特岩溶发育地区地形地质条件复杂、施工难度大、技术要求高等诸多困难,经过6年的努力奋战,安全高质量如期完成了水源工程建设任务。

工程下闸蓄水后,工程建设重点将转向渠系建设,计划2022年底实现供水目标。

(2) 观音水库工程

2021年12月31日,贵州观音水库工程正式开工建设。观音水库工程是国务院确定的150项重大水利工程之一,估算总投资33.14亿元,总工期(不含筹建期)44个月。工程任务以城乡生活和工业供水为主,结合灌溉,兼顾发电。水库工程坝址位于长江流域赤水河一级支流桐梓河支流观音寺河中游。水库集水面积559km^2,水库设计水位633.3m,总库容1.21亿m^3,兴利调节库容0.8亿m^3,电站装机容量0.75万kW,多年平均供水量9150万m^3。

观音水库建成后,每年可向遵义主城区、仁怀市中心城区及茅台空港园开发区供水8292万m^3;可向周边村镇提供人畜饮水194万m^3;提高3.46万人、3.75万头大牲畜、7.69万只小牲畜的用水标准;可向山盆灌区及高桥灌区提供农业灌溉用水664万m^3。

(3) 蕲水灌区新建扩建工程

蕲春蕲水灌区新建扩建工程项目是国家确定的150项重大水利工程之一,于2021年10月开工。项目总投资15.1亿元,北起大同水库,南至长江,贯穿檀林、大同、张塝、狮子、青石、刘河等11个乡镇办,170多个行政村,设计灌溉面积38.67万亩,建设工期36个月。

蕲水灌区在1982年就已建成,北起大同水库,南临长江,由总长621.5km的61条干支渠组成,渡槽、隧洞、闸门等建筑物1989座。40年后,渠道多处淤积,建筑物老化,很多闸门不能正常启闭,有效灌溉面积萎缩严重,且有行洪安全隐患。蕲水灌区新建扩建工程调水、引水、节水、管水四招齐上:通过新挖隧洞和水渠,引入大同水库的水,调配到缺水渠系,灌溉更多农田。同时对现有渠道进行全面清淤和衬砌,加快流速,减少渗漏。整修闸门,建设信息化系统,增加水计量设备,把水管好。工程完工后,可新增灌溉面积19.2万亩,改善19.47万亩,惠及蕲春11个乡镇和全县51.2%的耕地。

该项目建成后,可以极大改善蕲春县的农业生产条件,同时推进灌区节水灌溉,有效缓解水资源短缺,为灌区人民生活、生产用水提供有力保障。对保障粮食安全、美丽乡村建设和促进经济社会高质量发展提供有力的水利支撑。

4.3 水力发电

4.3.1 水力资源概况

长江流域幅员辽阔,水量丰沛,天然总落差约5400m,上游支流雅砻江、大渡河、岷江、嘉陵江、乌江等河流的落差也达2000~4000m。长江流域丰富的径流量和巨大的落差蕴藏着丰富的水力资源。

根据最新的水力资源复查成果,长江流域水力资源理论蕴藏量 3.05 亿 kW,年电量 2.67 万亿 kW·h;技术可开发水电站 23067 座,其中大型 107 座,中型 357 座,小型 22603 座,总装机容量 2.81 亿 kW,年发电量 1.30 万亿 kW·h,约占全国的一半,长江流域水力资源在全国占有重要地位。

4.3.2 水力资源开发现状

截至 2021 年,长江流域已建、在建水电站(单站装机容量 500kW 以上,不含抽水蓄能电站)约 1 万座,总装机容量 2.31 亿 kW,年发电量 0.91 万亿 kW·h,发电量约为流域技术可开发量的 70.4%,占理论蕴藏量的 34.3%。其中,大型水电站(30 万 kW 及以上)86 座,总装机容量 16585 万 kW,年发电量约 6699 亿 kW·h;中型水电站 305 座,总装机容量 3351 万 kW,年发电量约 1250 亿 kW·h;小型水电站(5 万 kW 以下)装机容量 3184 万 kW,年发电量约 1197 亿 kW·h。

按干支流统计,长江干流(包括金沙江)已建、在建水电站 18 座,全部为大型水电站,总装机容量 9259.5 万 kW,占全流域的 40%。其中,长江干流 2 座,分别为三峡、葛洲坝,总装机容量 2523.5 万 kW;金沙江上游 4 座,分别为叶巴滩、拉哇、巴塘、苏洼龙,总装机容量 619 万 kW;金沙江中游 8 座,分别为梨园、阿海、金安桥、龙开口、鲁地拉、观音岩、金沙、银江,总装机容量 1471 万 kW;金沙江下游 4 座,分别为乌东德、白鹤滩、溪洛渡、向家坝,总装机容量 4646 万 kW。金沙江、雅砻江、大渡河是长江流域重要的水电基地,现状开发利用率约为 80%;长江上游水电基地、乌江水电基地、湘西水电基地等已基本开发完毕,只余下少量开发条件较差的水力资源。

4.3.3 水电站建设进展

2021 年,长江流域在建的大中型水电站主要有:金沙江叶巴滩水电站(224 万 kW)、拉哇水电站(200 万 kW)、巴塘水电站(75 万 kW)、苏洼龙水电站(120 万 kW)、古瓦水电站(20.54 万 kW)、银江水电站(39 万 kW)、白鹤滩水电站(1600 万 kW);雅砻江两河口水电站(300 万 kW)、孟底沟水电站(240 万 kW)、杨房沟水电站(150 万 kW)、卡拉水电站(102 万 kW)、固增水电站(17.2 万 kW);大渡河巴拉水电站(74.6 万 kW)、绰斯甲水电站(39.2 万 kW)、双江口水电站(200 万 kW)、金川水电站(86 万 kW)、硬梁包水电站(120 万 kW)、红卫桥水电站(11.1 万 kW)、枕头坝二级水电站(30 万 kW);青衣江锅浪跷水电站(22 万 kW);岷江尖子山水电站(6.9 万 kW)、汤坝水电站(6.3 万 kW)、虎渡溪水电站(6.3 万 kW)、老木孔水电站(40.54 万 kW)、犍为水电站(50 万 kW)、龙溪口水电站(48 万 kW);汉江黄金峡水电站(7.5 万 kW)、旬阳水电站(32 万 kW)、白河(夹河)水电站(18 万 kW)、新集水电站(12 万 kW)、碾盘山水电站(18 万 kW);赣江井冈山水电站(13.3 万 kW)等。包括巨型水电站白鹤滩水电站在内的长江流域在建大中型水电站有 30 余座,总装机容量约 4000

万 kW。其中,孟底沟水电站、卡拉水电站、老木孔航电枢纽为 2021 年新开工项目。

2021 年 1 月 31 日,西藏首个百万水电项目——华电金沙江上游苏洼龙水电站正式下闸蓄水。苏洼龙水电站位于四川省巴塘县与西藏芒康县境内的金沙江上游干流,是金沙江上游河段 13 级梯级规划中的第 10 级。电站总装机容量 120 万 kW,多年平均年发电量 54.3 亿 kW·h。

2021 年 4 月 15 日,岷江犍为水电站(航电枢纽)最后一批 2 号和 8 号机组成功并网发电,标志着其 9 台机组全部投入运行。该航电枢纽是国内在建单机最大的灯泡贯流式电站,总装机容量 50 万 kW,全面投入运行后单日最大发电能力可达 1200 万 kW·h,全年发电量约 22 亿 kW·h。

2021 年 6 月 30 日,雅砻江杨房沟水电站首台 37.5 万 kW 机组并网发电;2 号机组于 2021 年 7 月 8 日完成 72 小时试运行,正式投入商业运行;4 号、3 号机组于 2021 年 10 月 16 日、10 月 17 日正式并网发电。至此,电站 4 台机组已全部投产发电。

2021 年 9 月 29 日,世界级高土石坝、中国海拔最高的百万千瓦级水电站雅砻江两河口水电站首批两台单机 50 万 kW 机组投产发电。

2021 年 12 月 20 日,赣江井冈山水电站(航电枢纽)工程交工验收,12 月 28 日正式投入运行,成功实现了蓄水、通航、发电三大目标。

4.3.4 白鹤滩水电站投产发电

白鹤滩水电站坝址位于四川省宁南县白鹤滩镇与云南省巧家县大寨乡交界处,是金沙江下游干流河段梯级开发的第二个梯级电站,电站装机容量 1600 万 kW,装机规模为仅次于三峡水电站的世界第二大水电站。白鹤滩水电站以发电为主,多年平均年发电量 624.43 亿 kW·h,是"西电东送"的骨干电源点之一,同时兼有防洪、拦沙、灌溉、航运等综合效益。

2021 年 4 月 6 日,白鹤滩水电站正式下闸蓄水;6 月 13 日,水库蓄至死水位 765m;6 月 28 日,电站首批机组(1 号、14 号机组)投产发电;7 月 17 日,第 3 台机组(15 号机组)正式投产发电;7 月 24 日,第 4 台机组(2 号机组)正式投入商业运行;11 月 8 日,第 5 台机组(3 号机组)正式投产发电;11 月 19 日,第 6 台机组(4 号机组)正式并网发电。

白鹤滩水电站为全球在建水电站中规模最大的水电工程,建设过程中创造了多项世界纪录,堪称世界水电站的巅峰之作。创造了数个"一百":单机容量百万千瓦,世界最大,研制难度世界最高;机组实现 100% 国产化;所有产出重大部件和投入运行机组精品率 100%。实现了数项"世界之最":转动部件由上万个零部件构成,重达 2600t,总装后实现"零配重",是水电史上首个实现"零配重"机组;水轮机最优效率 96.7%,发电机额定效率超过 99%,是世界上效率指标最高的水轮发电机组;是世界上第一个使用低热硅酸盐水泥建设的水电站厂,大坝的抗震等级达到世界最高水平;施工过程中建造了世界上最大的地下洞室,起到隔声和有效阻隔地下水的作用,进一步提高大坝抗震效果。

4.3.5 丹江口水利枢纽年度发电量创历史新高

2021年以来,汉江流域防汛形势严峻,长江委提前消落上游库水位,严格落实各项防汛措施。2021年10月10日14时,丹江口水库库水位蓄至170m正常蓄水位,这是水库大坝自2013年加高后第一次蓄满,标志着2021年汉江秋汛防御与汛后蓄水取得胜利。在来水丰沛的有利条件下,长江委在做好大坝安全度汛、确保丹江口水库170m蓄水安全、保障向北方供水的同时,优化发电调度工作,提高水资源综合利用效率,截至2021年12月31日24时,丹江口水利枢纽年度累计发电量57.49亿kW·h,创下自1968年首台机组投产发电以来的年度发电量历史新高,实现防汛和发电"双赢"。

4.4 水资源保护

加强水资源保护是河湖生态环境复苏、强化流域治理管理的重要内容。2021年,长江委、长江局深入开展重点河湖生态流量保障、饮用水水源地保护、地下水保护等方面重点工作,不断提升流域生态保护治理能力,提升流域水安全保障水平。

4.4.1 重点河湖生态流量保障

2021年,长江委落实《长江保护法》有关生态流量管控指标确定的要求,持续加强生态流量管理,建立了覆盖全流域的生态流量保障体系,经与有关部委在长江流域派出机构、相关省级水行政主管部门充分沟通,长江流域已累计批复83条跨省河流及2个重要湖泊共131个控制断面的生态流量(水位)目标,初步建立了覆盖长江跨省河流和重点湖泊的生态流量目标保障体系,为下一步强化河湖生态流量监管、保障河湖生态用水奠定坚实的基础。

4.4.1.1 推进生态流量目标确定和保障方案编制

(1)重点河湖生态流量目标确定工作有序推进

2021年,长江委按照水利部工作部署,综合考虑河湖水资源禀赋、生态保护目标等需水要求,在已有规划、水量分配、环境影响评价等成果基础上,确定了金沙江—定曲、岷江—大渡河等53条河流69个控制断面的生态基流(敏感生态流量),成果已全部纳入水利部批复的第四批重点河湖生态流量保障目标。截至2021年底,水利部已印发171条跨省重点河湖共286个控制断面生态流量保障目标,其中长江流域共确定85条跨省河流和重点湖泊共131个主要控制断面生态流量保障目标,实现了长江流域重点跨省河湖生态流量保障体系全覆盖(表4.4-1)。

表 4.4-1　　水利部批复的长江流域重点河湖控制断面生态流量目标

序号	河流名称	断面名称	生态基流(m³/s)/最低生态水位(m)	最小下泄流量（敏感生态流量，m³/s）
1	金沙江	奔子栏	234	
2		石鼓	298	
3		向家坝	1200	
4	长江干流	宜昌	5500	5—7月,流量日均上涨率≥1000m³/s,持续涨水时间≥3天
5		汉口	7026	
6		大通	10000	
7	牛栏江	黄梨树	13	16（最小下泄流量）
8		大沙店	19	32（最小下泄流量）
9	雅砻江	桐子林	422	
10	岷江	镇江关	7.4	
11		都江堰	68.4	109（紫坪铺最小下泄流量）
12		金马河外江控制闸	15	
13		高场	551	635（最小下泄流量）
14	沱江	三皇庙	13.3	
15		富顺	35.2	
16	嘉陵江	广元	25	
17		苍溪	124	
18		武胜	157	188（最小下泄流量）
19		北碚	257	327（最小下泄流量）
20	嘉陵江西汉水	镡家坝断面	4.6	6.26
21	白龙江干流	白云断面	枯水期(11月至次年3月),1.96m站量；丰水期(4—10月),2.28m站量	6.15
22		白水街(碧口)断面	24.6	83.9
23		三磊坝断面	33.3	85.1
24	白龙江支流白水江	文县断面	7.24	
25	涪江	射洪断面	59	
26		小河坝断面	72	87.1

续表

序号	河流名称	断面名称	生态基流(m³/s)/最低生态水位(m)	最小下泄流量（敏感生态流量，m³/s）
27	渠江	西街断面	1.18	1.68
28		河口(州河)断面	1.37	1.74
29		万僧寺	0.64	0.91
30		罗渡溪	61.9	
31	乌江	乌江渡	80	112（最小下泄流量）
32		沿河	224.5	228（最小下泄流量）
33		武隆	269	345（最小下泄流量）
34	赤水河	赤水	59	
35	湘江	衡阳	155	
36		湘潭	333	
37	资水	冷水江	56	
38		桃江	107	
39	沅江	浦市镇	176	
40		桃源	300	
41	澧水	石门	70	
42	清江	高坝洲	46	
43	汉江	汉中(二)	9.48	
44		安康	66	80（最小下泄流量）
45		黄家港	174	490（特枯水年按400m³/s 控制）
46		皇庄	200	500（特枯水年按400m³/s 控制）
47	夹河	上津	3.18	4.32
48	堵河	鄂坪	3.46	
49		潘口	16.7	
50		黄龙滩	17.7	
51	丹江	荆紫关	4.58	5.1
52	唐白河—白河	鸭河口	2.66	
53		新店铺	4.9	6.92
54	唐白河—唐河	郭滩	4.5	5.85
55	抚河	廖家湾	32	
56	抚河—临水	娄家村	17.9	

续表

序号	河流名称	断面名称	生态基流(m^3/s)/最低生态水位(m)	最小下泄流量（敏感生态流量，m^3/s）
57	信江	梅港	57	
58	赣江	栋背	148	
59	赣江	峡江	221	
60	赣江	外洲	281	
61	滇池	海埂	1885.5	
62	巢湖	忠庙	6.8	
63	金沙江—定曲	古学	31	
64	金沙江—定曲—硕曲	上游	14.5	
65	金沙江—定曲—硕曲	硕曲滇川	16.8	
66	金沙江—水洛河	水洛河川滇	36.4	
67	金沙江—水洛河—尼汝河	洛吉	2.52	
68	金沙江—新庄河	石龙坝	1.55	
69	金沙江—雅砻江—鲜水河	道孚	21	
70	金沙江—横江	横江	27.5	
71	金沙江—横江—洛泽河	马路村	5.5	
72	南广河	罗渡	1.5	
73	岷江—大渡河	硬梁包	134.7（坝址）	在3月中旬至4月下旬、7月下旬至9月中旬通过生态机组和生态泄水闸分别制造1次、2次洪水涨落过程，每次连续3~7天，峰值流量不低于269.4m^3/s，满足鱼类繁殖需要
74	岷江—大渡河	瀑布沟	188	限制枯水期尼日河引水流量，确保尼日河引水工程下泄3m^3/s，加强瀑布沟水库运行下泄水温监测及其影响与恢复研究

续表

序号	河流名称	断面名称	生态基流(m³/s)/最低生态水位(m)	最小下泄流量(敏感生态流量,m³/s)
75		沙湾	366	
76	沱江—濑溪河	分水村	0.77(10月至次年4月)、2.08(5—9月)	
77	赤水河—习水河	习水黔川	2.61	
78	綦江	松坎	1.44	
79	綦江	五岔	11.4	
80	綦江—藻渡河	金佛山	0.414(11月至次年4月)、1.242(5—10月)	
81	綦江—藻渡河	藻渡	2.94(藻渡水库建设前);3.76(11月至次月4月)、7.5(5—10月)(藻渡水库建成后)	
82	嘉陵江—五马河	东风	1.12	
83	嘉陵江—青泥河	成县	1.08	
84	嘉陵江—白龙江—达拉沟	达拉沟川甘(求吉)	1.4	
85	嘉陵江—江洛河	江洛河甘陕	0.7	
86	嘉陵江—燕子河	燕子河甘陕	2.24	
87	嘉陵江—渠江大通江—小通江	青峪	1.95	
88	嘉陵江—涪江—琼江	太安	0.94(11月至次年5月)、1.88(6—10月)	
89	御临河	麻柳沱	2.75(碑口水库建库前)、5.26(碑口水库建库后)	
90	乌江—六冲河	洪家渡水电站	14.4	
91	乌江—六冲河—以萨河	大河	1.71	
92	乌江—甘龙河	甘龙河(渝黔)	3.19	
93	乌江—濯河(唐岩河)	朝阳寺	7.15	
94	乌江—郁江	文斗	4.88	
95	乌江—芙蓉江	浩口	21.1	

续表

序号	河流名称	断面名称	生态基流(m³/s)/最低生态水位(m)	最小下泄流量(敏感生态流量,m³/s)
96	磨刀溪	走马	1.29(10月至次年3月)、2.20(4—9月)	
97	长滩河	双河口(长滩鄂渝)	1.04(10月至次年3月)、1.76(4—9月)	
98	汉江—任河	大竹河	5.89	
99	汉江—任河	茅坝关	7.12	
100	汉江—天河	白岩	0.46	
101	湘江—渌水	枧头洲	3.53	
102	湘江—渌水—萍水河	萍乡	1.28	
103	资水—夫夷水	资源	2.51	
104	资水—夫夷水	新宁	7.73	
105	澧水—溇水	淋溪河	8.65	
106	澧水—溇水	江垭	12.2	
107	澧水—渫水	皂市	9.22	
108	沅江—渠水	通道	10.4	
109	沅江—清水江	白市	56.4	
110	沅江—㵲水	玉屏(崇滩)	20.6	20.6～24.5(4—7月)
111	沅江—㵲水	芷江	30.2	30.2～42.0(4—7月)
112	沅江—辰水	施滩	16.3	
113	沅江—酉水	来凤	5.32	
114	沅江—酉水	石堤	23.6	
115	沅江—酉水	高砌头	48.4	48.4～145.2(4—7月)
116	沅江—酉水—花垣河	松桃	2.75	
117	沅江—酉水—花垣河	茶洞	5.13	
118	赣江	万安	138	
119	赣江—章江	丰州	1.64	
120	信江—丰溪河	二渡关	0.46	
121	信江—白塔河	柏泉	0.31	
122	修水	柘林	25.7	
123	饶河	虎山	12.3(9月至次年2月)、22.0(3—8月)	
124	饶河—昌江	浯溪口水利枢纽	8.87	

续表

序号	河流名称	断面名称	生态基流(m³/s)/最低生态水位(m)	最小下泄流量(敏感生态流量,m³/s)
125	饶河—昌江	渡峰坑	10.4(9月至次年2月)、14.8(3—8月)	
126	青弋江	陈村	9.09	
127	水阳江	宣城	8.03	
128	水阳江	新河庄	5.48	
129	滁河	襄河口闸	6.46	
130	滁河	汉河集闸	3.44	
131	滁河	三汊湾闸	4.28	

(2)编制印发生态流量保障实施方案

为加强长江流域跨省河流和重要湖泊的生态流量管理,长江委组织编制完成《长江流域第一批重点河湖生态流量保障实施方案(试行)》,并于2021年7月印发至相关省(自治区、直辖市)。该实施方案要求相关省(自治区、直辖市)人民政府加强组织领导,明确责任分工,完善监管体系,落实保障措施,切实做好河湖生态流量保障工作。

4.4.1.2 加强重点河湖生态流量目标保障

(1)长江流域河湖水生态环境得到有效改善

基本构建河湖生态流量保障与管理新格局,河湖基本生态用水得到有效保障,岷江、沱江流域原来间歇性断流的金马河、毗河实现不断流目标,河湖生态流量保障程度逐年提高。通过开展生态调度试验,鱼类产卵期生态流量得到有效保障,2021年长江中游宜都江段产漂流性卵鱼类总产卵量超过124亿粒,生态效益显著。总体上,长江流域河湖生态系统功能加快恢复,湿地面积逐年回升,生物多样性明显增加。

(2)长江流域重点河湖生态流量保障状况良好

水利部印发的第一、二批长江流域重点河湖62个控制断面中,万僧寺、西街、河口(州河)为新建省界断面,暂不纳入考核;栋背站因迁建,经水利部同意已停测,调整为万安水文站,待确定生态流量后纳入考核。基于2021年各控制断面整编逐日流量(水位)数据进行生态流量满足程度评价,评价结果表明,58个断面中满足程度为100%的断面有38个,占断面总数的66%;满足程度为90%~100%的断面有20个,占断面总数的34%。2021年长江流域重点河湖生态流量保障目标满足程度统计见图4.4-1。

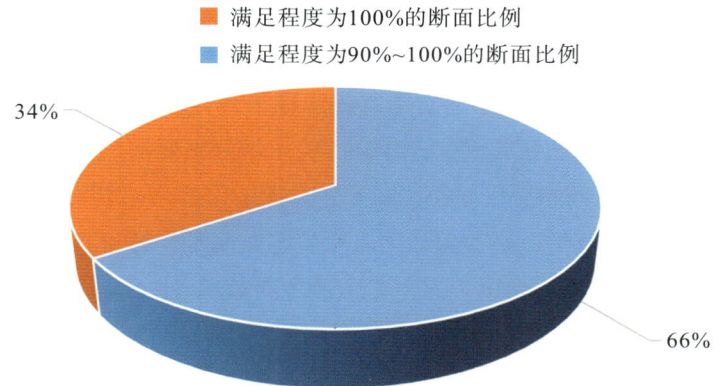

图 4.4-1　2021 年长江流域重点河湖生态流量保障目标满足程度统计

4.4.1.3　加强生态流量监测预警

(1) 加强生态流量在线监测

长江流域生态流量实时监管平台不断完善,已接入跨省河流及重要湖泊的 62 个控制断面流量、水位等实时监测信息。该平台对已批复的 32 条河湖生态流量保障情况开展实时监控、滚动预警,当生态流量保障出现问题时,第一时间向有关单位通报,同时约谈保障不到位相关责任单位。

(2) 开展生态流量监测试点

为检验生态流量保障的成效,水利部组织开展了长江流域生态流量监测试点工作,长江委联合相关省(自治区、直辖市)开展了水生态、水环境监测试点,对赤水河等 34 条河流(46 个断面)开展了生态流量监测分析,对大宁河等 5 条河流开展了生态流量监测和水生生物监测,对龙溪河、鄱阳湖等 19 个水体开展水生态监测试点,并同步开展水质监测。

4.4.1.4　推进流域生态流量监管工作

(1) 流域生态流量监管力度持续加强

从 2020 年 1 月开始,开展生态流量保障月度评估。2021 年 9 月,首个流域生态流量管理的规范性文件《水利部长江水利委员会河湖生态流量监督管理办法(试行)》出台,其对重要河湖生态流量监测、信息报送、保障落实、日常监督管理等做了明确要求,并建立水工程特殊情况下生态流量保障调度会商制度。

(2) 长江流域各省(自治区、直辖市)也加大生态流量的管理力度

四川省建立"省直有关部门＋市(州)水利(水务)局＋重要水利水电工程"组成的三大流域片水资源调度协调机制,公布 35 位水资源调度责任人,定期召开联席会议,协商解决河湖

生态流量管控等问题；湖南省印发了《关于加强全省重要断面生态流量管理工作的通知》，将生态流量达标情况作为流域横向生态补偿考核指标，加强出境考核断面水量管理，并与奖励资金挂钩；贵州省开发完成贵州省生态流量监测管理平台，实现对生态流量实时监测、发送预警短信进行预警提示和管理处置；重庆市印发《关于做好主要河流控制断面生态流量监测的通知》《重庆市水利局关于加强水电站生态流量监管工作的函》；江苏省出台了《江苏省生态河湖行动计划》，将生态流量（水位）保障列入水生态文明重要评价指标和示范工程建设内容加以推进落实；福建省实施小水电生态流量下泄在线监测，建立流域生态流量监控体系。

4.4.2 饮用水水源地保护

2021年，长江委、长江局扎实推进饮用水水源地安全保障达标建设评估、饮用水水源地名录制定、重要饮用水水源地监督性监测、饮用水水源地现场监督检查等水源地保护工作，加强饮用水水源地水量安全保障和水质安全保障，确保长江流域饮水安全。

4.4.2.1 开展饮用水水源地安全保障达标评估

（1）流域重要饮用水水源地安全保障水平显著提升

2021年，长江委对流域内205个重要饮用水水源地开展了饮用水水源地达标评估复核，提出各水源地问题清单和进一步加强安全保障措施与对策。2021年长江流域205个国家重要饮用水水源地，水源地年度供水量为188.8亿 m^3，占设计年供水能力的55.4%，取水口水质达标率稳步提升，水源保护区内入河排污口已基本整改完成，72.7%的水源地一级保护区实现全封闭管理，且界标、警示标示以及隔离防护设施完善；流域内水源地基本完成了饮用水源保护区划分工作并报省级人民政府批准实施。

（2）开展饮用水水源地达标评估现场监督检查

2021年，长江委会同重庆、四川、江苏、湖北、湖南、江西等省（直辖市）水利厅（局），对长江流域内38个全国重点饮用水水源地开展现场检查，重点评估水源地水量、水质、监控和管理等情况，并指导地方水源地管理部门开展水源地安全保障达标建设评估工作（图4.4-2）。

4.4.2.2 开展《长江流域饮用水水源地名录》制定

（1）开展长江流域饮用水水源地信息调查复核

《长江流域饮用水水源地名录》制定，是落实《长江保护法》有关加强饮用水水源地保护的重要内容。根据水利部的统一部署，长江委对长江流域19省（自治区、直辖市）提交的向建制市和县城供水的集中式饮用水水源地（含备用水源地）调查成果进行复核。其中，地表水型饮用水水源地1183个，河流型、水库型、湖泊型水源地分别占57.7%、39.8%、2.5%。地下水型饮用水水源地79个，初步形成1262个饮用水水源地的信息台账。

(2)制定《长江流域饮用水水源地名录》

在对 1262 个饮用水水源地复核的基础上,提出了纳入《长江流域饮用水水源地名录》的标准和思路。从强化饮用水水源地名录管理、加强饮用水水源地保护、落实地方人民政府责任等方面起草《长江流域饮用水水源地名录管理文件草案》,提出长江流域饮用水水源地初步名录,为加强饮用水水源地保护管理奠定了基础。

图 4.4-2　南京市长江夹江水源地(江北水厂)保护区

4.4.2.3　开展重要饮用水水源地监督性监测

为加强国家重要饮用水水源地监管,长江委每年开展重要饮用水水源地水质监督性监测,在长江流域人口稠密、工农业发达的地区选择 25 个国家重要饮用水水源地开展监测,包括重庆市 1 个、湖北省 8 个、江西省 2 个、江苏省 11 个、安徽省 1 个、上海市 2 个。根据监测结果,20 个重要饮用水水源地水质均达到Ⅲ类以上标准。2021 年 8 月,长江委水文局长江流域水质监测中心组织与西藏、湖南 2 省(自治区)水文机构联合开展了西藏阿里地区狮泉河镇 2 处地下水型饮用水水源地、湖南株洲 2 处河流型饮用水水源地的监督性水质监测,积极服务饮用水水源地安全保障工作。

4.4.2.4　开展饮用水水源地监督检查

为掌握长江流域饮用水水源地水质达标、规范化建设等情况,2021 年 7—12 月,长江局陆续派出工作组分赴四川、西藏、云南、贵州、重庆、湖南、江西和安徽等 8 省(自治区、直辖市),对 14 个集中式饮用水水源地开展现场检查和帮扶。通过查阅资料和现场核查等方式对水源地规范化建设情况进行评估,逐项检查水源地水质水量、保护区建设、保护区整治、监测监控、应急与风险防控、制度管理等方面存在的问题。针对检查问题及时反馈地方,协调、指导、督促地方解决问题,定期开展"回头看",加快推进集中式饮用水水源地规范化建设,保障人民群众饮水安全。

4.4.3 地下水保护

4.4.3.1 长江流域地下水管护

(1)开展流域地下水保护宣贯

2021年12月1日,我国第一部地下水管理的专门行政法规《地下水管理条例》正式施行,其从调查与规划、节约与保护、超采治理、污染防治、监督管理和法律责任等方面对地下水管理进行了规定。长江委组织开展了宣传活动,结合地下水日常监管工作,推进《地下水管理条例》贯彻执行,做好地下水保护与管理。

(2)推进地下水管控指标确定

2021年,长江委复核长江流域各地确定的地下水用水总量和水位管控指标,江西、湖南、重庆、贵州4省(直辖市)地下水管控指标已印发实施。开展地下水超采区划定和监督检查。2021年水利部启动新一轮地下水超采区划定工作,计划用1年半的时间完成地下水超采区及地下水开发利用临界区划定工作。长江委配合水利部开展新一轮超采区划定成果的复核工作,现场检查了江西省地下水禁采区32眼机井封填及台账建设情况。

4.4.3.2 地下水监测

(1)长江流域地下水监测

开展长江流域地下水水质监测。自2014年起,长江委水文局开展长江流域地下水水质监测工作。截至2021年,长江委水文局负责的地下水监测井共计432口,其中地下水监测工程井410口、流域保留生产井12口、地下水水源地取水口10个,监测参数为《地下水水质标准》(GB/T 14848—2017)所要求的色、嗅和味、浑浊度、铁、锰等共计39项常规指标。2021年,长江委水文局完成长江流域内222口地下水水质监测井常规指标的监测任务,有力维持流域监测站网的稳定性,全面完成基础资料的收集工作。

依托国家地下水监测一期工程,长江委水文局建设完成了1个长江流域地下水监测中心,配备了相应软硬件设备,建立了流域地下水监测资料数据库和信息服务平台。截至2021年底,地下水监测信息系统接入的长江流域国家级监测站点有2139个。

(2)长江流域国家地下水环境质量考核监测

2021年生态环境部启动1912个"十四五"国家地下水环境质量考核点位开展监测和评价工作。按照2021年国家地下水环境质量考核网监测工作总体部署,长江局主要负责组织开展西藏、四川、重庆、湖南、湖北、江西、浙江等7省(自治区、直辖市)的378个地下水考核点位监测工作。

长江局具体承担的378个监测点位中,按监测井的类型统计,饮用水水源点位44个,占比11.6%;污染风险监控点位90个,占比23.8%;区域点位244个,占比64.6%。2021年监测频次为1次,在丰水期(7—9月)开展。2021年,长江局累计完成长江流域内6省(自治区)318个点位及浙江省60个点位的监测任务,共计获得监测数据1.5万余个。按照相关要求开展流域级质量控制监督检查与技术指导,完成了19个点位的采样全过程现场及视频监督,对190条现场采样资料进行线上审核,完成44个点位255个比对样品分析工作。通过建立科学有效的地下水环境质量考核点位监测质量管理体系和工作机制,实现了对监测井洗井、样品采集、样品保存与流转、分析测试、数据审核与上报等监测要素全过程的质量控制,有效规范监测工作的各项活动,有力支撑国家地下水环境质量考核。

(3)湖北省地下水监测

湖北省地质局积极开展常态化的地下水监测工作。2015—2019年,湖北省地质局专项开展了湖北省地质环境监测,涵盖了全省的地下水环境监测。2016—2017年,自然资源部与水利部联合实施国家地下水监测工程(湖北省部分)并启动运行。2021年湖北省财政新增专项开展湖北省地下水资源环境调查与监测工作,拟初步建立覆盖全省的地下水资源环境监测网,每年通过基础监测设施、采用自动采集传输存储系统或人工监测手段获取水位、水质等地下水动态监测数据,实现对全省地下水位、水质动态监测,分析研究地下水超采、质量和污染状况以及由此引起的环境地质问题,为湖北省地下水资源开发保护、生态环境保护提供数据支撑(图4.4-3)。

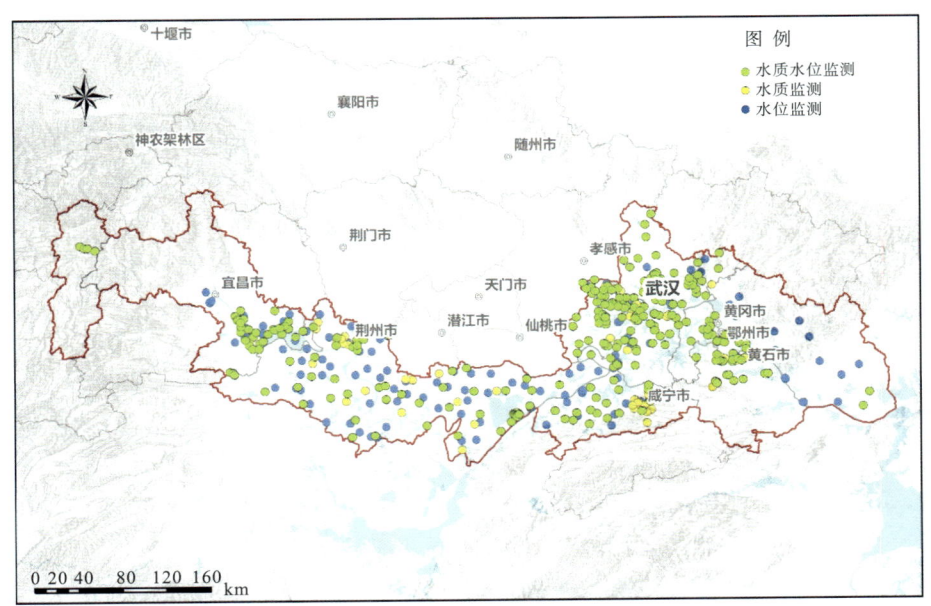

图4.4-3 湖北省长江经济带地下水监测点分布

截至2021年底,湖北省开展持续性常态化地下水监测的项目主要有国家地下水监测工程和湖北省地下水资源环境监测项目,监测范围覆盖全省 16 个地(市、州)的 79 个县(区),地(市、州)覆盖率达 94.12%,县(区)覆盖率为 76.70%。湖北省有运行站点 1126 个,其中国家地下水监测工程站点 425 个,省级监测站点 701 个,总体密度为 0.606 个/100km^2。预计在 2023 年实现湖北省 19 地(市、州)的 103 县(区)地下水监测全覆盖,全省总点数达到 1399 个,并实现地下水位(温)监测自动化,提高数据准确率、完整率。

其中,湖北省长江经济带内有地下水位监测点 492 个,地下水质监测点 408 个,监测地下水类型包括孔隙水、裂隙水、裂隙孔隙水和岩溶水,监测点覆盖区内 8 个市(州)的 35 个县(区),涵盖大部分经济带地段。对区内不同含水层、不同类型地下水等均开展了监测,并对重点含水层开展针对性分层监测。

通过监测,2021 年湖北省长江经济带地下水状况如下:

1)地下水位动态特征

2021 年区内地下水丰水期水位 −67.49～147.37m,枯水期水位 −67.49～148.00m。水位最高点位于宜昌市猇亭区福善场村,为上更新统孔隙水,最低点位于黄石市大冶市红峰村,为碳酸盐岩裂隙岩溶水。与 2020 年同期相比,丰水期地下水位年际动态呈基本稳定—弱下降趋势,枯水期水位整体呈上升趋势。

将地下水按动态类型分为自然动态型和人为动态型。其中,自然动态型地下水站点 240 个,人为动态型地下水站点 114 个。自然动态型地下水水位动态曲线表现为单峰型,高水位期与雨季、汛期对应,或表现为峰谷不明显,曲线整体变化平缓;人为动态型地下水水位动态曲线多呈锯齿状,受人类农业灌溉、生产开发、基坑矿山抽排等活动影响,或因抽水导致曲线持续下降,或因停止地下水开采表现为动态曲线持续回升。

2)地下水水质

区内地下水类型以 HCO_3−Ca 型水分布最广,其次为 HCO_3−Ca·Mg 型水,主要分布于荆州、公安、江陵、石首、监利、武汉和黄梅等地;平原区大部分地段地下水 pH 值为中性偏碱性,宜昌、枝江、监利、武汉和鄂州等部分地段地下水 pH 值较高,武汉、石首等部分地段地下水 pH 值偏低;区内大部分地段地下水中溶解性总固体浓度一般低于 500mg/L。公安、江陵、石首、监利、洪湖等局部地段地下水中溶解性总固体浓度较高。

根据《地下水水质标准》(GB/T 14848—2017)对 2021 年地下水质量进行综合评价。评价结果显示:丰水期和枯水期地下水质量状况接近。整体而言,区内地下水监测站点中Ⅱ类、Ⅲ类水质占比近 2 成,可用于集中式生活饮用水及工业用水、农业用水,主要在公安、石首、嘉鱼、赤壁、咸安等地段,枝江、武汉、大冶零散分布;Ⅳ类水丰水期、枯水期占比分别为 28.80%和 24.00%,地下水化学组分含量较高,适用于农业用水和部分工业用水,适当处理后可作生活饮用水;占比超半数的Ⅴ类水主要集中在江陵、监利、洪湖等地,武汉中心城区也有部分地段分布Ⅴ类水,不宜直接饮用。

第 5 章　长江流域航运发展

2021年，长江流域航运发展态势良好，航运基础设施建设稳步推进，运输生产稳中有进，运输结构调整加快推进，安全形势总体稳定，绿色发展成效明显，全面服务长江经济带高质量发展。

5.1　水运投资

2021年，长江水系14省（直辖市）港航管理部门稳步推进水运基础设施网络建设，健全资金保障机制，加快推进重大工程建设，长江黄金水道、西部陆海新通道等建设加快推进，水运基础设施网络不断完善。港航基础设施投资力度持续加大，全年内河建设投资完成619亿元，增长4.6%，沿海建设完成274亿元，增长18.1%；长航局系统全年落实中央固定资产投资37.3亿元。

5.2　航运基础设施建设

5.2.1　航道

（1）畅通长江干线航道

2021年，持续开展长江干线航道系统治理和维护管理，通过多种途径方式加快推进区段标准统一。长江干线武汉—安庆段6m水深航道整治工程全面完工，长江口南槽航道治理一期工程、芜裕河段航道整治工程、蕲春水道航道整治工程、宜昌—昌门溪河段航道整治一期工程等竣工验收并投入运行；长江上游朝天门—涪陵河段航道整治工程施工有序，长江下游江心洲—乌江河段航道整治二期工程完成主体工程；长江上游九龙坡—朝天门河段航道整治工程、长江中游宜昌—昌门溪河段航道整治二期工程等建设期维护工程通过交工验收，新洲—九江河段航道整治二期工程建设期整治建筑物维护工程有序推进。按照航道区段标准统一的总体要求，加快转变数字航道条件下长江航道维护管理方式，积极做好航道维护、航标维护、船闸监管、航道信息收集与服务等重点工作,进一步提高长江航道科学养护水平。长江干线航道全年航标维护正常率、信号揭示正常率、信息发布准确率均达到100%。加强三峡—葛洲坝枢纽通航建筑物运行管理,积极疏解三峡枢纽瓶颈制约,配合深化三峡水运新通道前期论证。

(2)完善支流航道网络

积极推进支流高等级航道提等升级,金沙江中游库区航运基础设施综合建设项目二期工程加快建设,岷江5个航电枢纽工程进展顺利,嘉陵江利泽航电枢纽建成通航,乌江构皮滩水电站三级垂直升船机通航工程开始试运行,湘江二级航道一期工程完成竣工验收,汉江雅口枢纽土建工程完工,赣江建成6个航电枢纽,实施长三角水网航道提升工程等项目。地方航道部门全面落实航道养护、应急保畅、水位调度、船闸运维、工程疏浚、水情发布等方面任务,确保"应养尽养、干支协调"。

2021年长江干线航道养护尺度标准见表5.2-1,2021年长江干线海轮航道分月养护水深计划见表5.2-2。

5.2.2 港口

(1)优化港口功能布局

积极推进省域港口资源整合和区域港口一体协同。加快航运中心建设,推进芜湖、马鞍山、安庆江海联运枢纽及合肥江淮航运中心建设。

(2)港口码头设施建设

加快推进重点港口码头及其配套设施建设。黄石棋盘洲三期、宜昌白洋二期、万州新田港二期等逐步推进,重庆忠县新生港、襄阳小河港区综合码头等建成,南京港、苏州港等一批集装箱作业区开工建设,南通通州湾长江集装箱新出海口建设加快推进。

(3)港口集疏运体系建设

加快推进重点港区铁路专用线和疏港公路建设,重点解决铁路进港"最后一公里"问题,长江干线14个港口铁水联运项目加快推进。苏州太仓港区、南京龙潭港区、荆州煤炭储备基地铁路专用线和泸州港疏港铁路等建成运营,武汉阳逻国际港铁水联运项目铁路站场工程完成并开港通车,安庆长风港区、岳阳城陵矶港区、长沙霞凝港区、宜昌白洋港区、宜宾港等铁路集疏运项目加快推进。

第 5 章 长江流域航运发展

表 5.2-1 2021 年长江干线航道养护尺度标准

起止区段	最小航道尺度（水深×航宽×弯曲半径，m×m×m）	分月维护水深（m）												航道维护水深年保证率（%）
		1月	2月	3月	4月	5月	6月	7月	8月	9月	10月	11月	12月	
宜宾合江门—重庆羊角滩	2.9×50×560	2.9	2.9	2.9	2.9	3.2	3.5	3.7	3.7	3.7	3.5	3.2	2.9	98
重庆羊角滩—涪陵李渡长江大桥	3.5×100×800	4.5	4	3.5	3.5	3.5	3.5	4	4	4	4	4.5	4.5	98
涪陵李渡长江大桥—三峡大坝上游禁航线	4.5×150×1000	5.5	5.5	5.5	5.5	5.5	4.5	4.5	4.5	4.5	5.5	5.5	5.5	98
三峡大坝上游禁航线—宜昌中水门	4.5×150×1000	4.5	4.5	4.5	4.5	4.5	4.5	4.5	4.5	4.5	4.5	4.5	4.5	98
宜昌中水门—宜昌下临江坪	4.5×100×750	4.5	4.5	4.5	4.5	4.5	4.5	4.5	4.5	4.5	4.5	4.5	4.5	98
宜昌下临江坪—枝江昌门溪	3.5×100×750	3.5	3.5	3.5	3.5	4	5	5	5	4	3.5	3.5	3.5	98
枝江昌门溪—枝江大埠街		3.5	3.5	3.5	3.5	4	5	5	5	4	3.5	3.5	3.5	98
枝江大埠街—荆州四码头	3.5×150×1000	3.5	3.5	3.5	3.8	4.5	5	5	5	4	3.5	3.5	3.5	98
荆州四码头—岳阳城陵矶	3.8×150×1000	3.8	3.8	3.8	3.8	4.5	5	5	5	4	3.8	3.8	3.8	98

续表

起止区段	最小航道尺度（水深×航宽×弯曲半径，m×m×m）	分月维护水深（m）												航道维护水深年保证率（%）
		1月	2月	3月	4月	5月	6月	7月	8月	9月	10月	11月	12月	
岳阳城陵矶—武汉长江大桥	4.5×150×1000	4.5	4.5	4.5	4.5	4.5	5	5	5	5	4.5	4.5	4.5	试运行
武汉长江大桥—安庆吉阳矶	5.0×200×1050	5.0	5.0	5.0	5.0	5.5	7	7	7	6.5	5.5	5.0	5.0	98
安庆吉阳矶—芜湖高安圩	6.0×200×1050	6	6	6	6.5	7.5	8.5	9	9	8	7	6.5	6	98
芜湖高安圩—芜湖长江大桥	7.5×500×1050	7.5	7.5	7.5	7.5	7.5	8.5	9	9	8	7.5	7.5	7.5	98
芜湖长江大桥—南京燕子矶	9.0×500×1050	9	9	9	9	9	10.5	10.5	10.5	10.5	9	9	9	98
南京燕子矶—南京新生圩	10.5×500×1050	10.5	10.5	10.5	10.5	10.8	10.8	10.8	10.8	10.8	10.8	10.5	10.5	98
南京新生圩—太仓浏河口	12.5×500×1050	12.5	12.5	12.5	12.5	12.5	12.5	12.5	12.5	12.5	12.5	12.5	12.5	95
太仓浏河口—长江口	12.5×500×1050	12.5	12.5	12.5	12.5	12.5	12.5	12.5	12.5	12.5	12.5	12.5	12.5	95

注：1. 局部受限河段航宽缩窄；

2. 南京新生圩—江阴长江大桥河段主航道为航行基准面以下水深，江阴长江大桥以下主航道为理论最低潮面下水深。

表 5.2-2　　2021 年长江干线海轮航道分月养护水深计划

河段	分月维护水深(m)												备注
	1月	2月	3月	4月	5月	6月	7月	8月	9月	10月	11月	12月	
岳阳城陵矶—武汉长江大桥					5	6	6.5	6.5	6				
武汉长江大桥—安庆吉阳矶				5.5	6.5	7	7.5	7.5	7	6	5.0		11月仅维护上半月
安庆吉阳矶—安庆钱江嘴	6	6	6	6.5	7.5	8.5	9	9	8	7	6.5	6	1—3月、11月下半月至12月试运行
成德州东港	6	6	6	6.5	7	8	8	8	7.5	7	6.5	6	
贵州省乌江水道	6	6	6	7	7	8	8	8	8	7	7	8	

注：1. 岳阳城陵矶—武汉长江大桥航段海轮航道养护水深达不到以上要求时，应临时关闭该河段海轮航道；

2. 安庆吉阳矶以下主河槽内海轮航道养护水深同主航道；

3. 江阴以下为理论最低潮面下水深。

5.3　运输服务发展

(1) 加快多式联运发展

以铁水联运和江海联运为重点，推进集装箱、大宗散货等重点货种联运，推动形成衔接国际近远洋航线的海向多式联运网络，以及直达中上游港口、衔接中欧班列的陆向多式联运网络。2021年，长江干线全年江海运输完成13.7亿t，增长5.0%。主要运输货种为金属矿石、集装箱、矿物性建筑材料、石油天然气及制品、其他货物、钢铁、粮食、非化工原料及制品等。长江中下游港口—上海洋山集装箱运输、长江中下游港口—舟山干散货运输等特定航线江海直达运输加快发展。长江干线开展集装箱铁水联运业务的港口有泸州港、重庆港、荆州港、武汉港、黄石新港、九江港、芜湖港、南京港等8个港口，全年完成铁水联运量24.4万TEU，增长31.3%。

(2) 协同共建战略支点

着力打造上海国际航运中心"升级版"，推进武汉长江中游航运中心、重庆长江上游航运中心、南京区域性航运物流中心和舟山江海联运服务中心建设，促进航运交易、航运金融保险等现代航运服务业发展。推动长江三角洲地区共建辐射全球航运枢纽，加快建设世界级港口群，推进南通通州湾长江集装箱新出海口建设。依托重庆、苏州、芜湖、武汉、岳阳等港口型国家物流枢纽建设，发挥长江黄金水道航运优势，加快布局干支衔接、江海联通、多式联运的物流贸易网络，加快完善"通道＋枢纽＋网络"的现代物流运行体系。支撑服务自由贸易试验区、水运口岸建设，促进国际航行船舶通关便利化，全方位融入国际物流链。

(3) 促进水路客运与旅游融合发展

推进三峡库区水路客运联网售票和电子船票应用，实现系统稳定运行、水路客运数据统一归集。围绕提升旅游客运船舶和设施品质、提升港口客运站和停靠站点服务品质、创新水路旅游服务产品、提升水路旅游服务质量、提升安全绿色发展水平等试点内容，部署打造国内水路旅游客运精品航线试点工作。各地依托航道、码头、船舶等，结合沿线人文历史、古村院落、民俗风情等传统文化载体打造和提升，建设滨水绿道、景观廊道，促进传承航运和地域文化的联动。

5.4 航运安全保障

(1) 安全保障能力建设

加强航道运行安全防护、港口安全设施建设维护，加强桥梁桥区水域航道安全风险隐患治理，强化水运工程质量安全监督，实现水运工程质量监督全覆盖。提高运输装备本质安全水平，加强船舶准入安全管理、港口危险货物储罐安全管理，提升客运码头安检查危能力。强化安全监管与应急救助能力建设，完善水上交通安全监管系统，挂牌成立长江万州、武汉、南京等三个水上应急救助基地，统筹推进综合应急保障基地、装备和人才队伍建设。加强关键信息基础设施安全保护，强化通信信息和网络安全保障。

(2) 安全生产防控

落实安全生产责任，建立健全安全生产工作体系，健全完善安全生产责任考核制度，压实企业安全生产主体责任，严肃安全生产追责问责。强化安全生产风险管控，健全完善风险隐患"双重预防"体系，实现风险分级管控和隐患排查整治，深入防范化解长江航运安全生产重大风险，强化现场监督和隐患排查。加强安全监管执法，强化 VTS（船舶交通管理系统）动态监管和现场巡航巡查，加强安全生产执法和信息共享。持续开展安全生产专项整治三年行动，推进涉客运输、危险货物运输、内河船非法涉海运输、桥梁防碰撞和航道通航安全、落实船舶污染防治长效机制等重点领域专项整治。2021 年，长江干线水上交通一般等级以上事故"四项指标"同比全面下降，事故件数、死亡（失踪）人数、沉船艘数、经济损失分别同比下降 29.6％、36％、45.5％、48.6％，长江航运安全形势保持总体稳定。

(3) 通航安全保障

提升通航安全管理服务水平，深化通航水域分级管理，优化调整船舶航路，加强水情和航道信息服务，提升气象预报预警服务。加强涉水工程通航安全和水上水下活动管理，加强桥梁防碰撞管理。强化重点时段及重点水域安全保障，确保安全度汛，保障枯水期安全畅通以及加强恶劣天气下现场监管。强化重点水域安全保障，按照规定开展通航建筑物和航运枢纽大坝安全鉴定,压实航运枢纽、通航建筑物运行管理单位反恐怖防范、消防安全和运行安全主体责任。

(4)安全应急保障

推动健全完善长江干线水上搜救体制机制,改造升级长江干线水上搜救协调中心,推进沿江省(直辖市)建立省级水上搜救中心,在长三角区域水上合作联动机制的基础上,健全完善区域联动、行业协同的联合协作机制,建立健全与沿江省(直辖市)交通运输管理部门水上搜救协调机制,组建了长江航运气象服务联盟。完善水上搜救应急预案机制,基本形成以总体应急预案为核心,各类专项应急预案为支撑,部门和基层应急预案为补充的应急预案体系。组织开展船舶碰撞、桥梁碰撞、船舶堵漏、应急疏浚和消防演习等安全生产综合应急演练,有针对性地提高应急处置能力。长江海事局全年开展水上搜救66次,成功救助遇险船舶75艘、人员584人,人命救助成功率达97.2%。持续提升应急搜救能力,实施水上搜救行动83起,成功救助遇险船舶97艘、人员874人,水上搜救成功率超过98%,并成立长江干线万州、武汉、南京水上应急救助基地。

(5)水上疫情防控

长航局修订发布《长江干线省际客船常态化疫情防控工作指南(第四版)》,严格进江国际航行船舶疫情防控,优化充实引航专班力量,强化对登临国际航行船舶引航人员的防护举措,长江引航中心全年引领中外籍船舶6.2万艘次、载货4.6亿t。协调地方卫生防疫部门,为船员开辟新冠疫苗接种绿色通道,在港口、三峡待闸锚地等为船员进行免费接种,辖区所有到港作业船舶符合条件船员疫苗接种100%覆盖。

(6)三峡—葛洲坝梯级枢纽通航安全管理

落实安全防范措施,辖区连续10年保持"零死亡、零沉船、零污染事故";持续加强过闸船舶100%安检;深化防范化解载运危险品船舶过闸安全风险,确保5699艘次危险品船舶安全过闸;坚持做好"三大一调"重点环境安全防范,落实三峡安保条例和葛洲坝安保规定,强化联防防控工作机制;有效应对坝上锚地滑坡风险,应急调整坝上危险品锚地。

5.5 航运绿色发展

(1)基础设施绿色升级

将绿色发展贯穿航道规划、设计、施工、养护和运营全过程,在航道整治和维护过程中,采用环保施工工艺,推广实施生态护岸、生态护滩(底)等,长江航道整治护岸工程绿化率达80%以上。荆江航道生态环保示范工程经验推广到武汉—安庆段6m水深航道整治工程建设,开创性地实施生态涵养区、生态护岸、生态固滩建设,并广泛使用钢丝网格、生态护坡砖、鱼巢砖、透水框架等生态环保新结构、新工艺,形成了绿色航道建设成套技术。长江三峡通航管理局强化绿色通航顶层设计,率先提出"绿色船闸、绿色锚地、绿色航道、绿色船舶、绿色基地"的建设方案。推进疏浚土综合利用和无害化处理,全年累计利用 470 万 m^3。深化绿色港口建设,优化港口作业工艺、用能结构,加强绿色装备升级和节能减排工艺改造。持续巩固长江非法码头整治成效,加快推进沿江码头规范提升和生态复绿,推动整治行动向支流延伸,加快 9 条主要支流非法码头整治。推进水上综合服务区建设与运营,长江干线(四川宜宾—江苏浏河口)共计建成运行 13 处水上绿色综合服务区,沿江省(直辖市)至少建成一处,实现了全覆盖。

(2) 运输工具装备低碳转型

推进船舶靠港使用岸电,推进港口码头岸电及船舶受电设施改造,2021 年长江经济带 11 省(直辖市)建成岸电设施 2501 套,完成船舶受电设施改造 5391 艘,船舶使用岸电 51.48 万余艘次、553.54 万余小时,使用岸电量 9704.03 万 kW·h。推进 LNG(液化天然气)等清洁能源应用,长江干线全年建成运营 7 座 LNG 加注站,正式运行 LNG 动力船通过三峡船闸,并实行 LNG 动力船优先于同类型船舶过闸;在工程船、公务船、客船、渡船等领域推广应用电池动力。推进内河船型标准化,三峡过闸船舶标准化率达到 90%。

(3) 船舶和港口污染防治

加快船舶生活污水系统改造,长江水系 14 省(直辖市)完成 927 艘 100 总吨以下运输船舶生活污水改造,长航局辖区内登记 400 总吨以下船舶生活污水设施改造全部完成。加快港口和船舶污染物接收转运及处置设施建设,长江干线 30 余座船舶水污染物转岸码头逐步建成,港口码头船舶水污染物固定接收设施基本实现全覆盖。加强危险化学品洗舱站建设与运营,长江干线 13 座水上危险化学品洗舱站全部建设并试运行。涉及长江航运的生态环境突出问题已按程序全部完成整改,船舶和港口污染防治长效机制不断健全,推动船舶污染物船岸有效接收,鼓励船舶采取"船上储存、到岸交付"的"零排放"处置方式处理生活污水、含油污水,全年长江干线已有 10845 艘船舶实施水污染物"零排放",岳阳以上区段全面实现零排放,江苏段持续深化"一零两全四免费"工作机制,在航船舶污染物排放全达标。继续推广运行长江经济带船舶水污染物联合监管与服务信息系统,实现长江经济带内河码头全覆盖,到港中国籍营运船舶覆盖率达 97%,常年过闸船舶 100% 安装使用,内河主要港口和船舶污染物接收转运及处置基本实现全过程电子联单闭环管理。

(4) 三峡—葛洲坝枢纽水域船舶污染防治

持续推进"三控三全两禁止"三峡模式向纵深发展;建立长江首个船舶防污染"严管区",有效实施船舶水污染物全过程电子联单管理,3291 艘常年过闸船舶实现水污染物"零排放";协调落实水污染物免费接收政策,到港船舶污染物交付接收转运实施网格化管理;全面应用船舶尾气在线监测设备,已在线监测过闸船舶 12004 艘次;推动船舶岸电系统受电装置改造,积极兑现完成改造任务船舶优先过闸奖励政策。

5.6 绿色航道建设典型案例

(1)武汉—安庆段 6m 水深航道整治工程

武汉—安庆段 6m 水深航道整治工程上起武汉天兴洲长江大桥,下迄安庆皖河口,全长约 386.5km,工程自上而下对湖广—罗湖洲、沙洲、戴家洲、鲤鱼山、张家洲、马当、东流共 7 个河段(水道)进行系统治理,该工程已交工验收,将实现工程河段 6m 水深试运行。

武汉—安庆段 6m 水深航道整治工程开展了疏浚土生态化处理,利用疏浚土在武汉—安庆段工程 3 个滩段实施生态固滩,实现疏浚土上岸用于国家重点工程鄂州机场建设(图 5.6-1)。开展生态结构应用,在护岸、护滩(底)、水下工程中广泛采用钢丝网格、生态护坡砖、蜂格网、鱼巢砖等生态结构。推行绿色施工工艺和设备,运用水下铺排、块石抛投、透水框架抛投等成熟施工技术,开展了"D"形连锁块自动化生产线与专业抛石船研究,形成了符合生态环保要求的标准化施工工艺。开展生态环境监测,完成了武汉—安庆段两个年度的鱼类及水生生物监测,实现了生态监测常态化。武汉—安庆段工程共建成生态护岸 15.4km、生态固滩 146 万 m^2、增殖放流鱼类 601 万尾、底栖生物 40t。

图 5.6-1 武汉—安庆段 6m 水深航道整治工程生态固滩效果

武汉—安庆段 6m 水深航道整治工程首次在长江干线航道整治中提出建设生态涵养区,位于张家洲河段北水道、东流水道莲花洲港、戴家洲圆港 3 个水域面积较大且通航需求不高的非主通航汊道,2019 年 2 月开始实施,2021 年 3 月全面建成,累计涵养水域面积约 60km^2,具体建设内容如下:

①在戴家洲中上段左缘、张家洲北水道中段靠张家洲一侧、东流水道中上段靠玉带洲一侧均实施了增殖放流,累计放流鱼类 464 万尾,投放底栖动物 30t,增加了涵养区本底生物资源。

②在张家洲水道北港凸岸串沟头部、东流水道莲花洲港上深槽头部两处微冲区域,实施

了水下生境改良工程，累计投放透空格栅鱼巢排6000件，抛设透水框29839架，营造高等水生动物休养生息的场所。

③在张家洲水道北港、东流水道莲花洲港的进口上游、出口下游分别设置大型生态涵养试验区提示标牌各1座，共4座，引导船舶尽量避让生态涵养试验区（图5.6-2）。

图5.6-2　生态涵养试验区船舶交通流引导牌

④在生态涵养试验区沿岸设置小型宣传牌，张家洲水道北港左岸布置6座，东流水道莲花洲港左岸布置6座，戴家洲河段圆水道左岸布置2座，共计14座，有效增强了涵养区周边人民群众的环境保护意识（图5.6-3）。

图5.6-3　生态涵养试验区宣传牌

⑤编制了生态涵养试验区建设宣传册2100册，以图文并茂、通俗易懂的方式介绍生态涵养试验区设置的重要意义、功能和范围，以及区域内生态环境特点，向工程河段周边村民、渔业部门等单位，起到发动人民群众共同参与保护生态涵养试验区的作用。

(2)江心洲—乌江河段航道整治二期工程

江心洲—乌江河段航道整治二期工程上起东西梁山,下至下三山,全长约56km。工程主要建设内容主要包括加高上何家洲原有3道护底带,新建2道护底带守护江心洲心滩滩头,并对下何家洲高滩进行护岸守护,同时对小黄洲洲头过渡段进行疏浚。截至2021年底,已基本完成主体工程建设。

江心洲—乌江河段航道整治二期工程建设方案切实践行生态环保理念,推进生态航道建设(图5.6-4)。下何家洲高滩守护工程采用"护岸工程+生态固滩"融合的工程措施,在实现洲滩、岸线稳定的基础上,进一步实现下何家洲滩面绿化,改善洲滩的生态环境,提升洲滩上植物丰度和多样性,营造利于动植物生长繁衍的生境。下何家洲护岸通过典型鱼类生态水力学试验研究,拓宽了生态人工鱼巢砖应用范围,解决了以往工程中鱼巢砖应用受限的难题。生态固滩结合不同守护部位特点,广泛采用钢丝网格、三维加筋垫、土工格栅等生态结构,通过利用削坡土、回填种植土、迁入生命力顽强的先锋植被如芦苇、狗牙根等,营造了自下何家洲洲头左缘至右缘长1400m的生态绿洲区,达到了进一步稳定下何家洲的航道治理目标,形成了畅通高效、绿意盎然的生态航道图景。

图5.6-4 江心洲—乌江河段航道整治二期工程生态固滩效果

第6章 长江流域水环境保护与综合治理

2021年,紧紧围绕生态文明建设和长江经济带"生态优先、绿色发展"要求,从长江生态整体性和流域系统性出发,按照山水林田湖草沙冰系统治理要求,长江流域重点加强流域水环境保护、水土保持以及水环境综合治理等相关工作,系统提出开展生态环境修复和保护的整体行动方案,形成流域水环境保护齐抓共管格局,流域水环境保护体系基本形成,助力长江流域经济社会高质量发展。

6.1 水环境保护

6.1.1 水环境状况[①]

2021年长江流域河流水环境质量持续改善,总体水质为优。干流全线符合或优于Ⅱ类水质;支流水质总体向好,优于Ⅲ类水的断面占比达96.8%。长江流域主要湖泊中Ⅰ~Ⅲ类水质占比50%,主要水库中Ⅰ~Ⅲ类水质占比达100%。巢湖、滇池以及三峡库区支流等重点湖库水域的富营养化问题仍未明显改善。

省区层面,流域各省(自治区、直辖市)积极推进水污染防治工作,水环境质量显著改善,水质总体优良。选取长江上游四川省、重庆市,长江中游湖北省、湖南省,长江下游安徽省、江苏省等为代表介绍区域水环境质量状况。

(1)长江上游四川省、重庆市

2021年,四川省长江流域总体水质为优。长江干流18个控制断面(13个国考断面)均为Ⅰ~Ⅱ类。支流34个控制断面(22个国考断面)Ⅰ~Ⅲ类水质断面33个,占97.1%;Ⅳ

---

① 数据来源于四川、重庆、湖北、湖南、安徽、江苏2021年环境质量公报。

类水质断面 1 个,占 2.9%。其中,岷江流域总体水质为优,干流 18 个断面(11 个国考断面)均为Ⅰ～Ⅲ类水质。支流 42 个断面(15 个国考断面)中Ⅰ～Ⅲ类水质断面 39 个,占92.9%。嘉陵江流域水质总体优良,干流 12 个断面(10 个国考断面)均为Ⅰ～Ⅱ类水质,支流 25 个断面(13 个国考断面)中,Ⅰ～Ⅲ类水质断面 24 个,占 96%;Ⅳ类水质断面 1 个,占4%。监测 14 个湖库水质中,泸沽湖为Ⅰ类,水质为优;邛海、二滩水库、黑龙滩水库、紫坪铺水库、三岔湖、双溪水库等为Ⅱ类,瀑布沟、老鹰水库等为Ⅲ类,水质良好。

2021 年,重庆市长江流域总体水质为优。长江干流 20 个监测断面均为Ⅱ类水质。长江支流总体水质为优,218 个监测断面中,Ⅰ类、Ⅱ类、Ⅲ类、Ⅳ类和Ⅴ类水质的断面比例分别为 2.3%、61.9%、30.3%、5.0%和 0.5%。其中,Ⅰ～Ⅲ类水质的断面比例为 94.5%,水质满足水域功能要求的断面占 98.2%。长江主要支流嘉陵江流域共设 51 个监测断面,其中,干流 5 个监测断面均为Ⅱ类水质;其他 46 个监测断面中,Ⅱ类、Ⅲ类、Ⅳ类和Ⅴ类水质的断面比例分别为 28.3%、54.3%、15.2%和 2.2%,主要污染指标为总磷、化学需氧量和氨氮。长江主要支流乌江流域共设 29 个监测断面,其中干流 7 个监测断面和其他 22 个监测断面均为Ⅱ类水质。三峡库区 36 条一级支流 72 个断面水质呈中营养的断面比例为 65.3%,36 个非回水区水质呈中营养的断面比例为 63.9%,呈富营养的断面比例为 36.1%;36 个回水区水质呈中营养的断面比例为 66.7%,呈富营养的断面比例为 33.3%。

(2)长江中游湖北省、湖南省

2021 年,湖北省长江流域总体水质为优。长江干流 20 个监测断面水质为Ⅱ类;支流 171 个监测断面中,Ⅰ～Ⅲ类水质断面占 93.6%,Ⅳ类水质断面占 5.8%,劣Ⅴ类水质断面占0.6%。汉江干流总体水质为优,18 个监测断面水质均为Ⅱ类,汉江支流 66 个监测断面中,水质Ⅰ～Ⅲ类水质断面占 92.4%,Ⅳ类水质断面占 7.6%,无Ⅴ类和劣Ⅴ类水质断面。三峡库区及支流总体水质为优,16 个监测断面水质为Ⅱ～Ⅲ类;丹江口库区及入库支流总体水质为优,24 个监测断面中,Ⅰ～Ⅲ类水质断面占 95.0%,Ⅳ类水质断面占 4.2%。

2021 年,湖南省长江流域总体水质为优。长江干流 5 个评价考核断面均达到或优于Ⅱ类水质标准。其中,湘江干支流 232 个评价考核断面中,Ⅰ～Ⅲ类水质断面 229 个,Ⅳ类、Ⅴ类和劣Ⅴ类水质断面各 1 个;环洞庭湖河流 37 个评价考核断面均达到或优于Ⅲ类水质标准。主要湖库水质中,洞庭湖湖体 11 个评价考核断面中,Ⅲ类水质断面 2 个,Ⅳ类水质断面 9 个,水质总体为轻度污染,主要污染指标为总磷,营养状态为轻营养。

(3)长江下游安徽省、江苏省

2021 年,江苏省长江流域总体水质为优。长江干流江苏段总体水质处于Ⅱ类,稳定达到优级水平;长江主要支流总体水质为优,年均水质达到或好于Ⅲ类断面占 98.3%,Ⅳ～Ⅴ类水质断面占 1.7%,无劣于Ⅴ类水质断面。

2021年,安徽省长江流域总体水质优良。长江干流总体水质状况持续为优。监测的54条支流中,36条水质状况为优、14条为良好、4条为轻度污染。流域96个国考断面中,水质优良断面占92.7%,同比上升2.2%;劣Ⅴ类断面保持清零。

6.1.2　水污染防治

6.1.2.1　流域水污染防治

2021年,长江局扎实推进碧水保卫战,开展长江经济带工业园区污水处理设施整治专项行动"回头看",对发现问题全部整改销号;开展长江入河排污口监测、溯源、整治工作,排污口监测工作基本完成,溯源完成率80%以上,指导各地整治污水直排、乱排排污口7000多个;深入推进黑臭水体整治,持续提升城市黑臭水体治理成效。

(1)入河排污口排查整治

为加强赤水河生态环境保护,长江局开展了赤水河流域入河排污口现场排查工作。2021年4月,赴赤水河流域7省(直辖市)开展赤水河流域入河排污口排查整治前期准备工作调研,重点协助地方完成排查范围划定、无人机航测技术方案、飞行空域申报技术文件,并在科技排查、溯源整治等方面提供技术指导。5月,对赤水河流域7省(直辖市)开展赤水河流域入河排污口排查整治调研工作,重点调研存在的主要问题以及提出整治建议。6—7月,参加赤水河流域茅台镇试点入河排污口排查和工业企业执法检查,提出在排污口排查和执法检查中增加水生态监测,对茅台镇赤水河重点支流进行了水生态调查监测,为流域执法调查检查提供了重要依据和科学手段。10—11月,参加赤水河流域入河排污口排查工作中,牵头负责赤水河流域水环境监测,对扎西河开展水生态调查监测。

(2)城镇生活污水处理

2021年,长江局赴云南、贵州、四川、重庆、湖南、江西等6省(直辖市)地级城市开展黑臭水体整治及长效机制建设、县级城市黑臭水体摸排及整治方案编制情况现场调研。核查地方对黑臭水体整治专项行动中发现问题的整改情况,掌握长江流域范围内城市黑臭水体问题及治理成效。

(3)工业污染治理

2021年7—10月,长江局对长江流域工业园区、城镇污水处理厂开展了现场检查,重点了解工业园区和城镇污水处理厂的污水设施建设、污水排放状况,工业园区和城镇污水处理厂的规划环境影响评价报告、自行监测方案以及排污许可证执行报告等台账记录情况,在总结梳理工业园区和城镇污水处理厂水污染管理存在问题的基础上,提出相应的监管建议。同时,2021年生态环境部组织开展了长江经济带工业园区污水处理设施整治专项行动,1064家工业园区全部建成污水集中处理设施,累计建成6.62万km污水管网。

2021年8—12月，长江局以中央领导批示的区域、长江干流3km和主要支流1km、自然保护区内、高等别高环境监管等级的尾矿库为重点，组织开展西藏、云南、贵州、重庆、湖南、湖北、江西、安徽、江苏等9省(自治区、直辖市)的38座尾矿库的督导抽查，对渗滤液排放可能存在问题的尾矿库进行了现场取样监测，核实纠正了多起地方报部的尾矿库环境问题信息，督导地方对涉嫌渗滤液暗管偷排、未经处理直排、超标排放等破坏流域水生态环境的事件进行整治。

6.1.2.2 区域水污染防治

2021年，流域各省(自治区、直辖市)高度重视水污染防治工作，扎实推进碧水保卫战。流域各省(自治区、直辖市)以改善水生态环境质量为核心，突出精准治污、科学治污、依法治污，坚持污染减排和生态扩容两手发力，深入打好污染防治攻坚战，不断提升治理体系和治理能力现代化水平。

长江上游云南省围绕碧水保卫战，协调推进"九大高原湖泊保护治理、以长江为重点的六大水系保护修复、饮用水水源地保护、城市黑臭水体治理、农业农村污染治理"等涉水标志性战役。持续开展考核断面水质按月通报预警，对水环境质量达标滞后地区采取约谈、会商、督办等方式进一步压实地方主体责任；全力推进湖泊保护与治理规划及不达标水体达标方案的实施；组织开展"千吨万人"以上农村饮用水调查评估和保护，围绕"划、立、治"对千吨万人以上饮用水水源地开展排查整治工作；继续强化工业污染防治、城镇污染治理、农业农村污染防治、船舶港口污染控制、水资源节约保护等重点工作任务。

长江上游重庆市紧盯城镇生活污水治理领域，发布重庆市第1号、第2号、第3号、第4号总河长令，开展"三排""三乱""三率"问题排查整治，推动"厂网一体、按效付费"改革，开展城镇生活污水治理工作。以重点流域水环境治理为示范，开展"地块管网—市政管网—污水处理设施—排口"全链条系统化排查改造，实施梁滩河沙坪坝区段、巴南区花溪河、梁平区龙溪河等"厂网一体化"流域治理。目前，重庆城市生活污水处理能力达490万t/d，城市建成区排水管网平均密度达13.9km/km^2，人均城市生活污水处理能力达到298 L/(人·d)。

长江中游江西省把水生态环境保护摆在生态文明建设的重要位置，把解决突出水生态环境问题作为民生优先领域。深入开展工业园区大排查、开发区污水收集处理提升、城镇生活污水提质增效等行动。截至2021年，107个开发区建成集中式污水处理设施147座并全部与生态环境部门联网，较2012年增加120余座。全省城镇生活污水处理厂全部完成一级A提标改造。新增建设农村生活污水处理设施6285座，总设计处理能力43.3万t/d，累计完成4149个行政村农村环境综合整治。有序推动饮用水水源保护区依法划定，全力推进水源地相关问题整改。截至2021年，全省划定集中式饮用水水源地1092个，较2012年增加

960个,累计完成水源地相关问题整改1449个;全省县级及地级城市集中式饮用水水源水质达标率均保持100%。

长江下游江苏省扎实推进"美丽江苏"建设,以系统性、综合性、流域性的治理思路,统筹推进"水环境、水资源、水生态"三水共治,加快形成绿色发展方式,加大环境污染综合治理,系统推进生态修复和建设。探索实施高标准生态农田建设试点,对农田灌排系统进行生态化改造,推进农田退水净化利用。研究制定农田退水口排放管控要求;开展秸秆禁抛行动;推进水产养殖整治,规范设置养殖尾水排放口,落实池塘养殖尾水排放标准。实施养殖池塘生态化改造,促进池塘养殖尾水达标排放或循环利用。

6.1.3 水环境监测

(1)流域水环境监测概况

"十四五"国家地表水环境质量监测网在长江流域设置1050个河流断面(包括巢湖21个,滇池12个)、118个湖库断面(涉及26个湖泊、24个水库)。按照"十四五"期间精准监测的新要求,国家地表水环境质量监测网实施了"9+X"的监测方式。"9"为基本指标:水温、pH值、溶解氧、电导率、浊度、高锰酸盐指数、氨氮、总磷和总氮,湖库增加叶绿素a和透明度。"X"为特征指标:除《地表水环境质量标准》(GB 3838—2002)中要求的9项基本指标外,上一年及当年出现过的超过Ⅲ类标准限值的指标;若断面考核目标为Ⅰ类或Ⅱ类,则为超过Ⅰ类或Ⅱ类标准限值的指标;特征指标结合水污染防治工作需求动态调整。

(2)专项监测

当前,持久性有机污染物、环境内分泌干扰物、抗生素等新污染物正逐步受到广泛关注。国家对新污染物治理工作的要求逐步深入,2021年,长江局监测科研中心与国家环境分析测试中心合作,开展了长江流域新污染物武汉江段试点监测工作。本次监测共布设20余个水和沉积物点位,覆盖长江干流武汉江段部分国控断面、饮用水水源地和污水处理厂入河排污口。监测指标包括抗生素、全氟化合物、六溴环十二烷类、多溴联苯醚类、短链氯化石蜡类、挥发性有机物、酚类、德克隆类、有机氯农药、多氯联苯、有机磷阻燃剂、塑化剂等。通过本次调查,初步掌握了长江干流武汉江段新污染物分布情况,为"十四五"国家新污染物调查监测奠定基础。

6.1.4 水环境治理与修复

6.1.4.1 汉江流域水华防治

2021年1月18日,湖北省汉江仙桃段江面出现水体颜色异常,疑似发生"水华",发生区域为汉江干流沙洋段至汉江入长江口段(汉江中下游干流皇庄—沙洋—兴隆水库坝上—泽口—仙桃大桥—武汉宗关水厂河段),其中汉江干流沙洋段达到中度"水华"标准,威胁沙洋城区近40万人供水保障。

为遏制"水华"发展,长江委会同湖北省水利厅联合调度丹江口水库、兴隆枢纽、引江济汉工程以及汉江中下游航电梯级应急水量调度,其中湖北省水利厅应急调度兴隆水利枢纽采取"冲蓄结合"改善库区水力条件、改变藻类生长环境,1月22日调度引江济汉工程按200m^3/s向汉江补水,长江委1月24日调度丹江口水库下泄流量由日均620m^3/s升至800m^3/s。同时湖北省相关部门采取沿江控污限排、启动自来水厂应急预案、跟踪持续监测、应急水量调度等措施,多管齐下治"水华",有效抑制了汉江中下游"水华"发展,保障了武汉、仙桃等城市近40万人的供水安全。

1月29日监测结果显示,皇庄—沙洋—兴隆水库坝上—泽口—仙桃大桥—武汉宗关水厂断面均达到"无明显水华"标准。1月30日上午,丹江口水库向汉江中下游供水流量从日均800m^3/s下调为620m^3/s;1月30日下午,引江济汉工程关闭进口泵站机组;1月31日,兴隆水利枢纽停止了"冲蓄结合"的应急调度方式,改为正常调度。

6.1.4.2 河湖健康评估

在前期完成丹江口水库、汉江中下游、赤水河、洞庭湖、鄱阳湖、岷沱江等水域健康评估工作的基础上,2021年长江委选择长江口开展河湖健康评估。长江口集"黄金海岸"和"黄金水道"的区位优势于一体,对长江流域乃至全国经济社会发展起着十分重要的作用。

评估范围为长江河口水域范围,上起徐六泾,下至河口原50号灯标,全长约181.8km。针对河口这种复杂的水域提出相应的评估方法,分别从水文水质、物理结构、水生生物及社会服务功能现状及存在的主要问题,分析长江口健康状况的时空变化趋势,辨识长江口水资源受损成因,为长江口水资源保护和水资源监督管理提供技术支撑。评估结果表明,长江口健康赋分为73分,属于健康状态。物理结构和水生生物健康状况相对较差,主要环境影响因素为长江河口岸带人工干扰程度较高、底栖动物生存环境状况较差。社会服务功能中防洪状态相对较差,区域防洪能力有待提升。

此次长江口河湖健康评估的完成标志着长江流域河湖健康试点工作的圆满完成,实现了湖泊、水库、河流、感潮河口等不同水域类型的健康评估试点,为长江大保护河湖长制管理以及河湖健康评估政策推行提供了决策依据。

6.1.4.3 典型区域水环境治理

(1)丹江口水库入库污染负荷核算

为精确掌握丹江口水库的入库污染负荷,长江委开展了"丹江口水库入库污染负荷核算"工作,通过水质水量同水期监测、野外原位观测、室内模拟试验和数值模拟计算分析,从入库支流、非点源、消落带、内源等方面全面核算丹江口水库入库污染负荷,识别不同类型入库污染来源的贡献。

(2)洪湖底泥现状评价及水质提升途径研究

洪湖地处四湖流域最下游,是江汉平原重要的调蓄湖泊和生态屏障,是国家级自然保护区和国际重要湿地。受湖北省委托,2021年,长江委组织开展了"洪湖底泥现状评价及水质提升途径建议"研究工作,对清淤对洪湖自然保护区保护对象的影响、清淤后湖区水生植被恢复及种子库调查、底泥清淤区域和方式、清淤底泥资源化利用等进行重点研究,对洪湖的水环境现状及近些年的变化趋势进行了系统分析和评价。

(3)长三角地区减污降碳监管技术与政策研究

为实现减污降碳协同增效、深入打好污染防治攻坚战要求,生态环境部南京环境科学研究所组织开展长三角地区减污降碳监管技术与政策研究工作,针对长三角地区城市开展碳源碳汇核算,分析不同城市碳源碳汇的主要影响因素,总结分析碳排放达峰的影响因素,根据各城市类型和功能定位,分析确定不同情景下城市碳排放达峰时间和峰值大小,从能源结构转型、建立清洁低碳能源体系、加强非化石能源发展、发挥市场配置资源等方面提出加快实现碳排放达峰的路径选择。

6.2 水土保持

6.2.1 水土流失状况

根据水利部 2021 年全国水土流失动态监测成果,长江流域水土流失面积为 33.26 万 km^2,占全国水土流失面积的 12.44%,占流域土地总面积的 18.57%。其中,水力侵蚀面积 31.75 万 km^2,风力侵蚀面积 1.51 万 km^2。与 2020 年相比,长江流域水土流失面积减少 0.43 万 km^2,减幅为 1.29%。

长江流域水力侵蚀主要分布在金沙江下游、岷沱江中下游、嘉陵江中下游、乌江赤水河上中游以及三峡库区等区域,风力侵蚀主要分布在金沙江上游。重庆、贵州、云南、四川、陕西、甘肃、广西等 7 省(自治区、直辖市)水土流失面积占土地总面积的比例超过 20%。

6.2.2 水土流失综合治理

2021 年,长江流域新增水土流失综合治理面积 2.11 万 km^2,其中国家水土保持重点工程新增水土流失综合治理面积 0.40 万 km^2,省级水土保持项目新增水土流失综合治理面积 0.06 万 km^2,其他行业新增水土流失综合治理面积 1.65 万 km^2。

(1)国家水土保持重点工程

2021 年,长江流域国家水土保持重点工程在青海、西藏、云南、贵州、四川、重庆、甘肃、陕西、河南、湖北、湖南、江西、安徽、江苏、浙江和广西等16省(自治区、直辖市)的252个县(市、区)实施,共完成水土流失治理面积401967 hm²。其中,坡改梯2790 hm²,营造水土保持林8574 hm²,栽植经果林16800 hm²,种草1114 hm²,封禁治理282584 hm²,其他措施90105 hm²,配套小型水利水保工程4062处。工程总投资17.28亿元,其中中央投资13.54亿元,地方配套3.74亿元。

(2)省级水土保持项目

2021年,长江流域省级水土保持项目共完成水土流失综合治理面积59117 hm²。其中,坡改梯36 hm²,营造水土保持林5032 hm²,栽植经果林4042 hm²,种草5545 hm²,封禁治理35690 hm²,其他措施8772 hm²,配套小型水利水保工程320处。完成工程总投资6.36亿元。

(3)其他行业水土流失治理

2021年,长江流域各地将水土保持工作纳入国民经济和社会发展规划,统筹发改、财政、水利、自然资源、农业、林业等相关项目资金,协同推进水土流失综合治理,全年共完成水土流失治理面积164.91万hm²。其中,坡改梯13.30万hm²,营造水土保持林25.63万hm²,栽植经果林27.36万hm²,种草14.92万hm²,封禁治理52.81万hm²,其他措施30.89万hm²,配套小型水利水保工程1.21万处。

6.2.2 水土保持监督管理及监测

(1)制度建设

自2011年修订的《中华人民共和国水土保持法》颁布施行以来,长江流域19省(自治区、直辖市)均出台了省级水土保持条例或实施办法(其中上海市以规范性文件出台),四川省凉山州、湖北省武汉市和恩施州、江西省南昌市和赣州市、江苏省南京市出台了地市级水土保持法规或规章。2021年,长江流域各省水行政主管部门进一步深化"放管服"改革,出台了深化简政放权、加强事中事后监管、优化政务服务等一系列制度和办法。

(2)生产建设项目监督管理

2021年,长江流域各级水行政主管部门共审批生产建设项目水土保持方案4.10万个。省、市、县各级水行政主管部门开展生产建设项目水土保持监督检查5.33万个(次),查处水土流失违法案件0.22万个,征收水土保持补偿费37.60亿元。水利部共审批涉及长江流域生产建设项目水土保持方案22个,涉及水利、铁路、输变电、机场、公路、管道工程等行业。长江委组织对35个部批生产建设项目开展水土保持现场检查和监管监测,对63个部批生产建设项目开展水土保持书面检查,对6个部批生产建设项目开展水土保持设施自主验收核查,集中督办28个部批完工生产建设项目水土保持设施自主验收。长江流域各级水行政主管部门开展了生产建设项目水土保持遥感监管工作,对违法违规项目开展了执法处理和跟踪督办。

(3)监督管理履职督查

2021年,长江委开展了西藏、四川、重庆、湖北、湖南、江西6省(自治区、直辖市)生产建设项目水土保持监督管理履职督查工作,抽取了6个省批项目、6个市批项目、6个县批项目开展了现场检查,对水土保持方案审批情况、水土保持方案实施情况、水土保持监督管理情况进行了检查;抽取了12个县级行政区,对遥感监管违法违规项目的认定、查处和整改销号情况进行了抽查,抽查项目108个;对2020年督查发现的14个问题整改落实情况进行了"回头看"。

(4)国家水土保持重点工程督查

2021年,长江委组织开展了四川、西藏、重庆、湖北、湖南、江西6省(自治区、直辖市)国家水土保持重点工程完成情况督查,抽查了20个县(市、区)的小流域水土流失综合治理工程和坡耕地水土流失综合治理工程。督查组采取"四不两直"方式,利用无人机航拍和重点工程项目管理信息系统进行治理措施现场核查,查阅工程建设管理档案资料,针对发现的问题提出了整改意见和要求,跟踪督促整改。

(5)水土流失动态监测

2021年,长江委组织开展了长江流域13个国家级水土流失重点防治区354个县(市、区)110万 km^2 水土流失动态监测,抽查和复核青海等7省(自治区)年度省级水土流失动态监测成果。推进长江委委属陆水、丹江口、巴东3个国家级水土保持综合监测站点前期建设。

6.3 典型案例

2021年,三峡集团、中国节能、长江设计集团等联盟单位积极探索长江经济带水环境治理技术创新和模式创新,扎实推进长江环境保卫战,形成了一系列可复制、可持续的长江环境系统治理保护典型模式与案例,为流域(区域)水生态文明建设和绿色发展贡献力量。下面介绍4个典型案例的水环境治理内容和成效。

6.3.1 三峡集团城市水管家实践[①]

三峡集团积极探索城市水管家模式,作为第三方承担城市涉水系统治理目标和管理责任,统筹供水、排水、管网、污泥处理处置、河湖等涉水设施,推动城市水环境管理系统化、信息化、智慧化,助力实现城市水环境的长期稳定达标和持续改善。

---

① 案例由三峡集团提供。

6.3.1.1 背景情况

2021年,三峡集团深入岳阳、宜昌、九江、赣州、芜湖、六安等多个沿江地(市)调研,深入了解地方水环境现状和治理保护现状,提出了城市水管家实施的必要性和紧迫性。

(1)管网补短板需求迫切

管网年久失修,长江经济带11省(直辖市)2004年、2009年以前建成的城市排水管长度分别为9.1万km、14.5万km。管网密度不足,长江11省(直辖市)城市管网平均密度12km/km^2,与美国、日本20km/km^{2}差距巨大。现状管网缺陷大,城市管网错混接、结构性和功能性缺陷严重。

(2)城市水环境运管碎片化

厂、网、河湖子系统独立建设、运维,缺少统一规划和联动管理。城市水系统管理主体多元、条块分割,尚未形成统一调度机制。部分沿江城市存在各部门多头交叉管理情况,缺乏统筹主体。

(3)管网投入资金压力大

管网补短板资金需求大,2019年我国城镇环境基础设施建设投资占GDP比重不足1%,远低于发达国家20世纪70年代2%的平均水平。回报机制尚未建立,生态环境治理主要依靠财政投入,管网投资规模大、经营属性缺乏、融资面临困境。

(4)绿色低碳发展路线仍待探索

尚未形成"绿水青山"向"金山银山"的有效转换机制,生态产品价值实现路径尚未打通。能源资源再生利用效率和工业绿色升级空间巨大,"十四五"末我国单位GDP能源消耗和二氧化碳排放要求分别降低13.5%、18%,低碳发展迫在眉睫。

6.3.1.2 主要内容

截至2021年底,安徽六安、湖南岳阳、湖北宜昌、江西九江等21个城市已与三峡集团达成城市水管家合作意向。2021年7月8日,三峡集团与岳阳市人民政府签署《城市智慧水管家合作框架协议》。本节对岳阳市城市水管家内容进行重点介绍。

(1)实施涉水系统治理

原水方面,岳阳水管家公司收购岳阳市铁山供水工程事务中心取水口至水厂输水管线的原水设施,实施输水明渠改造和外引水源工程。供水方面,三峡集团增资岳阳水管家公司逐步取得全市水务资产,通过控制产销率、优化人员、管理和维修费用等方式挖潜。排水方面,岳阳水管家公司承担存量1130km管网、泵站及箱涵运维和存量排水管网的修复责任。

城市内涝方面,岳阳水管家公司有序收购岳阳市长江洞庭湖水利事务中心电排机埠、闸站等资产。

(2)加强供排水管网建设

三峡集团岳阳水管家公司聚焦岳阳管网核心问题,统一运营岳阳市 87km 原水输水管网、1150km 供水主管网、1130km 排水管网和相关箱涵、泵站和闸站设施。岳阳水管公司持续推进岳阳二期管网建设,新增投入不少于 10 亿元对存量 1130km 排水管网、泵站等进行有序修复,改造一水厂、二水厂输水管线和老旧供水管网,实施铁山水库原水输水明渠改造。

(3)创新管网价格机制

三峡集团开展供排水价格机制创新,试点引入基于监管资产的准许收入模式,建立监管资产与水价挂钩的定价调整机制,以 3 年为一个监管周期进行调整。由岳阳市人民政府审批监管资产范围,初期计划将部分管网新建和修复投资、1130km 存量雨污管网运维等纳入监管资产,由岳阳市人民政府核定准许收入。前 3 年为过渡期,三峡集团通过挖潜和多渠道筹集资金、争取中央试点奖励资金、岳阳市人民政府保持原财政预算投入不变等方式解决过渡期缺口。第 4 年起逐步启动价格调整,价格调整幅度与岳阳市财政投入联动,整体保持综合水价占居民可支配收入的比重不高于 5.5‰(图 6.3-1)。

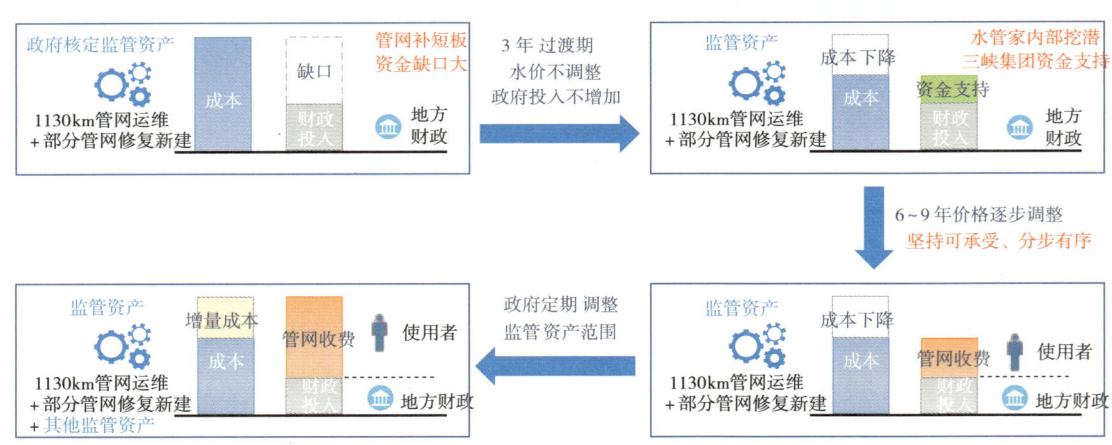

图 6.3-1　管网价格机制创新实践

(4)推动绿色低碳发展

三峡集团积极推进实施岳阳市市委大楼屋顶光伏改造和湖南理工学院智慧综合能源改造,逐步在岳阳市污水处理厂、供水厂、楼堂馆所、标准厂房等建筑实施屋顶光伏改造,建成岳阳市经开区零碳示范园区和岳阳市新港区绿色交通示范园区,打造冷热电联供循环经济产业园。通过全域智慧综合能源实施,显著降低岳阳市单位 GDP 能耗,增强岳阳市绿色发展新动力。

6.3.1.3 实施效果

三峡集团以管网为核心的智慧水管家模式有助于解决岳阳市水污染治理问题,帮助岳阳市达到"生态优先"的要求。同步打造以绿色低碳为主题的智慧综合能源管家将推动岳阳市绿色低碳发展,形成社会经济健康可持续良性发展的"两翼",助力岳阳"三区一中心"建设,助力岳阳实现"生态优先、绿色发展"。

6.3.2 江西工业园区污水处理项目[①]

中国节能践行长江大保护污染治理主体平台企业责任,依托污染治理全产业链优势,探索长江经济带污染治理技术创新和商业模式创新,加快推进长江环境治理不断取得新成效。截至 2021 年底,中国节能在长江流域实施各类节能环保及绿色发展项目 500 余个,涉及金额 1300 亿元,涵盖绿色建筑、清洁能源、水治理、固废处理、大气治理、生态修复、规划咨询等多个领域,形成了可复制、可持续的中国节能长江生态环境系统性保护修复典型模式与案例。

6.3.2.1 背景情况

随着工业化、城镇化快速发展,工业污水成为江西省环境污染物的主要来源之一,大量废水排入鄱阳湖流域,对长江生态环境造成巨大压力。但江西省大部分工业园区尚属于规划开发初期阶段,园区产业密度较低、特点各异,尚未形成规模,致使污水排放量不稳定、水质差异大,新建污水处理厂成本高、效率低,缺乏稳定的回报机制。

江西省(图 6.3-2)在全国率先提出央地合作新模式,把省内工业园区污水处理项目一次性打包,统一交由中国节能进行投资、建设、运营,发挥央企资源和技术优势,高质量、标准化开展污水处理,并由政府提供污水处理费兜底。这种方式实现了全省污水处理厂的统一投资、建设、运营和市场运作,有效避免了同质化竞争,显著提高了产业集中度和服务集约化。

图 6.3-2 中国节能江西工业园区污水处理项目

---

① 案例由中国节能提供。

6.3.2.2 主要内容

采取"建—管—优"三步走的方式,第一步通过新建污水处理厂,实现污水处理设施全覆盖,解决工业污水散排问题;第二步通过地方政府健全管理和收费机制,结合企业的专业化运营管理,实现污水稳定达标排放;第三步通过掌握园区企业污水排放情况,发挥专业企业优势,为工业园区提供智慧照明、清洁供能、固废处理等综合服务,成为政府的"环保管家",实现工业园区的优质化运营。

6.3.2.3 实施效果

江西省 9 个地级市的 36 个工业园区污水处理厂采用该模式完成投资建设,其中 28 个通水运行,处理规模 30.5 万 t/d,累计处理工业污水 1.77 亿 t,实现化学需氧量削减量 3.25 万 t。

6.3.3 武汉市武昌区外沙湖、水果湖、楚河水环境综合整治工程[①]

6.3.3.1 背景情况

近年来,武汉市武昌区外沙湖、楚河及水果湖汇水区处在快速城市化发展进程中,城市径流污染累积,外源污染输入未被遏制,底泥内源污染严重,河湖水生态系统退化,加剧了河湖保护压力。武汉市委、市政府于 2017 年发布了"四水共治"工作方案,明确提出优先启动沙湖治理工作,确保到 2021 年消除湖泊劣Ⅴ类水体。武昌区外沙湖、水果湖、楚河水环境综合整治工程,包括外源污染控制工程、内源污染控制工程、水生态修复工程及智慧工程四大工程。

6.3.3.2 主要内容

按照"控源截污、内源治理;水质净化、生态修复;建管结合、运维管理"的基本思路,本项目在设计中积极融入对"建设幸福河湖"的思考,以消除水体劣Ⅴ类为目标底线,以"有草有鱼、人水和谐"为目标愿景,采用了鱼类调控、水体透明度提升、沉水植物群落构建、水生动物群落构建等关键技术,重点对外沙湖及水果湖构建了 175 万 m^2 的"水下森林"(图 6.3-3),将湖泊水生植被覆盖度由治理前的 1.2% 提升至治理后的 70%,主要沉水植被选种包括净水效果好、易维护、适应于浅水湖泊的苦草、黑藻、马来眼子菜、轮叶眼子菜;沿岸种植拦污能力强、景观效果佳的美人蕉、梭鱼草、芦苇、芦竹、风车草、水葱等挺水植物,构建 22 万 m^2 的湖

---

① 案例由长江设计集团提供。

泊湿地,控制排口溢流污染入湖,保障大湖区水质达标。

图 6.3-3 "水下森林"

6.3.3.3 实施效果

工程于 2021 年 4 月底已竣工验收,2021 年 4 月至 2022 年 2 月外沙湖水质稳定在地表水 Ⅳ～Ⅴ类,水果湖水质稳定在 Ⅲ～Ⅴ类,外沙湖及水果湖已消除劣 Ⅴ 类水体,成功实现了工程建设期目标。外沙湖已成为武汉市内环"网红打卡新地标",成为市民观光踏青的首选地,其治理效果收获了包括新华社、湖北电视台、武汉电视台、《长江日报》、中国环境官方微博、武汉生态环境、武汉民间最大环保组织"绿色江城"在内多家媒体的齐声点赞和一致好评。

6.3.4 荆州市城区水环境综合治理[①]

6.3.4.1 背景情况

多年来,随着城市开发和人类活动影响,荆州市城区河流湖渊均存在不同程度的污染、萎缩、封闭和消失,沿河污水直排、溢流现象频发,城区水环境恶化、水生态退化等问题日益突出。为了系统治理城区水环境,推动水环境质量持续改善和水质如期达标,开展荆州市城区水环境综合治理(图 6.3-4)。

---

① 案例由长江设计集团提供。

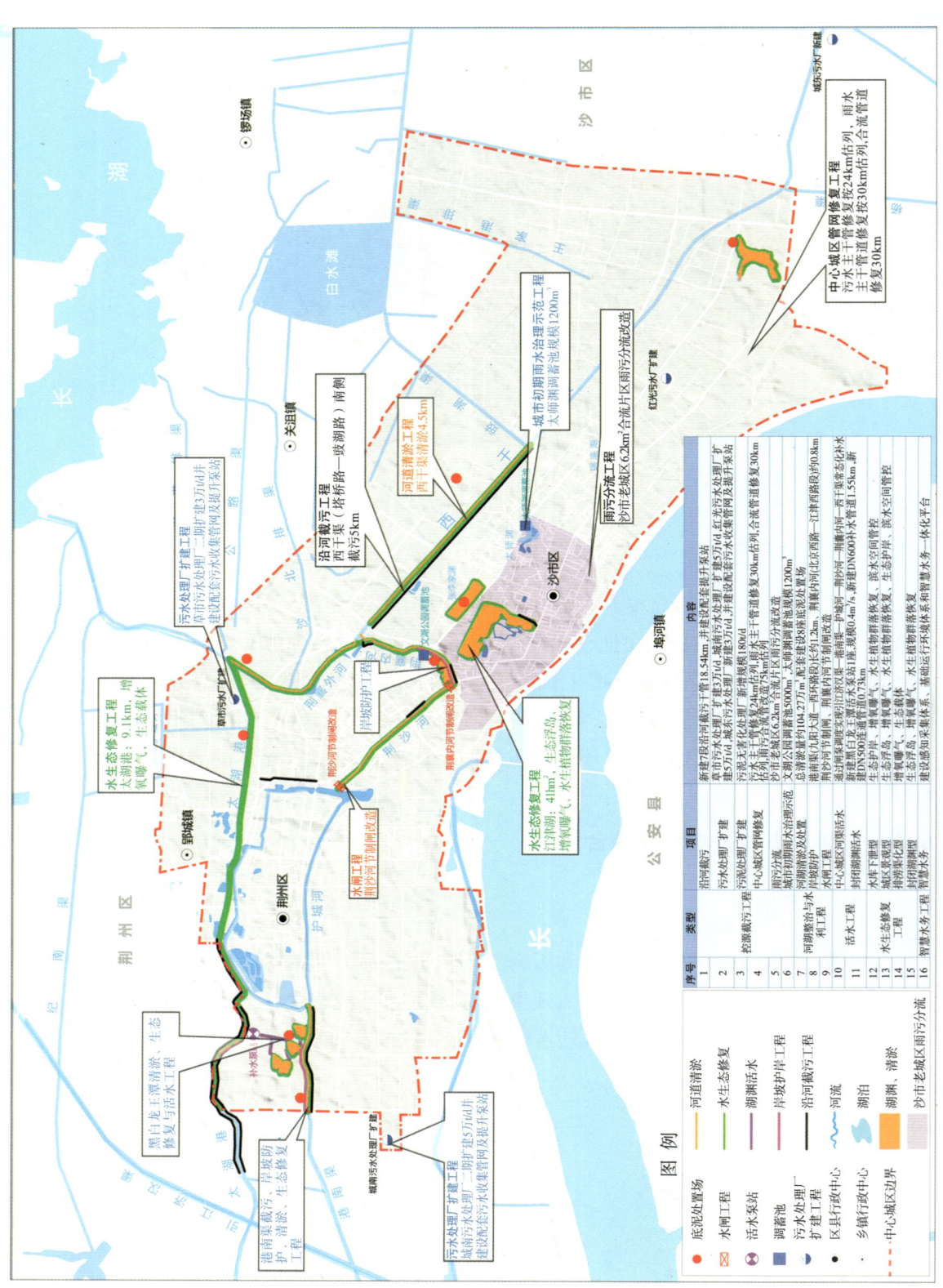

图6.3-4 荆州市城区水环境综合治理布局

6.3.4.2 主要内容

围绕"改善水环境、保障水安全、优化水资源、修复水生态及提升水务管理",该项目统筹实施了控源截污、河湖整治、活水保质、生态修复及智慧水务建设。①控源截污:在扩建城区3座生活污水处理厂的同时对城区102.5km² 范围内主次干道排水管网进行雨污分流、管道错漏接点校正、破损点修复,实现雨污分流、清污分流的源头控制;②河湖整治:以河湖清淤、水闸改造和岸坡防护为主,辅以滨水生态修复,逐步提升河湖排涝能力;③活水保质:以河网水系连通调度为主,辅以封闭湖渊活水循环,提高水环境容量;④生态修复:通过修复生物栖息地,完善水生动植物群落结构及食物链,增强水生态净化和修复功能;⑤智慧水务:通过建设水环境感知采集体系、基础运行环境体系和智慧水务一体化平台,实现具备感知全面化、透彻化,业务协同化、智慧化,以及项目实施管理可视化的智慧管理能力。

6.3.4.3 实施效果

荆州市城区已彻底消除劣质水体,河湖水质均达到或优于地表水Ⅴ类标准,城市水生态环境质量总体明显提升,逐步实现了"河畅、水清、岸绿、景美"生态河网新景象(图6.3-5)。

图 6.3-5　荆州市城区护城河治理效果

第 7 章　长江流域水生态保护与修复

2021 年，深入贯彻落实习近平生态文明思想，树立和践行"绿水青山就是金山银山"理念，以提升水生态系统质量和稳定性为核心，维护河湖健康，长江流域水生态保护与修复精准发力，积极推进水生态监测与评估、水生生境保护与修复、水生生物资源保护等相关工作，在长江重点生态区规划实施了一批生态保护和修复重大工程，助力长江流域河湖生态环境复苏。

7.1　法律法规及制度建设

为维护湿地生态功能及生物多样性、保障湿地生态安全，2021 年 12 月 24 日第十三届全国人民代表大会常务委员会第三十二次会议通过了《中华人民共和国湿地保护法》，对湿地资源管理、湿地保护与利用、湿地修复等方面作出了明确规定，填补了我国生态系统保护立法空白。

2021 年 11 月 16 日，国家发改委印发了《关于加强长江经济带重要湖泊保护和治理的指导意见》，针对长江经济带重要湖泊普遍面临生态功能受损、水源涵养能力不足、水环境恶化、生物多样性萎缩、蓄洪能力下降等突出问题，提出了优化空间布局、推进生态保护、实施污染治理、保障饮用水水源地安全、推动绿色发展等措施。

2021 年 11 月 19 日，为加强对"三线一单"生态环境分区管控制度实施和落地应用的指导，生态环境部印发了《关于实施"三线一单"生态环境分区管控的指导意见（试行）》，提出加强生态环境分区管控方案和生态环境准入清单在长江大保护中实施情况评估。

2021 年 12 月 21 日，为加强长江流域水生生物保护和管理、维护生物多样性，农业农村部出台了《长江水生生物保护管理规定》。该规定确立了新的长江水生生物保护管理的主要目标，明确了长江水生生物及其栖息地保护管理的基本原则；对建立监测网络和评价体系，开展水生生物资源及栖息地生态状况调查监测作出了明确规定；提出要强化保护管理措施，如开展栖息地保护、落实生态修复措施、加强航行管理、开展环境影响评价、落实生态补偿措施，以及建立应急救护体系、规范增殖放流和加强外来物种防范等；强调落实长江十年禁渔管理制度，加强保护物种利用和专项（特许）捕捞管理。

7.2 水生态监测与评估

7.2.1 水生态监测站网建设

（1）水生态监测基地

鄱阳湖水文生态监测基地位于江西五大河流控制站以下至湖口水文站以上，主要包括野外监测系统（水文监测系统、水质监测系统、水生态监测系统）、实验研究系统、应用研究系统、支撑保障系统等4个方面。2021年7月，长江委设计的"鄱阳湖水文生态监测研究基地二期建设工程—水生态监测数字平台"通过验收，该平台主要包括水生生物样本库、水文生态标本库、藻类种质库、水文水生态监测分析实验室、水生态监测数字平台，简称"三库一室一平台"，其中水生态监测数字平台主要包括水生态数据处理分析和水生态数据库存储、鄱阳湖沉浸式多媒体和影音系统演示宣传片、沉浸式演示室等内容，主要功能是实现鄱阳湖水生态调查研究数据和资料的数字化、规范化和信息化，为水行政管理部门提供决策依据。

（2）水生态监测培训

为促进河湖生态保护技术推广交流、推进国际水利合作走深走实，2021年9月14日，中国科协"一带一路"河湖生态保护技术联合培训中心、中国科学院中—非联合研究中心、英国南安普顿大学国际水文学研究中心联合举办了"河湖生态系统健康评价理论与技术"线上培训班，来自肯尼亚、坦桑尼亚、埃塞俄比亚、尼日利亚、马达加斯加、卢旺达、几内亚、苏丹、柬埔寨、巴基斯坦、巴西、英国、澳大利亚等国家的130余名学员在线参加培训。

为快速提升流域水生态监测整体水平，更好服务于长江大保护，长江委于2021年5月、9月分别在贵州省、江西省开展了长江流域水生态监测技术培训和水生态监测技能竞赛培训，主要采取"理论专题讲座＋现场实践操作＋经验研讨交流"模式。9月27日，长江委举办了2021年水利援藏水生态监测培训，培训内容主要包括水生态监测与评价、水工程生态影响、生态补偿与河湖连通的理论知识和实践技术等。

7.2.2 湖库富营养化监测与评估

（1）丹江口库区富营养化监测

2021年，长江委开展了丹江口库区富营养化监测，结合流域区域气候、水文、生物、水质参数等历史资料，共设置13个监测断面，于2021年春季（4月）、夏季（7月）和秋季（11月初）进行浮游动植物定性、定量，以及13项水质监测指标的监测。

监测与评估结果显示，2021年丹江口库区在总氮不参评的情况下，所有断面水质评价结果良好均处于Ⅰ～Ⅲ类。丹江口库区富营养化状态整体上处于中营养状态，部分库湾断面在夏季处于轻度富营养化状态。春季丹江口库区 13 个监测断面中营养占比 92%,轻度富营养化样点占比 8%;夏季丹江口库区 13 个监测断面中营养、轻度富营养化、中度富营养化占比分别为 86%、7%、7%;秋季丹江口库区 13 个监测断面中营养、轻度富营养化、中度富营养化占比分别为 46%、46%、8%。从春季到秋季汉库和丹库平均营养状态指数均呈上升的趋势。春季库区平均营养状态指数 EI 值最低,为 36.00;夏季库区平均营养状态指数 EI 值次之,为 42.41;秋季库区平均营养状态指数 EI 值较高,为 48.03。汉库秋季平均营养状态指数 EI 值略低于丹库,但春季和夏季平均营养状态指数 EI 值明显高于丹库(图 7.2-1)。

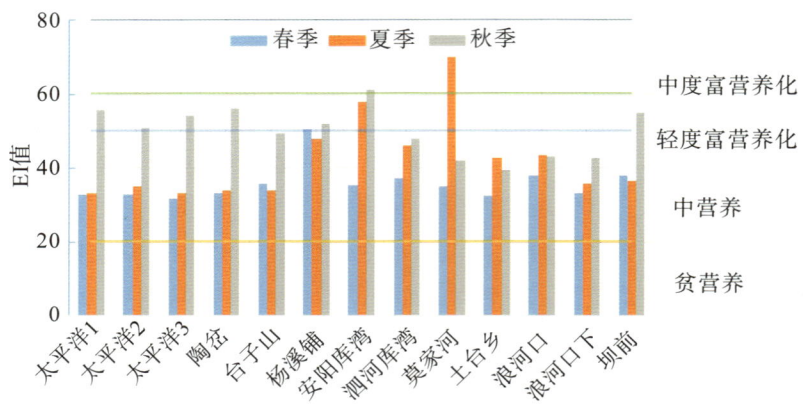

图 7.2-1　丹江口库区不同季节各监测断面 EI 营养状态指数

(2)武汉市东湖蓝藻水华监测

2021 年,东湖多处水域发生蓝藻水华。长江流域气象中心运用无人机对蓝藻水华发生情况进行了实地监测调查(图 7.2-2、图 7.2-3),并结合武汉市生态环境监控中心和武汉市气象局提供的东湖水质和气象实时监测资料,分析了影响水华发生发展的营养条件和气象因素。

在东湖设置的 18 个水质监测点位的监测结果显示:2021 年 1 月以来,东湖水体总磷等营养盐含量逐渐升高,富营养化程度逐渐加重。截至 8 月底,东湖水质整体由Ⅲ类降为Ⅳ类。其中 8 月郭郑湖自动监测数据显示,郭郑湖附近水域水质已降为Ⅴ类,富营养化程度达到了轻度富营养化级别。

东湖郭郑湖东的藻类监测数据显示:5 月中下旬蓝藻平均密度为 0.7 万个 cells/mL,接近水华暴发临界值;6 月下旬至 7 月 15 日蓝藻平均密度较 5 月中下旬增加近 60%,同时东湖水体氮磷比和溶解氧持续下降、酸度持续减弱,7 月 15 日东湖局部水域出现蓝藻水华;7 月下旬至 8 月蓝藻平均密度高达 3.09 万个 cells/mL,且有 10 天超 2 万个 cells/mL,东湖出现较大面积水华。

东湖基本属于静水环境,水体自净能力弱,水质恶化,富营养化程度加剧,为水华暴发提供了充足的营养条件。此外,东湖 2—3 月气温异常偏高,较历史同期显著偏高 3.2℃;6 月至 7 月中旬梅雨强度弱,降水偏少近 5 成;7 月下旬至 8 月受晴雨交替、气温变幅大、微风日多等气象条件的影响,对东湖蓝藻水华的发展起到了关键的促进作用。

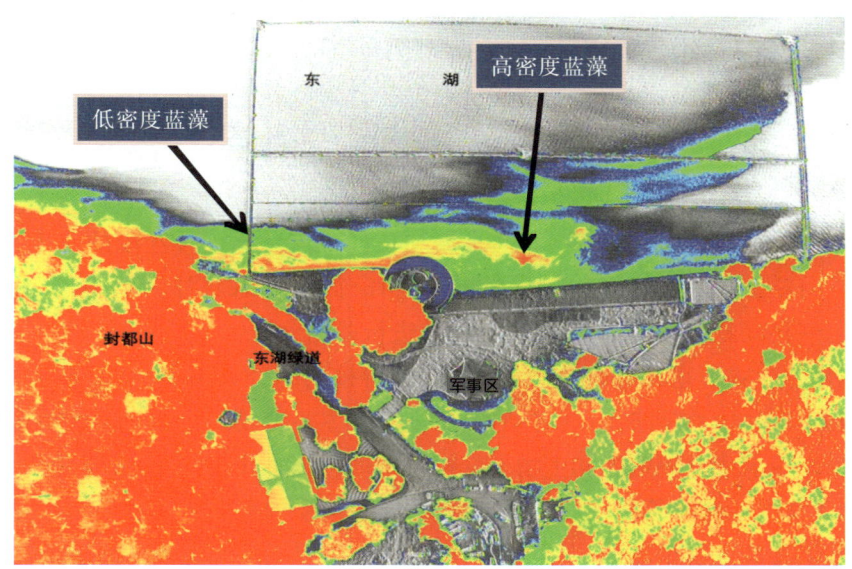

图 7.2-2　8 月 23 日无人机监测的东湖绿道封都山段沿岸植被指数

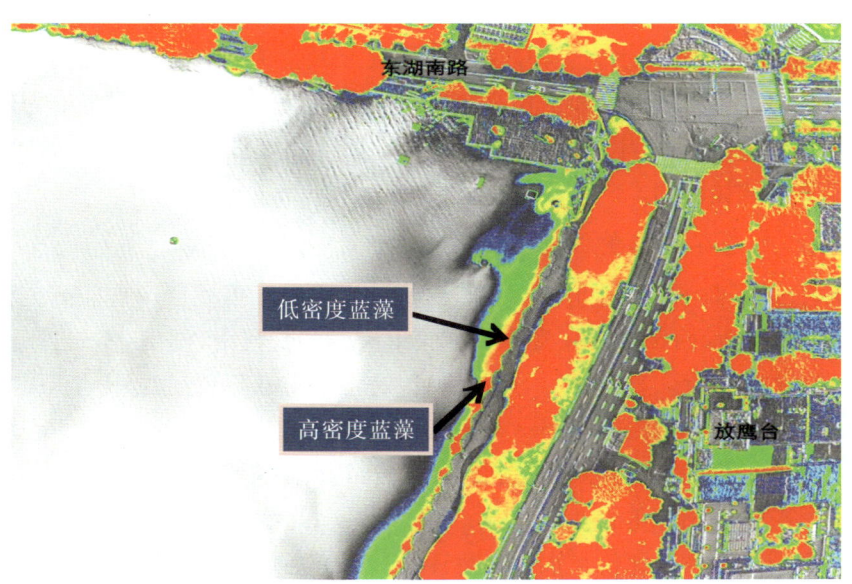

图 7.2-3　8 月 22 日无人机监测的东湖南路放鹰台段沿岸植被指数

7.2.3　水生生物监测与评估

(1)长江鱼类 eDNA 试点监测

2021 年,长江局监测科研中心在长江干流共布设 15 个断面,开展鱼类环境 eDNA 试点监测工作。监测调查共发现鱼类6目14科37属41种,城陵矶断面发现的鱼类种类最多,启东港断面发现的鱼类种类最少。长江干流主要优势物种为草鱼、鲤、银鲴、鲫和黄鳝;珍稀特有鱼类包括薄颌光唇鱼、中华纹胸鮡、多纹颌须鮈、长吻鮠、紫薄鳅、犁头鳅、多鳞白甲鱼、岩原鲤和灰色裂腹鱼等。使用环境eDNA技术监测鱼类种群状态,具备非破坏性采样、操作简易高效和检测灵敏度高等优势,弥补了传统形态学监测的不足,在生物多样性评估中具有极大的应用潜能。

(2)典型水域水生生物监测

2021年,长江委开展了赤水河、三峡水库和长江干流宜昌—枝江段的水生生物监测工作。于3—4月枯水期在上述3个典型水域设置12个断面,采集浮游植物、浮游动物、沿岸带着生藻类、底栖动物和鱼类等水生生物样品,进行监测分析。

赤水河水生生物群落结构的主要特点为:浮游植物种类较多,优势类群为硅藻—绿藻型,浮游植物丰度和生物量略高;浮游动物种类较少,主要组成为轮虫—原生动物,丰度和生物量较低;沿岸带着生硅藻密度和生物量变幅较小;底栖动物以水生昆虫为主。

三峡水库水生生物群落结构的主要特点为:浮游植物种类较多,优势类群为硅藻—绿藻型,浮游植物丰度和生物量较低;浮游动物种类较少,主要组成为轮虫—原生动物,丰度和生物量不高;沿岸带着生硅藻密度和生物量变幅较大;底栖动物中水生昆虫最多,其次是甲壳动物。

长江干流宜昌—枝江段水生生物群落结构的主要特点为:浮游植物种类较多,优势类群为硅藻—绿藻型,浮游植物丰度和生物量较低;浮游动物种类偏少,主要组成为轮虫—原生动物,丰度和生物量偏低;沿岸带着生硅藻密度和生物量相差不大;底栖动物种类较少,水生昆虫最多,其次是软体动物。

(3)流域水生态环境质量调查

2021年,长江局监测科研中心开展了长江流域水生态环境质量调查监测工作。共布设265个点位,涉及青海、西藏、四川、贵州、云南、重庆、湖北、河南、湖南、安徽、江西、江苏、浙江和上海等14省(自治区、直辖市)。点位设置从三江源头(除黄河源外)至下游入海口,包括长江干流、长江中下游河流等4个一级支流,滇池及入湖支流、丹江口水库及其入库支流、巢湖及其入湖支流、洞庭湖及其入湖支流、鄱阳湖及其入湖支流、太湖及其入湖支流,以及程湖、泸沽湖、洪湖、千岛湖等重要湖库。

融合水环境评价、生境评价和水生生物评价三个方面的评价结果,进行加权求和,计算水生态环境质量综合评价指数WEQI,以评估整体水生态状况。总体而言,长江流域水生态环境质量整体呈"良好—中等"状态,长江流域河流水生态环境质量优于重点湖库,长江干流水生态优于大型支流,大型支流优于重点湖库的入湖支流。

(4)《长江流域水生态监测报告(2020)》编制

长江流域水生态监测中心组织编制形成《长江流域水生态监测报告(2020)》。该报告对

2020年长江干流(包括金沙江中下游、长江宜宾—江津段、长江宜昌—武汉段、长江武汉—安庆段和长江口)、长江典型支流(包括雅砻江、岷江、大渡河和汉江)和流域重要水库(三峡水库和丹江口水库)等10个水域,涉及148个采样点和10余个鱼类重要生境的浮游生物、底栖动物、鱼类、鱼类早期资源和水质等水生态监测数据信息进行整理和分析,并利用浮游植物多样性指数、浮游动物多样性指数、底栖动物生物完整性指数和鱼类生物完整性指数对长江流域水生态健康状况进行评价。

(5)《流域水生态监测与评价》专辑征集和出版

长江流域水生态监测中心联合《水生态学杂志》在2021年第5期出版《流域水生态监测与评价》专辑,梳理了国内外水生态监测评价的理论与发展,以水文、水质、浮游生物、底栖动物、鱼类、河岸带植物、湿地生态和河流生境为监测对象,总结了长江流域重要干流、典型支流以及鄱阳湖、洞庭湖、三峡库区等重要区域水生态监测与评价的重要成果,介绍了河流地貌单元和食物网研究在水生态监测的应用与发展。该专辑较系统地回顾了流域水生态监测与评价的发展历程,总结交流最新成果,为推进我国流域水生态监测和评价工作提供理论基础与借鉴经验。

7.2.4 三峡工程生态环境监测

三峡工程运行安全综合监测系统由9个子系统、31个监测站组成。2021年,长江委联合生态环境、农业、交通、气象、自然资源、中国科学院等其他部委科研院所开展了综合监测。在水生态环境监测方面,长江委承担了水生生物多样性监测站和三峡水库重点支流水质监测重点站,主要开展了宜宾—长江口的鱼类资源、鱼类早期资源、珍稀水生生物、重要洄游性物种、水域环境和三峡水库主要支流(小江、汉丰湖、龙河、汝溪河和御临河)的水质监测工作(图7.2-4、图7.2-5)。

图 7.2-4　鱼类资源调查

图 7.2-5　三峡水库支流水生态调查

2021 年长江上游和三峡水库鱼类资源（日均单船产量，CPUE）较 2020 年大幅增加，表明禁渔效果初步显现，但长江下游部分江段鱼类资源较 2020 年有所下降，可能与禁渔后监测网具受到限制有关。2021 年长江上游和三峡水库区段的长江上游特有鱼类相对优势度分别为 15.80% 和 0.56%，较 2020 年下降了 34.71% 和增加了 7.69%。

2021 年除小江发生水华事件和死鱼事件外，其他 4 条河流（汉丰湖、龙河、汝溪河和御临河）未发生水华事件。2021 年小江水体处于中营养至中度富营养化水平，共监测到浮游植物种类 8 门 270 种，浮游植物细胞密度在 $2.24 \times 10^6 \sim 18.65 \times 10^6$ cells/L 变化，均值为 7.0×10^6 cells/L，Shannon-Wiener 多样性指数在 $1.021 \sim 2.645$ 变化，均值为 1.987，表明小江浮游植物均匀度较好，其群落结构处于较完整和稳定的状态，除 3 月和 6 月为中度污染外，其他月份轻度污染。

7.3　水生生境保护与修复

7.3.1　重要生态功能区保护与修复

自 2021 年 1 月 1 日起，"一江两湖七河"等重点水域实施暂定为期十年的常年禁捕。截至 2021 年底，长江流域禁捕已覆盖干支流水域长度超过 14000km，通江湖泊丰水期面积达到 10000 多 km^2，长江口禁捕管理区面积 4000 多 km^2。据 2021 年 2 月 10 日农业农村部公布的数据显示，长江十年禁捕，共计退捕上岸渔船 11.1 万艘、涉及渔民 23.1 万人。

长江办及相关部门加强审查涉渔工程环境影响评价报告质量，对专题评价报告编制问题进行通报，切实提高编制报告的科学性、合理性及生态补偿措施的有效性，降低涉渔工程对长江流域水生生物影响。同时，长江办组织开展了长江流域重要水生生物栖息地涉渔工程专项执法检查行动，抽查完成 11 省（直辖市）80 余个涉渔工程的核查工作，开展问题分析，指导各地加强涉渔工程监管，监督和落实生态修复项目。

7.3.2　湖库生境保护与修复

2021 年，为加强丹江口水库管理保护，进一步摸清库区水域岸线利用现状，水利部开展了丹江口水库"守好一库碧水"专项整治行动,依托河湖长制,全面排查丹江口水库管理范围内的岸线利用项目和水域岸线管理保护突出问题,开展清理整治,切实维护南水北调工程安全、供水安全和水质安全,助推生态环境保护与高质量发展。

2021年5—7月,长江委开展了丹江口水库消落区管理与保护调研工作,调查分析丹江口水库消落区生态环境现状及存在的问题,并征求市、区、县对消落区管理与保护的需求与建议。为进一步推进丹江口水库消落区管理与保护工作,保障消落区良好生态功能发挥,长江委还组织编制了《水利部长江水利委员会丹江口水库消落区管理与保护办法》。

为加强西藏自治区的河湖保护,长江委多次派出技术人员援助阿里地区,以部分技术援助的方式与阿里地区水利局先后开展了包括自治区级湖泊在内的300余条河湖水生态环境现场调查和"一河(湖)一策"方案编制、150余条河湖岸线管理范围划定和30余条河湖岸线保护规划编制。

2021年12月4日,生态环境部印发了《河湖生态缓冲带保护修复技术指南》,规定了河流与湖滨生态缓冲带范围确定方法、生态保护修复技术措施、维护与监测评价等内容,指导各地河流与湖滨生态缓冲带保护修复相关工作。

7.3.3 河流生境保护与修复

长江委指导流域各地完成《长江流域水利普查名录》内河湖管理范围划界工作,编制并实施《长江流域重要河湖岸线保护与利用规划》。整改长江干流违法违规岸线利用项目2441个,腾退长江岸线162km,清理整治长江干流及洞庭湖、鄱阳湖非法矮围,恢复水域面积6.8万亩。在河湖管理方面,开展修订长江口综合整治规划,研究制定长江口生态修复方案和其他保护措施方案。

推进小水电治理行动,保证支流水系生态流量。加强赤水河流域等地小水电清理整改监督管理,巩固、提升清理整改工作成效,制定了《赤水河流域小水电(四川、贵州)清理整改方案》。巩固长江经济带小水电清理整改成果,开展绿色小水电示范电站监督检查,推动建立流域区域相结合的小水电生态运行监管体系。

2019年10月,水利部、财政部联合启动水系连通及农村水系综合整治试点工作。截至2021年底,基本完成湖北京山县、四川泸县、重庆黔江区等第一批水美乡村试点县建设任务,农村河湖生态环境明显改善。根据有关工作要求,水利部、财政部委托第三方组织技术专家,对各地报送的水系连通及水美乡村建设试点县实施方案开展了评审,择优确定了42个水系连通及水美乡村建设试点县名单,其中长江流域20余个。

7.4 水生生物资源保护

7.4.1 水生生物资源保护与恢复

不断加强规划引领作用。2021年8月23日,农业农村部、国家发改委、科技部、自然资源部、生态环境部、国家林草局联合印发了《"十四五"全国农业绿色发展规划》。该规划指出,要加强水生生物资源保护,严格执行重点河流禁渔期制度,在长江等重点水域持续开展水生生物增殖放流,加强种苗供应基地建设;适当增加珍稀濒危物种放流数量,推进河流鱼类洄游生物通道建设;实施中华鲟、长江江豚、长江鲟等珍稀濒危物种拯救行动,开展重点物种关键栖息地保护修复。

在南水北调中线水源地丹江口水库多次开展鱼类增殖放流活动(图7.4-1)。截至2021年11月,丹江口水库已累计放流鲢、鳙、草鱼、青鱼、中华倒刺鲃、团头鲂等鱼种170万尾,大大增强了受保护物种的自我修复能力,有利于进一步改善库区水生态环境,为确保一库清水永续北送发挥重要作用。南水北调中线水源有限责任公司作为中线水源工程建设单位,始终致力于推进库区水生态系统平衡,于2017年建成鱼类增殖放流站。该增殖放流站是国内放流规模最大、增殖放流种类最多的增殖站,其驯养繁育设施采用循环水处理系统,实行全过程遗传档案管理。

图7.4-1 丹江口鱼类增殖放流活动

积极开展长江上游鱼类人工繁育研究与增殖放流。长江委攻克叉尾鲇技术难关,全面掌握了其人工繁殖技术、苗种培育技术、标记技术和增殖放流技术,各项技术指标达到国内领先水平。已连续3年在糯扎渡鱼类增殖站开展鱼类增殖放流工作,2021年成功放流叉尾鲇5万尾,苗种来源于野生亲本繁殖的子一代,放流规格达到3~5cm,超额完成年度叉尾鲇鱼类放流任务,为澜沧江水域再添新活力。三峡集团在宜宾市长江公园举行组织开展了"放流水精灵 共护长江美"活动,从10月24日持续到11月7日,连续3个周日放归约30万尾长江上游珍稀特有鱼类到长江,放流种类包括国家一级保护动物长江鲟,二级保护动物胭脂鱼、圆口铜鱼等6种鱼类。

为深入贯彻习近平生态文明思想,落实《长江保护法》关于建立长江流域水生生物完整性指数评价体系的规定,2021年12月20日,农业农村部印发了《长江流域水生生物完整性指数评价办法(试行)》,为系统评价长江流域水生生物资源及其栖息生境状况、科学评估长江禁渔成效提供技术支撑。同时,长江办以长江十年禁渔为抓手,推广长江水生生物保护修复优秀案例,组织长江流域各省(直辖市)开展《2021年长江水生生物保护修复优秀案例》征集,择优选出了44个优秀案例和4个优秀组织单位。

7.4.2 珍稀水生生物保护

长期以来,受拦河筑坝、水域污染、挖砂采石、非法捕捞等高强度人类活动的影响,长江水域生态功能不断恶化,长江生物多样性持续下降,白鱀豚功能性灭绝,白鲟被宣布灭绝;葛洲坝下中华鲟数量不足20尾,连续5年未发现自然产卵;长江江豚数量仅为1012头;长江鲟野外种群基本绝迹;"四大家鱼"鱼苗发生量比20世纪80年代下降了90%以上。截至2021年,历史上有分布但已难以采集到的鱼类高达114种,占长江鱼类总种数的近1/3。

2021年3月2日,农业农村部审议通过了《长江生物多样性保护工程建设方案(2021—2025年)》。通过实施渔政执法能力建设、珍稀濒危物种资源保护等重点项目,遏制长江生物资源衰退和水域生态环境恶化的趋势,恢复长江生物多样性。

为增进国际社会对中国生物多样性保护的了解,2021年10月8日,国务院新闻办公室发布了《中国的生物多样性保护》白皮书,从提升生物多样性保护成效、提升生物多样性治理能力、深化全球生物多样性保护合作等几个方面介绍了我国生物多样性保护理念和实践。

(1)中华鲟

2021年11月10日至2022年1月6日,长江办、长江委等相关单位联手在宜昌葛洲坝至古老背长约30km的长江干流江段(中华鲟产卵场)开展了2021年秋季中华鲟自然繁殖监测工作,共监测到高度疑似中华鲟的信号14个,其中6个位于葛洲坝近坝段,4个位于二江江段,4个位于下游至胭脂坝江段,据此可推测进入产卵场的中华鲟亲鱼仅14尾左右,与2020年监测结果相近。监测结果显示,2021年仍未监测到中华鲟自然繁殖,且进入葛洲坝下产卵场的10余尾亲鱼不足以支撑中华鲟自然繁殖,这表明自2017年以来连续5年中华鲟自然繁殖中断,中华鲟野外灭绝的风险剧增。

中华鲟全人工繁殖工作中取得新突破,实现子二代中华鲟首次进入繁殖序列,且繁殖效率创新高。2021年10月,长江委水生态所在汉阳基地活体库开展中华鲟全人工繁殖工作(图7.4-2)。人工催产子一代雌鱼1尾、子二代雄鱼2尾均成

图7.4-2 全人工繁殖的中华鲟子2.5代

功,获得卵粒 16 万粒、精液 2500mL。通过人工授精与孵化,获得初孵仔鱼 11 万尾,受精率和孵化率分别为 77.90%、89.5%,达到或超过了自 2009 年中华鲟全人工繁殖工作以来的最好水平。截至 2021 年,培养超过 4 个月的中华鲟鱼苗 5.5 万余尾,体长 10～35cm,体重最大超过 120g。2021 年中华鲟全人工繁殖过程中,还利用 2020 年超低温冷冻保存的子二代雄鱼精子成功开展了人工授精试验,受精率达到 26.5%,孵化率超过 80%,初步解决了中华鲟全人工繁殖工作中雌雄个体发育不同步的限制,同时为人工繁殖中华鲟的遗传多样性维持与提升提供了有效的解决方案。

(2)长江江豚

长江江豚是唯一的江豚淡水亚种。2021 年 2 月 5 日,调整后的《国家重点保护野生动物名录》将长江江豚正式升级为国家一级保护野生动物。20 世纪 90 年代,长江干流长江江豚种群数量尚有约 2700 头,2006 年长江江豚种群数量约 1800 头,2012 年长江江豚种群数量约 1040 头(其中干流约 500 头,鄱阳湖 450 头,洞庭湖 90 头),2017 年长江江豚种群数量约 1012 头(其中干流约 445 头,鄱阳湖 457 头,洞庭湖 110 头)。尽管长江江豚种群数量大幅下降的趋势得到初步遏制,但其极度濒危的状况没有改变。

为切实保护和救护长江江豚,2016 年 12 月原农业部发布《长江江豚拯救行动计划(2016—2025 年)》,提出"以长江干流及两湖就地保护为核心,加快推进迁地保护,加大人工繁育保护力度,着力做好遗传资源保存"等全方位、多层次的保护原则。一是推进长江流域全面禁捕工作,丰富长江江豚食物来源,降低误捕风险。二是先后推动建立了 8 处长江江豚自然保护区,建立了 5 个迁地保护群体和 3 个全人工饲养群体,迁地群体总量超过 150 头,年出生幼豚超过 10 头。三是强化迁地个体基因多样性保护,积极开展个体交流,2021 年农业农村部组织实施了最大规模的迁地保护行动,先后从人工繁育群体规模较大的湖北天鹅洲长江故道迁地保护区,向 7 个迁入点输出长江江豚 19 头,年底又从铜陵淡水豚类保护区向天鹅洲迁入 2 头,优化种群结构,并通过普查掌握各迁地群体的遗传家谱,评估遗传风险。四是积极整治非法码头,严厉打击非法采砂活动,实施生态护岸工程,提高长江江豚等水生生物栖息地质量。五是吸引社会力量,发动全社会参与保护工作,成立长江江豚拯救联盟,成员单位超过 60 家,建立长江江豚协助巡护队,超过 100 名退捕渔民成为专职巡护员。

(3)长江源关键鱼类

2019—2021 年,长科院围绕长江源关键鱼类重要栖息地开展了持续和深入的研究。2019 年,4 月发现长江南源鱼类越冬场,5 月确定越冬场鱼类组成,6 月确定关键鱼类繁殖亲鱼珠星特征以及繁殖时间。2021 年,4 月拍摄到关键鱼类的水下高清视频,6 月首次实现了关键鱼类小头裸裂尻鱼的规模化人工繁殖。

7.4.3 促进鱼类繁殖的梯级水库生态调度

2021年,长江流域开展了促进鱼类繁殖的三峡水库、金沙江中下游梯级生态调度,以及促进鱼类繁殖和抑制水华的汉江梯级生态调度工作,首次将乌东德水电站纳入生态调度范围,开展水文、水温生态调度试验,提出了生态调度目标对象、调度水温条件、生态流量过程参数等。监测与评估结果如下:

7.4.3.1 三峡

2021年4月17—21日、4月22—26日、4月29日至5月7日,连续开展3次针对库区产黏沉性卵鱼类自然繁殖的生态调度试验,调度期间鲤、鲫总产卵规模约3亿粒;三峡库区支流磨刀溪和小江均出现鲤、鲫产卵高峰,保障了黏性卵鱼类的早期存活。

2021年5月29日至6月3日、6月16—22日,连续开展2次促进葛洲坝下游"四大家鱼"自然繁殖的生态调度试验,调度期间宜都断面鱼类总产卵规模超124亿粒,其中,"四大家鱼"产卵量超84亿粒,远超2019年30亿粒的历史最高水平,是2011—2020年多年产卵量均值的13倍。

2021年生态调度实施期间,三峡坝下沙市断面"四大家鱼"鱼卵径流量约2.3亿粒,产卵规模仅次于2012年4.06亿粒的最高水平。

7.4.3.2 金沙江中下游

(1)乌东德

针对坝下产黏沉性卵鱼类自然繁殖,开展了叠梁门分层取水和基荷发电生态调度试验。其中,2021年2月3日至6月20日,首次开展两岸共6台机组落3层叠梁门(共计108扇门)的分层取水调度;2021年3月1—15日,开展了1次针对坝下产黏沉性卵鱼类自然繁殖的基荷发电生态调度试验。监测结果表明,调度期间人工鱼巢区域黏沉性卵鱼类总产卵规模约17.5万粒。

(2)溪洛渡

2021年3月1日至4月25日,开展了"单边单层"(左岸9台机组落1层叠梁门,共45扇门)分层取水生态调度试验。监测结果表明,溪洛渡坝下江段和宜宾江段鱼类整体产卵规模较小,无明显鱼类产卵高峰,合江江段有小规模的吻鮈产卵高峰,江津江段有小规模的银鮈产卵高峰。

7.4.3.3 汉江

2021年2月22—26日、3月8—12日开展了两次丹江口—王甫洲区间生态调度试验,抑制了丹江口—王甫洲水草过度生长。2021年两次生态调度试验期间,丹江口水库向汉江中下游供水流量在464~1280 m³/s波动,最大流量与最小流量之比均超过2倍,平均供水流量907 m³/s,清捞水草约80t,汉江中下游河道水位大幅抬升,流速增大,水动力条件明显改善,清除草量显著增加,对降低王甫洲水利枢纽安全运行风险、抑制丹江口—王甫洲区间水草过度生长发挥了积极作用;2021年8月8日至9月7日,开展了汉江中下游梯级联合生态调度试验及效果监测,结果表明,调度期间汉江沙洋和仙桃断面鱼卵径流量合计4.8亿粒,其中"四大家鱼"鱼卵约占17%,与2018年生态调度期相比,鱼类繁殖总量较小,但繁殖种类较多,"四大家鱼"占比较高。

7.5 典型案例

7.5.1 流域梯级水库联合生态调度管理[①]

7.5.1.1 背景情况

为促进长江流域生态修复、最大程度发挥梯级水库生态功能,三峡集团以促进鱼类自然繁殖为主要目标,以生态调度为重要抓手,不断探索和创新管理模式,促进流域梯级水库生态调度管理水平迈上新台阶。

7.5.1.2 主要内容

(1)以系统工程管理理念推进流域水库群联合生态调度

2011年以来,三峡集团开始组织实施三峡水库促进葛洲坝下游"四大家鱼"自然繁殖的生态调度试验,并逐步将溪洛渡、向家坝、乌东德等水电站纳入联合生态调度范围。多年来连续开展以三峡为核心的梯级水库联合生态调度实践工作,实现了流域水库群整体生态效益最大化,达到了"1+1>2"的效果。

(2)持续开展生态调度目标和范围动态优化

坚持依托外部技术优势与提升自主研发水平并重,持续开展梯级水库生态调度研究与实践工作。采取"研究—试验—总结—固化"的水库优化调度管理模式,对水库调度目标和控制参数不断调整优化。

(3)建立组织协调机制提升管理工作效能

针对梯级水库生态调度涉及部门多、调度范围广、时间跨度长的管理难点,三峡集团建

---

① 案例由三峡集团提供。

立起对外、对内两个层面的组织协调机制。对外,会同长江委、长江办开展联合会商,对生态调度方案做进一步优化。同时,统筹协调有关单位分别在不同断面开展鱼类产卵监测及效果分析。对内,充分利用现代化通信手段,畅通了具体实施层面的沟通渠道,随时对实施过程中遇到的突发情况进行处理,极大提高了工作效率。

7.5.1.3 实施效果

通过研究实践,三峡水库促进"四大家鱼"自然繁殖生态调度的启动水温从18℃以上提高到20℃以上,极大促进了"四大家鱼"产卵。通过将研究成果加以应用,2018—2021年三峡水库生态调度期间宜都江段监测到的"四大家鱼"总产卵规模达128.3亿粒,占2011年以来生态调度期间宜都江段"四大家鱼"总产卵规模的87%。2019年,首次开展溪洛渡、向家坝、三峡三库联合生态调度试验,试验期间宜都江段监测到的鱼类产卵总规模超过90亿粒,创历史最高纪录;结合中小洪水调度,首次开展防控库区支流水华的生态调度试验,有效抑制了三峡库区香溪河水华的暴发,将生态调度范围由动物扩大至植物。2020年,三峡水库首次开展针对库区产黏沉性卵鱼类的生态调度试验,生态调度范围由三峡水库坝下江段转为三峡库区,调度目标由以"四大家鱼"为代表的产漂流性鱼类拓展增加了以鲤、鲫为代表的产黏沉性卵鱼类。2021年生态调度范围进一步拓展至金沙江下游乌东德,调度范围涵盖金沙江下游江段、三峡库区及坝下江段。

7.5.2 松滋市稻谷溪城市湿地公园①

7.5.2.1 背景情况

稻谷溪位于小南海生态涵养区域主城区的交汇处,具有生态湿地的属性,作为由南通过国道进入松滋市区的重要节点,是松滋市的城市地标之一。

稻谷溪城市湿地公园工程实施前稻谷溪有三个主要的水系问题:一是湖体、鱼塘分离,水系未有效循环;二是现状水质较差,生境单一;三是枯水期、丰水期水位变化明显。

7.5.2.2 主要内容

通过灭堤、扩湖、筑岛、理水等四大手段,退堤消坡,扩大湖面,堆叠岛屿,裁直取弯,结合现状鱼塘营建湿地,恢复生态水岸,最终形成多种水系形态,同时满足改造前后水面积的持平。运用低影响开发策略首次构建城市湖泊型湿地生态过滤系统模型,提出了"截污控源、内源治理、水质净化、生态修复"四个措施体系(图7.5-1),并结合景观及水质净化需求,在进

---

① 案例由长江设计集团提供。

水口及出水口布设湿地系统，充分发挥湿地系统的水质净化及景观作用，实现湖区湿地最大海绵化。对于水位变化，针对不同的水位，设计浅滩、可淹没区、永久性景观不同的景观，保证安全的同时保证景观效果。在中心水域实施生态多样性恢复工程，包括挺水植物、沉水植物、水生动物的重建及恢复，保障水质持续改善。

图 7.5-1　稻谷溪城市湿地公园水质保障措施体系

7.5.2.3　实施效果

通过一系列措施，稻谷溪水系面源、内源污染减少，水环境容量增加，为水生态系统重建提供了良好环境（图 7.5-2）。在保护涵养、生态恢复的基础上，融入人体工程学、仿生艺术、民俗文化等多学科多元素，打造了 6 个标志性景观节点、20 余个主题景观节点和 5 条主题水体验游线。稻谷溪城市湿地公园已成为一个自然简约、原生态与松滋特色的城市水花园，是人水和谐共生的建设示范样本。

图 7.5-2　稻谷溪城市湿地公园建成实景

7.5.3　长江江宁段岸线景观绿化提升及设施配套项目①

7.5.3.1　背景情况

该项目位于江苏省南京市江宁区,涉及长江岸线全长 19.08km,面积 663.8hm²,起点位于苏皖交界区,终点位于江宁河河口。该项目包含生态修复、生态景观提升设施配套、堤顶路改造等三部分建设内容(图 7.5-3)。

图 7.5-3　长江江宁段岸线生态修复实景

---

① 案例由长江设计集团提供。

7.5.3.2 主要内容

（1）生态修复方面

1）棕地修复，构建安全生态格局

在不改变行洪断面的前提下，采用丘地覆盖的方式，将原有滨江码头棕地改造为湖面、湿地、林地、草地、滩涂等多类型生境，形成不同群落形态。

2）生境修补，改善鱼类洄游栖息地

项目区作为江豚、鲥鱼等重要洄游区，设计在滨江岸线上设置了合适的食物源和栖息地。同时，对现状硬质护坡进行生态化改造，既增加了鱼类生存空间，又增加了鱼卵的附着力，提升了繁殖能力。

3）群落优替，构建鸟类迁徙通道食物链网络

项目区是鸟类迁移的重要通廊。设计时，一方面着重优化生境类型，增加植物多样性；另一方面优选食源性植物，起到"食物补给站"的功能。

4）种群优选，构建适应消长的滨水森林

项目区水位落差达到 10m 以上，设计时根据水位高程和淹没时长等制定了乔木带—草滩区等种植模式，实现了绿化覆盖率 90%。

（2）景观设计方面

1）文脉挖掘，营造"三化融合"的生态绿廊

本设计坚持"绿化、美化、文化"三化结合，以营造绿脉为主旨，打造蓝绿交织的生态自然野趣廊道，大幅度提升绿化覆盖率。同时突出生态体验与文化体验交织，依托新济洲湿地生态特色及江宁厚重的文化底蕴，挖掘江豚文化、长江文明、渔民文化等多重文化属性。

2）地脉延续，营造"五可交汇"的滨江走廊

在不破坏堤防结构的基础上，通过多种措施强化路堤稳定性，还对现状堤坡进行生态化处理提升景观效果，形成可游、可跑、可骑、可观、可憩全线贯通的滨江走廊，提升江堤品质。

3）人脉聚集，营造功能复合的多维游廊

本设计根据人群分布情况设置市民活力打卡的平台，展现多重活力特色，包括篮球场、足球场、游乐场，以及接近 4000m² 的滨江儿童沙滩。同时，在不同的区域设置了活动广场、亲水平台、观江台、林荫场地等动静结合的特色空间。

7.5.3.3 实施效果

本项目通过脆弱生态系统修复实现了陆域生态修复 7498 亩，湿地生态修复 1306 亩，生

态景观工程76.9万 m²,栽植200多种3万株乡土植物,极大改善了滨江生态系统,为江豚提供了良好的栖息环境。全线布置了3处驿站,新增4000 m² 儿童游乐区、19.08km景观绿道、4.5万 m² 雨水花园,海绵城市达标比例达70%以上,增强了人的参与性,提高了场地活力,使之成为江宁新的地标和门户(图7.5-4)。该项目还获得了中共江苏省委新闻网、中国经济网、中国江苏网、搜狐、腾讯、凤凰网、《南京日报》等众多媒体的报道。

图 7.5-4　马拉松比赛实景

第 8 章　长江流域综合管理

2021年，深入贯彻落实习近平总书记关于推动长江经济带高质量发展系列重要讲话精神，贯彻实施《长江保护法》，健全完善流域规划实施机制和治理协作机制，积极开展水利监督检查专项行动和生态环境监督执法，强化长江干线航运监督管理，开展水文化建设顶层设计和试点示范，长江流域综合管理水平稳步提升。

8.1　法律法规及制度建设

8.1.1　贯彻实施《长江保护法》

长江委组织召开宣传贯彻实施《长江保护法》座谈会，印发宣贯工作方案并督促落实，走进政府机关、高校、企业和有关组织，宣讲《长江保护法》；印发实施《水利部长江水利委员会生态流量监督管理办法（试行）》；组织召开流域水行政主管部门《长江保护法》贯彻实施交流研讨会，开展法律条文研讨；为确保相关法规、规章和规范性文件与《长江保护法》有效衔接，向水利部报送18项规章、规范性文件立改废释建议；配合水利部制定《河道采砂管理条例》《长江流域控制性水工程联合调度管理办法》，修订《长江河道采砂管理条例》《水行政处罚实施办法》等法规规章，对《湿地保护法（草案）》等6件法律法规征求意见稿提出反馈意见；制定《长江水利委员会水行政许可监督管理办法》，修订、废止流域规范性文件各1件。对流域规范性文件及委内规章制度进行合法性审核11件。

长江局贯彻实施《长江保护法》取得新进展。组织召开贯彻落实《长江保护法》研讨座谈会和流域机构推进《长江保护法》实施协调机制协商会议；2021年5月，为贯彻落实《长江保护法》"国家实行长江流域生态环境保护责任制和考核制度"的规定，长江局提出在长江流域先行先试建立水生态考核机制的建议；协调长江委、长江办参加水生态监测考核指标体系构建工作，为"十四五"时期有效支撑长江流域水生态考核和保护工作奠定基础。组织建立南水北调中线工程水源区水生态环境保护联席会议制度并召开了第一次联席会议，提出建立南水北调工程水源区水生态环境监管长效机制的建议。

8.1.2 健全流域规划实施机制

长江委建立健全流域规划实施机制,推进流域综合规划和专业规划确定的主要任务、约束性指标分解到流域各省(自治区、直辖市)并进行监测、统计、评估、考核,推动流域规划目标任务全面落实;积极探索建立规划审核审查制度,按照水利部授权,做好地方审批或其他行业审批的区域规划、专业规划与流域综合规划符合性的审核工作;落实中办、国办《关于建立健全生态产品价值实现机制的意见》和水利部工作部署,立足长江流域水资源特点和现实需求,探索长江流域创新水权交易机制,指导推进长江流域水权交易。

8.1.3 完善流域治理协作机制

长江委建立长江流域(片)河湖长制协作机制,制定跨省重要河湖名录,加强流域信息互通共享,推进跨省河湖联防联控;推进流域管理和河湖长制工作有机融合,利用河湖长制平台,建立"长江委+省级河长制办公室"协作机制,出台长江流域(片)河湖长制信息共享实施细则和跨省河湖联防联控指导意见,协调解决流域综合管理重难点问题,凝聚形成流域统筹、区域协作、部门联动的工作格局。长江委组织开展了黄河、太湖等跨省界河湖流域联防联控工作专题调研,评估了河湖长制背景下我国跨省界河湖联防联控相关制度及政策措施的施行效果,总结典型案例,重点分析存在的问题,在此基础上提出了《长江流域(片)跨省河湖联防联控指导性意见》等文本草案。其中,《长江流域(片)河湖长制协作机制工作规则》于2021年7月印发实施,《长江流域(片)跨省河湖联防联控指导意见》于2022年1月印发实施。

长航局依托长江经济带交通运输发展部省联席会议制度,与沿江各省(直辖市)交通运输主管部门建立制度化合作机制,与其他部委相关机构建立沟通协调机制,与沿江其他部属单位建立工作对接协调机制,凝聚合力,共同研究解决长江航运管理中的有关问题,共同推进长江航运高质量发展。由长航局拟定的《深入推进长江航运高质量发展任务清单》经交通运输部专题会研究同意后印发,提出了"一个主题、四个发展、五个保障"的总体思路,交通强国建设在长江航运领域的试点项目相继获批。

长江流域气象中心积极发挥协调作用,聚焦重点,优化机制,推动流域各省(自治区、直辖市)气象部门共同绘制气象保障服务蓝图,沿着高质量发展方向前进。为贯彻落实中国气象局印发的《长江经济带气象保障能力提升工作方案(2021—2025年)》,2021年6月26日,长江流域气象中心印发了《湖北省气象局贯彻落实〈长江经济带气象保障能力提升工作方案(2021—2025年)〉细化方案》,聚焦长江流域水文气象、航运安全、生态保护与修复等提出了6个方面、20项任务。长江流域气象中心牵头制定并印发了《长江流域气象业务改进工作实施方案》,提出6类21项任务,逐步补齐流域气象业务短板,建立完善流域内防汛气象联防及长江航运安全气象服务组织协调工作,组建了长江航运气象服务联盟,协调建立长江航运气象服务联盟工作机制,进一步优化流域中心运行机制。

8.2 监督管理与执法

8.2.1 持续开展水利监督检查工作

长江委持续强化水行政管理日常监督检查工作。确定了水旱灾害防御日常监督检查、最严格水资源管理制度执行情况日常监督检查等4大类24项监督检查工作,累计派出检查组489组次、1646人次,发现问题3864个,提交成果报告45份,印发"一省一单"26份;组织开发了综合办公系统监督工作管理模块,对现场工作信息进行快速采集与统计,提高工作效率。开展甘肃、福建两省2021年水利工程建设安全生产巡查;对重庆等5省(直辖市)开展水利工程安全隐患督导检查,累计发现问题274个,提出整改建议,下达一省一单;对云南滇中引水工程等7个水利建设项目开展质量监督检查23次,下发质量监督文件27份,核备等级结论424个;派出7组共60人次,对广东等6个省15个水利工程243个问题开展稽查复查。为协同推进流域重点区域水土保持事中事后监管,2021年10月长江委印发《成渝地区双城经济圈生产建设项目水土保持协同监管工作方案(2021—2025年)》,明确长江委联合四川、重庆2省(直辖市)水行政主管部门,围绕生产建设项目(活动)水土保持监管、重点行业和重大项目水土保持监管、水土保持监管信息化建设、监管制度和协作机制建设、水土保持监管服务等5个方面工作,健全工作机制,协同监管执法,助力成渝地区双城经济圈建设生态保护和绿色发展。

长江委强化行政许可监管力度,组织开展长江流域水行政执法专项监督。配合水利部、司法部开展长江流域水行政执法专项监督,对流域10省(直辖市)的46个基层执法机构开展实地监督,重点对表对标习近平总书记关于推动长江经济带高质量发展系列重要讲话、《长江保护法》宣贯实施和新阶段水利高质量发展大局,发现各类问题168个,找准查实一线执法突出问题;推行综合监管,跟踪项目建设运行动态;完成取水许可"双随机"102个项目现场检查并公示;配合水利部开展2021年度水利工程建设监理单位和甲级质量检测单位"双随机、一公开"抽查;开展214个许可在建项目全覆盖监管,现场检查101个已建在建项目,落实87个问题项目整改督办。联合相关部门开展长江干流和三峡、丹江口、陆水、皂市水库及两湖地区综合执法现场监督检查27次;联合长江办、长江局,湖北、河南两省水利厅围绕"一库清水永续北送",开展专项监督检查,召开丹江口水库"1+3+5"联席会议;对15起信访举报事项进行了调查处理,并加强跟踪督办;与湖北省高院等14家单位建立执法与司法协调联动机制;参与流域禁渔、禁捕联合执法22次。

长江委加强长江采砂管理。督促各地明确并上报各级河长及采砂管理责任人名单并进行公告。加强暗访巡查,针对个别地方出现的零星偷采现象,对相关县(市)进行约谈。组织开展清江行动,联合长航公安局开展安徽等江段打击非法专项行动,督促沿江各地加强执法巡查,累计查获非法作业采砂船50艘,移送司法机关案件39起。针对"三无""隐形"采砂船问题,配合水利部研究制定了 5 份长江河道采砂综合整治行动和采砂船舶专项治理行动方案,联合长航公安局、长航局加强督导检查,沿江 9 省(直辖市)组织统一拆解采砂船舶 1559 艘,其中长江干流 588 艘,源头治理取得显著成效。在采砂管理规划的指导下,加强规范管理,有序实施开采,实现采砂总量和现场监管的双可控。建设了国内第一个基于移动互联的砂石采运管理单信息平台,为打击非法采运砂行为提供了强有力的技术支撑。

长江委深入推进河湖"清四乱"常态化、规范化,推动长江流域非法矮围专项整治等行动,河湖面貌得到持续改善。落实长江经济带水利纪检监察沟通协调机制,督促加大有关项目清理整治力度。积极推进丹江口"守好一库碧水"专项整治行动,持续开展河湖管理"清四乱"监督检查,检查河段(湖片)1322 个,新发现问题 288 个。加快长江干流岸线利用项目清理整治扫尾,涉嫌违法违规的 2441 个项目全部完成整改。完成 9 省 108 个非法矮围清理取缔工作,拆除围堤约 131km。

8.2.2 加强流域生态环境监督执法

长江局持续强化流域生态环境监督执法。规范入河排污口行政审批,修订入河排污口审核服务指南,指导江苏、湖北、四川等省入河排污口设置管理工作,完成 2 项入河排污口设置审核批复;对 10 省(自治区、直辖市)问题断面、工业园区、集中式饮用水水源地、黑臭水体整治等重点问题总计 100 余点位开展综合性监督检查;对 8 省(自治区、直辖市)16 个断面突出水生态环境问题和工作滞后地区进行独立调查;针对"三线一单"、规划环评、项目环评、排污许可等方面共计 60 余点位开展事中事后监管和帮扶指导;开展入河排污口现场监督检查、溯源整治跟踪督导和溯源整治进展典型调研。组织长江流域 15 省(自治区、直辖市)生态环境厅(局)开展尾矿库环境风险和污染防治工作交流研讨,组织完成 9 省(自治区、直辖市)38 座尾矿库督导抽查和现场监测,发现环境问题 54 项,反馈 38 项,完成整改或制定措施 21 项;发现 10 项涉嫌违法违规问题交由地方生态环境部门依法处置;先后指导对云南昆明云盘山磷化工有限公司尾矿库、湖北黄石兴达矿业有限公司尾矿库等开展执法调查;与长江委、长江办联合开展丹江口库区专项监督执法行动。累计派出 100 余人次参加中央生态环保督察、长江和黄河生态环境警示片拍摄、黄河入河排污口排查、统筹强化监督、美丽河湖案例现场核查等工作,完成水污染防治资金审计发现问题跟踪核实工作,开展农村环境整治成效评估和地下水生态环境保护现场调研工作。参与河南省五里川河锑异常事件现场调研及应急处置工作;组织开展湖南省娄底市、益阳市资江干流锑异常事件现场帮扶。参加云南、湖南、重庆等 8 省(直辖市)现场调研和座谈,支持配合民主党派开展长江生态环境保护民主监督相关工作。

8.2.3 强化长江干线航运监督管理

长航局进一步强化长江干线航运行政管理职责,从推进运输结构调整、推动运输组织优化、提升服务保障能力等方面出发,加强长江干线航道建设、运行、维护和保护工作,加强水路运输市场监管和省际客船、液货危险品船宏观调控,加强通航管理,加快构建以"双随机一公开"监管为基本手段、以重点监管为补充、以信息化监管为支撑、以信用监管为基础的新型监管体系,深化综合执法示范区和示范基础建设,推进海事政务自助服务,"首违不罚""轻违免罚"全面推广,"一网通办""全程网办"全面推行。

8.3 水文化建设

习近平总书记在全面推动长江经济带发展座谈会上强调,要把长江文化保护好、传承好、弘扬好,延续历史文脉,坚定文化自信。长江是历史与自然的馈赠,长江文化是赓续千年的文脉,长江经济带发展是新发展阶段践行新发展理念、构筑新发展格局的重大现实课题。长江水文化是以治江实践为核心构建的文化体系,是长江文化的重要组成部分,是连接人与水的纽带,是流域人民长期在认识水、适应水、利用水和保护水的过程中,在精神、社会、物质三个层面所形成的相关文化的总和。2021年,长江委、长航局等流域机构会同流域各省(自治区、直辖市),不断探索水文化发展内涵和建设规律,按照"顶层谋划、政策引导、全民参与、稳步推进"的工作思路,开展了水文化建设的顶层设计、机制体制、工作实践、理论研究、重点任务等方面工作,各地结合河湖长制、水利风景区建设、精神文明建设、水利工程建设等工作,因势利导、因地制宜地推进水文化建设,在保护弘扬传承长江水文化上取得了明显成效。

8.3.1 强化顶层谋划

2021年3月,长江委成立了长江水文化中心,着力打造开展水文化建设的开放性平台。组织编制《"十四五"长江水文化建设规划》,梳理了长江水文化的资源基础、初步成果,分析了存在的主要问题和面临的形势任务,提出了"十四五"时期长江水文化建设"一个体系、一个机制、一个模式、一批载体"的发展目标,明确了指导思想和基本原则,从保护、传承、弘扬、利用4个方面提出了建设任务,从流域统筹、重点突破、示范引领、融合发展4个方面提出了实施路径,从组织、政策、人才、资金、技术五个方面提出了保障措施。流域部分省(直辖市)也开展了水文化建设顶层设计工作,江苏、江西、上海所辖的部分县(市、区)已编制辖区内水文化建设相关规划,为流域经济社会高质量发展和长江经济带建设提供了强有力的文化支撑。

8.3.2 开展遗产调查保护

长江流域拥有丰富的水文化遗产资源,流域部分省(直辖市)已开展不同规模、类别、深度的水利遗产资源调查,初步摸清了水利遗产资源家底。云南省已开展全省河湖水文化专项调查、征集工作,初步掌握了水文化遗产基本情况。四川省已组织对1949年前形成的古代水利工程的历史文化进行梳理,编制完成《四川省在用古代水利工程及遗产调查研究数据》。重庆市已启动水文化遗产普查工作,对于三峡文化遗产保护和世界古灌溉遗产进行充分挖掘保护。湖北省2021年开展了水利红色资源调查,调查水利工程遗迹、防汛抗旱或水利工程建设纪念碑(纪念馆)等水利红色资源信息,形成了《湖北省水利红色资源名录》。江西省基层自主申报和技术队伍下基层调研结合,调查挖掘水利遗产资源,基本掌握全省重要水利遗产清单。江苏省于2021年5月在全国率先启动省级水利遗产认定,历时半年形成首批117处省级水利遗产名录。浙江、贵州、陕西、河南也已开展部分摸底工作。

8.3.3 提升工程文化品位

流域各地注重挖掘已建或在建水利工程文化功能,从保护传承弘扬角度将水利工程与其蕴含的水文化元素有机融合,提升了水利工程文化品位。江西峡江水利枢纽工程在建设运行管理中,结合山清水秀的自然风光和丰富深厚的人文景观,重点谋划了水文化提升"六个一"工程,即"树一块标识牌、写一本见证书、砌一面足迹墙、建一个展示馆、凝一种精气神、造一个廉政园",实现了水域风光、地域风情、工程风貌和水文化和谐统一,并入选水利部第三届"水工程与水文化有机融合案例"。陆水试验枢纽把水文化建设作为工程建设的有机部分,不断丰富水文化载体,把坝区打造成工程管理、人文景观与水文化建设、水情教育、水土保持、试验示范基地建设等五位一体且有陆水特色的景观带,入选水利部第二届"水工程与水文化有机融合案例"。重庆市推进了水文化深度融进水利工程有关工作,与文化部门联手打造合川钓鱼城天池、巫溪大堰等一批"会讲故事"的水利工程。

8.3.4 大力传播弘扬

长江委和流域各省(自治区、直辖市)加强水文化阵地建设,采取"工程+文化"等形式,以水利风景区、水情教育基地、水保科教园(示范园)、博物馆、档案馆、展示(览)馆、水文化园区、主题公园等为载体,加强面向社会公众的水文化宣传教育。湖南省已建成水文展示馆、湘江流域水文展示馆、资水流域水文展示馆和湘江流域水文化走廊等一批项目。长江委积极弘扬长江文化史、治江史;宣传郑守仁同志先进事迹,组成报告团赴流域7省(直辖市)宣讲,约4.5万人聆听郑守仁同志感人肺腑的先进事迹,为推动新阶段流域水利高质量发展凝聚奋进力量;开展水文化进社区、进校园等宣传交流活动。长江委获评全国科普日活动优秀组织单位,水生态所获评湖北长江水生态保护与修复青年科技创新团队,长江设计集团获得第十届"母亲河奖"。

8.3.5 推进试点示范

长江水文化建设工作没有成熟的经验可循,需通过开展试点积累经验,形成示范带动效应。长江委依托现有资源,开展了汉江流域水文化建设试点,制定了推进汉江水文化建设实施方案,深入发掘丹江口水利枢纽、南水北调中线渠首等已建水利工程和其他在建水利工程的文化内涵和文化价值,结合节水型社会、汉江岸线生态保护、引江补汉等工程建设,推进水工程综合效益和水工程文化内涵品位的双提升,努力打造长江水文化建设示范样本。截至2021年底,已开展汉江水文化遗产调查,初步形成了《汉江水文化遗产名录》;开展大坝水利风景区总体策划和节点深化设计,实施水文化与水工程的融合;开展丹江口工程展览馆水文化展厅布展设计工作,强化汉江水文化传播展示。水文站是兼具水利行业特色和水文化底蕴的重要物质载体,长江委开展了长江水文站点文化提升改造工作,已完成汉口水文站"百年老站"文化提升改造,该站点典型示范带动效果明显,正开展宜昌、沙市、城陵矶等水文站点文化提升工程。

8.3.6 加强航运文化建设

弘扬新时代交通精神,长江航道"航标灯精神"和长江引航中心高级引航员姚泽炎等作为长航局系统代表入选《中国交通运输精神谱系》。持续深化品牌建设,"绿色航道畅通服务""畅行三峡一路阳光""三峡水上温情驿站""人和忧乐坚韧""水上国门形象第一人"等为代表的长江航运文化品牌得到进一步提升。"尚崇卓越、行佑川江"文化品牌等12项文化建设成果获评交通运输文化建设优秀成果及第三届交通运输优秀文化品牌。加强以航运为主题的多元文化建设,全面梳理长江黄金水道、大运河等航运文化资源现状,深入研究航运文化的理论与实践层面问题,挖掘长江航运文化精神内涵。"川江航道绞滩船及历史资料"获选首批重庆市工业遗产。积极参与《中国港口史》《中国运河史》编纂工作,系统总结港口和运河建设的实践经验。"我家住在长江边"主题宣传活动入选中央网信办2021中国正能量"五个一百"网络精品征集评选展播,"沿着江河海看浙江""疫后重振看湖北""沿着湘江航道看发展"等采访团近距离感受水运文化的源远流长,见证了水运日新月异的发展变化。

第9章　智慧流域建设

2021年,深入践行习近平总书记"十六字"治水思路和习近平总书记关于网络强国的重要思想,以数字化、网络化、智能化为主线,以数字化场景、智慧化模拟、精准化决策为路径,依托重点项目建设,加速推进信息化、智慧化技术与长江治理保护工作的深度融合,在智慧流域建设方面取得了良好成效。

9.1 智慧气象

智慧气象作为新时期气象现代化的重要标志,顺应了科技变革潮流,契合了以气象信息化带动气象现代化的发展内涵,体现了气象科技的时代特征和全面推进气象现代化的新要求。长江流域气象中心基于大数据、人工智能、云计算、物联网、5G、北斗系统、卫星通信网等新一代信息技术,聚焦监测精密、预报精准、服务精细,以提升流域气象预报预测准确率为核心,全面推进算据、算法、算力建设,加快构建具有监测、预警预报、预测等功能的智慧气象体系,以此带动长江流域气象保障服务的高质量发展。

9.1.1 智慧气象主要建设内容

(1)推进气象综合观测智能化

优化综合立体观测站网、开展智能化组网监测、发展高精度智能化气象探测装备、健全集约高效观测业务,构建全时全域全要素立体精密气象监测,实现气象监测向中小尺度深化、向气候系统延伸。

(2)推进气象预报预测智能化

充分利用数据挖掘、机器学习、可视化等信息技术,以智能数字为特征,以数值预报为核心,以检验评估为导向,构建智能协同的预报业务平台,向基于影响的预报和风险预警延伸,构建数字智能、无缝隙全覆盖的精准预报业务。

(3) 推进气象服务数字化智能化

推进气象服务数字化、智能化转型，发展基于场景、基于影响的气象服务技术，研究构建气象服务大数据、智能化产品制作和融媒体发布平台，发展智能研判、精准推送的智慧气象服务。建立气象部门与各类服务主体互动机制，探索打造面向全社会的气象服务支撑平台和众创平台，促进气象信息全领域高效应用。

(4) 提升信息基础设施支撑能力

以构建气象大数据、建设数字气象基础设施（扩大高性能计算资源供给、强化"云＋端"的基础设施能力）加强新一代信息技术融合应用等为重点任务，打好气象大数据和人工智能应用攻坚，着力打造集约开放、安全智能的数字引擎，全面支撑气象业务转型升级。

(5) 增强气象科技自主创新能力

面向世界科技前沿、经济主战场、国家重大需求、人民生命安全的战略方向，瞄准监测精密、预报精准、服务精细，加强重大天气气候机理研究，打好数值预报攻坚战，加强气象科技创新平台建设，深化气象科技创新体制改革，强化科技创新机制和科研业务融合机制，提高气象科技创新体系整体效能。到2035年，以智慧气象为主要特征的气象现代化基本实现。

9.1.2 长江流域气象业务服务智能一体化平台

2021年，长江流域气象中心进一步加强长江流域各省（直辖市）水文、海事信息共享、跨区域应用，共织流域信息共享一张网。在数据共享基础上，推进流域各省（直辖市）先进算法的共建共用，建立数算一体共享方式。对长江流域气象服务综合业务平台进行云化改造，调整系统构架，实施算法、算力全面融入天擎，构建"云＋端"业务模式。积极对接水文预报业务系统，加强对各省中小流域、水库的个性化服务支撑，共建流域业务服务平台。

打造的具有自主知识产权的长江流域气象业务服务智能一体化平台，支撑流域定量降水预报预测、洪水天气预判、洪水风险预估到调度辅助决策等服务全程，大幅提升降水预报预测精度和洪水预见期，助力长江中上游水库电站取得明显的经济效益。

9.1.2.1 长江流域智能网格预报预测技术

应用大数据挖掘、机器学习算法等技术，结合多源降水协同算法，发展流域降水智能网格预报技术，实现流域业务从粗放分区的面雨量跨度预报向精细分区的网格预报转变，预报时效达到0～10天，空间分辨率为5km，时间分辨率为1～6h，提升了流域降水预报精度。

依托全球模式预报和网格观测的历史样本，开展了11～30天长江流域逐日延伸期降水预报订正，实现了长江流域10km×10km的逐日延伸期预报。依托国内外多模式产品实现了多模式滚动月、季网格降水集合预测，分辨率达到了25km×25km。

(1) 长江流域多源降水资料融合技术

为不断提升降水实况精度，弥补长江流域无人区、地形复杂区域没有雨量观测数据的缺陷,开展了长江流域雷达降水估算产品研究以及卫星、二源降水融合以及卫星、雷达、降水三源降水融合产品的应用分析。在长江流域业务应用中,近3年来,雷达和卫星降水产品均能较好地再现长江流域中下游站点密集区的降水分布型,平均情况而言较实况数值偏小,对于中到大雨量级的降水,降水融合实况分析产品的估算结果有时偏高。雷达产品在长江流域上游地区没有覆盖完全,无法描述该地区的降水分布形态,但在长江流域中下游地区雷达产品反映的降水空间结构更细致,体现了雷达高分辨率的降水特征。三源降水融合产品在长江流域覆盖完整,保留了雷达高分辨率的降水结构特征,量值与地面观测降水接近,其空间分布型和量值均优于单一来源的降水产品。降水融合实况分析产品对长江流域降水的估算结果平均较实况数值偏小,对于中到大雨量级的降水,其结果有时偏高。总体来说,三源降水融合产品较二源降水融合产品的估算误差绝对值偏小3~4mm。高时效、高精度的三源降水融合产品能更好地满足三峡工程水资源应用气象预报、监测等业务需求,为开展精细化网格预报提供了实况支撑。

(2)长江流域中短期网格化定量降水预报技术

基于多种大尺度模式和中尺度模式降水预报产品,通过空间精细分区,多产品动态检验,建立各区的分级、分时效降水预报性能排序,采用模糊逻辑法和邻域法等技术建立约束条件,降低空漏报,建立了长江流域短中期(0~10d)最优降水预报产品 MDI(Model Dynamic Integration),空间精度达到5km×5km,时间精度达到逐3h。从2021年主汛期的预报效果来看,MDI产品在各量级降水的预报上较欧洲数值模式有很大优势,特别是对大雨及以上量级的降水,除金沙江以外长江流域大部地区的暴雨预报 TS 评分达到20%以上,特别是在汉江上游、乌江下游、清江、澧水、长江下游等地超过35%。从 MDI 产品的分级降水 TS 检验来看,MDI 产品对较强降水的预报效果较好,大雨以上的降水预报的24~216h的预报质量均高于其他单一数值预报产品(图9.1-1)。

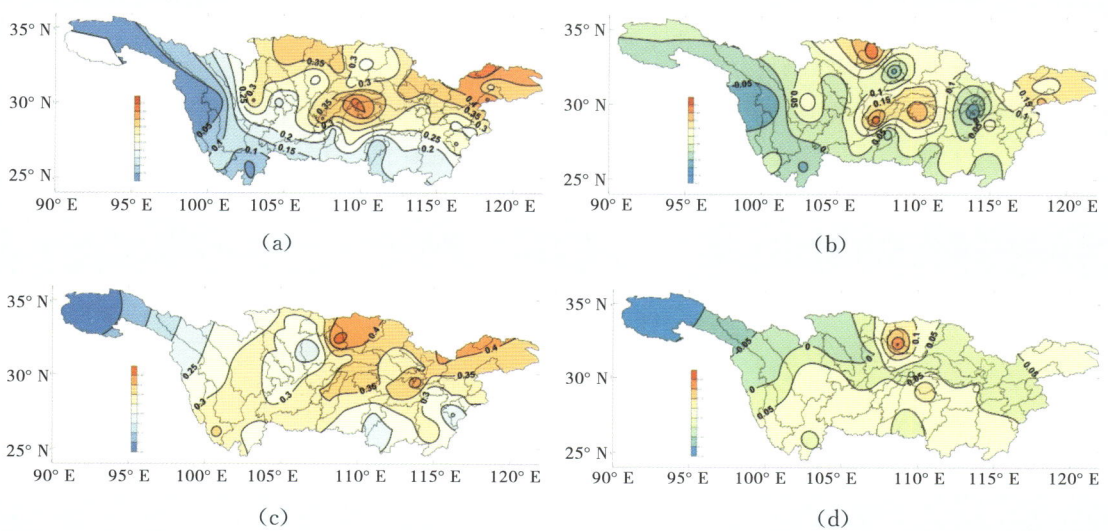

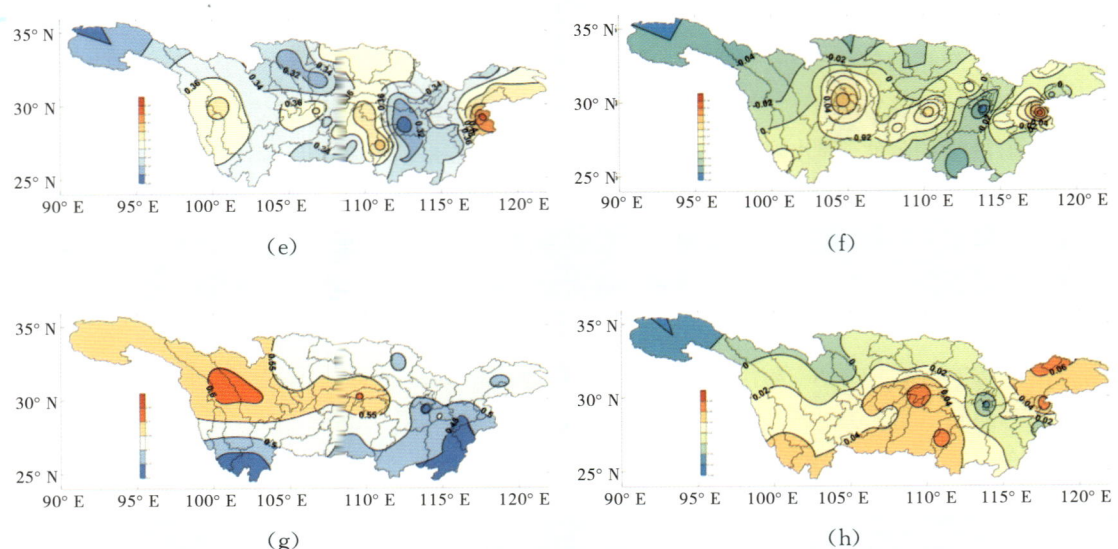

图 9.1-1 2021 年 5—9 月 MDI 产品暴雨(a)、大雨(c)、中雨(e)、小雨(g)预报 TS 空间分布及其与欧洲数值模式 TS 评分对比(b)、(d)、(f)、(h)

(3)长江流域极端降水预测技术

分析极端降水偏少事件发生前的大气环流、海洋、高原积雪等特征,得出长江流域极端降水偏少事件的前兆信号,建立了长江上游流域(金沙江)四季极端降水环流诊断模型。基于极端降水偏少(偏多)事件的同期大气环流资料,利用合成、相关分析等方法进行成因诊断分析,得出其主要典型环流系统配置,并利用聚类方法,进行典型环流分类。依托多模式滚动产品,采用最优子集回归统计预测方法、前期气候特征相似组合法及动力模式降尺度法中的 EOF 分析迭代法和 BP 典型相关法及动力气候模式集成的概率预测方法,建立了长江流域极端降水面雨量的概率预报产品。通过长江流域逐日面雨量概率预报及检验评估表明,上游东部、中下游概率预测评分较高,且提前 5 天左右对月极端降水有较好的预报能力。应用研究成果,在 2021 年 8 月上旬发布长江流域蓄水期预测产品,指出 9—11 月金沙江上游北部、岷沱江北部、嘉陵江北部、重庆—宜昌、汉江上游偏多 1~3 成,长江上游和汉江上游可能发生严重华西秋雨,并提出对策意见。从 9—11 月长江流域降水实况来看,长江上游大部偏多,华西秋雨强,预测与实况较为一致,有力支撑了科学开展以三峡水库为核心的长江上游水库群联合调度(图 9.1-2)。

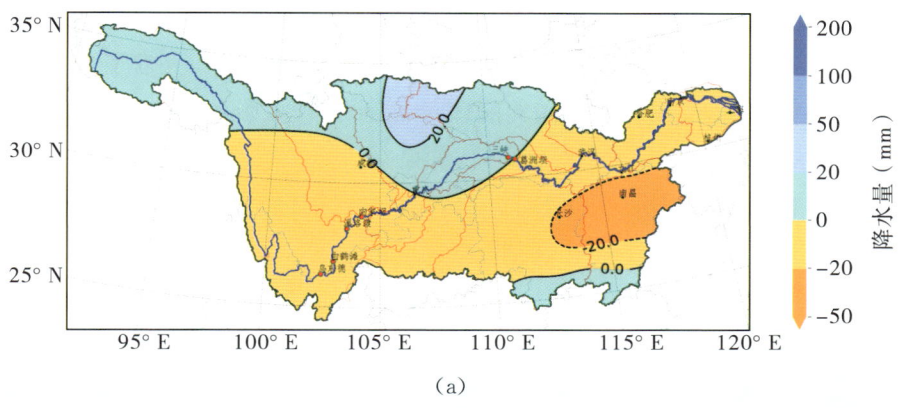

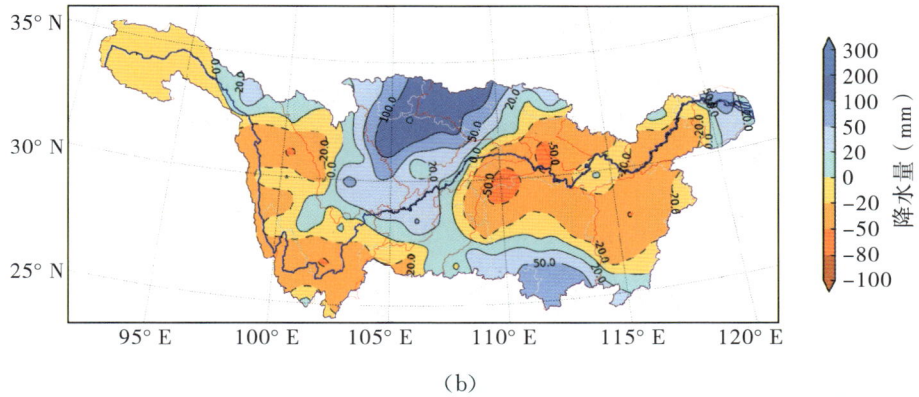

图 9.1-2　2021 年蓄水期长江流域降水预测(a)与实况(b)对比

（4）长江流域智能网格降水预测技术

基于全球气候模式回报数据和网格观测数据的历史样本，利用深度学习图像超分辨率法开展高分辨率降水网格资料的建模。利用建模方案对气候模式实时预报进行滚动修正预报，针对长江流域复杂地形条件，利用高精度的地形数据，采用坡面插值和深度学习图像超分辨率重建方法，实现高分辨率的延伸期网格预报订正，实现预报时效为 11～30 天逐日，空间分辨率为 10km×10km 的长江流域降水过程的网格高分辨预报。基于国家气候中心季节模式产品，提取出不同长江流域气候影响大气环流的月、季指数趋势，利用模式气候态、模式逐月趋势、高分辨的观测数据和 DEM 高程地理信息，结合概率密度函数（PDF）＋地形订正回归（PRISM），将模式结果订正到 25km×25km 的网格，实现了逐月滚动更新未来 5 个月逐月/未来滑动 3 个月逐季的网格降水趋势和降水量预测产品。

9.1.2.2　长江流域业务服务智能一体化平台

针对长江流域防汛抗旱和长江上游水库群联合调度的气象服务工作需求，以长江流域格点(网格)预报为基础,结合水库调度规程,凝练了水雨情实况监测报警、面雨量预报报警、洪水预估预警等系列规则,建立了流域格点降水预报订正协同算法,开发了长江流域业务服务智能一体化业务平台,实现了气象水文信息联动分析、预报服务智能提示、流域降水格点订正、数据产品快速集成、制作发布便捷高效、预报检验评估实时反馈的综合性平台,为开展长江流域气象预报服务提供了稳定可靠的平台系统支撑。

(1)海量气象信息高效实时监测查询

建立了长江流域自动站观测、天气雷达、气象卫星以及水情等信息的监测与报警功能。针对气象观测资料数据量大、空间密度高、检索条件复杂等特点,采用基于 FLEX 的 WebGIS 框架,结合针对万级站点观测数据的空间索引和表分区设置,实现了数万个站点气象要素填图、色斑图生成等实时显示,具有响应时间短、操作平滑、显示效果丰富等特点,对长江流域 2 万余个区域自动气象站的填图显示响应不超过 5s,有效解决了传统 WebGIS 在海量数据检索及显示上的性能瓶颈,为用户提供了良好的交互界面及优秀的操作体验。

(2)长江流域高分辨率降水格点预报交互订正

以数值预报格点产品和客观格点预报产品为基础,建立了空间协同算法、时间协同算法、面雨量联动计算和快速显示方法,实现了长江流域格点预报交互订正。基于上述算法,通过内存高速缓存和数据压缩,快速调取客观网格预报背景场数据,并通过渲染技术实现网格预报的无延迟渲染绘制作为预报订正背景场,利用订正工具,对网格预报进行方便快捷的交互修订,修订生成的产品将根据时间协同规则智能生成各个间隔的格点预报产品。

(3)长江流域服务产品制作与分发

文字产品制作主要通过模板的自定义配置实现,利用数据库的支持,实现模板内容数据(如短中期常规预报信息)的自动填写与语义纠正形成初级产品,在此基础上结合预报员的会商结论经预报员审阅修正后形成预报产品。产品模板编辑主要采用 ES 表达式实现文档标签的编辑,ES 表达式通过函数式的表达特性,可通过修改参数进行灵活的配置,从而实现各类数据的抽象定义。产品模板根据不同的产品类型,进行分类管理,建立模板库,并支持多版本管理模式。

服务产品发布是通过标准发布引擎,根据预先定义的产品发布策略,调用对应驱动接口,采用短信、网页、电子邮件等方式,将产品推送到不同用户组手中,满足不同用户多种方式接收常规天气预报信息的需求。

9.1.2.3 梯调中心气象业务系统

长江流域具有复杂的地理地貌和天气特征,随着信息网络技术的发展以及三峡—金沙江下游流域的梯级滚动开发,梯级联合调度对气象服务提出了更高的需求,气象服务的范围不仅涉及多库联合调度、长江上游流域的防灾减灾、库区的"点"推广至流域的"面",还需要气象预报预测服务在时效性、精细化、准确性等方面进行全面的提升。综合运用云计算、大数据等技术,集约整合了基础设施资源、数据资源、平台资源,研发了梯调中心气象业务系统,提升了三峡梯调气象业务系统的集约化、自动化和智能化水平,为金沙江下游—三峡梯级水库联合调度生产提供了"及时、精确、可靠"的气象预报预测服务支撑。

(1) 搭建了一个集约高效的基础设施支撑环境

采用基于 OpenStack 的先进云计算平台技术,遵循云端部署、终端应用原则搭建了一个集约高效的基础设施支撑环境;采用 CMACast 卫星接收和地面专线网络数据同步技术保障数据传输的安全可靠;采用路由器、防火墙均双机热备冗余设计,局域网和广域网防火墙隔离策略设计保障数据信息的网络安全可靠。

(2) 建立了一套标准规范的气象大数据支撑平台

按照软件工程相关规范以及气象行业标准,建立了从气象数据收集、加工处理到存储管理的业务流程,用于满足三峡梯调气象预报预测、气象业务服务等系统运行的数据需求,为三峡梯调提供便捷、完整、高效的底层数据支撑服务。

(3) 研发了便捷智能的三峡梯调气象业务系统和三峡梯调气象信息网

基于 MICAPS 网络平台框架,依托气象大数据云平台、数据资源优势以及最新的预报预测相关技术成果,采用 B/S 架构,研发了三峡梯调气象业务系统(包括综合监测、气象信息综合分析、强天气短时临近预报、坝区灾害天气预警、预报产品制作、流域气候预测和预报产品检验评价等功能),为三峡梯调气象预报预测提供了有力的平台支撑。通过最新的 html5 语言和 Leaflet 地理信息软件等技术研发了三峡梯调气象信息网(包括气象产品展示、综合数据显示、天气预报会商和业务监控管理等功能),实现了气象数据和产品的综合查询和展示,满足不同用户的业务应用场景需求,天气预报会商模块的应用极大缩短了天气预报会商准备的时间,提高了工作效率(图 9.1-3)。

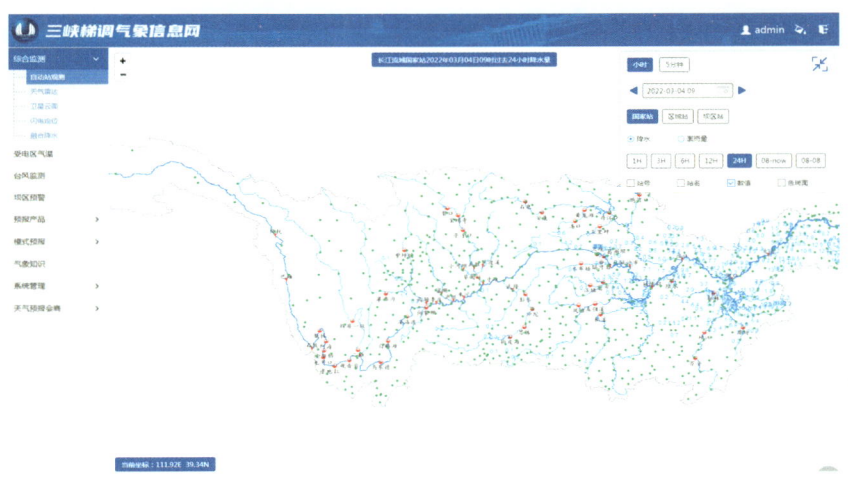

图 9.1-3　三峡梯调气象信息网

梯调中心气象业务系统为三峡水利枢纽梯级调度通信中心提供硬件支撑平台、数据支撑环境、气象业务平台和信息服务平台，提升了三峡梯调气象业务能力和信息化水平，为金沙江下游—三峡梯级水库联合调度生产和决策提供科学依据，具有明显的社会效益和经济效益。该系统在大型水电工程建设和运行期的气象保障服务方面具有广阔的应用前景，在我国气象部门尤其是流域气象服务中也有较高的推广应用价值。

9.1.3　智慧航运气象服务建设

面向长江干线水道航运气象保障服务的需求，以"信息化、集约化、标准化"为理念和方式，建设了长江流域航道天气监测预警预报系统（图 9.1-4）。系统应用沿江气象实况监测、网格预报、气象预警信息，以天气通航等级表征天气对航运的影响风险（表 9.1-1），计算航运调度管理和船舶行程规划两种服务场景下天气通航等级的具体算法，以及应用天气通航等级开展智能航运气象服务的方法，从而实现通航等级的场景定制化服务。基于 WebGIS 技术，采用 B/S 方式开发，用户通过网页访问。

图 9.1-4　长江流域航道天气监测预警预报系统

表 9.1-1　　　　　　　　长江航道天气通航等级划分规则

通航等级		适宜	有一定风险	风险较高	风险高	风险很高
能见度（km）	宜昌以上	>2.0	1.5～2.0	1.0～1.5	0.5～1.0	<0.5
	宜昌以下	>4.0	2.0～4.0	1.0～2.0		
极大风速(m/s)		<8.0	8.0～10.7	10.8～13.8	13.9～17.1	>17.2
降雨量(mm)		<50.0/12h	>50.0/12h	>50.0/6h	>50.0/3h	>100.0/3h
降雪量(mm)		<4.0/12h	4.0/12h～6.0/12h	>6.0/12h	10.0/6h～15.0/6h	>15.0/6h
小时雨强(mm)				10.0～20.0	20.0～50.0	>50.0
冰雹直径(mm)				<10.0	10.0～20.0	>20.0
最高温度＊(℃)		<28.0	28.0～30.0	30.0～35.0	>35.0	

注：＊仅适用于危险化学品运输船舶。

9.1.3.1 建立基于精细化网格预报的天气通航等级场景应用

基于数据的空间融合、时间匹配相关算法,将各类数据按照一定规则融合至航道。这里主要针对两种不同的航运场景,为两类对象提供不同的航迹匹配算法。

①针对航运管理部门的需求特性,采用静态匹配方法,以流体力学中欧拉观点为理论基础,在时间变量固定的前提下,匹配通航等级到不同的航路位置,从而提供全航段的通航等级预报预警。

②针对在航船舶的需求特性,采用动态拼配算法,以流体力学中拉格朗日观点为理论基础,在时间、空间变量均不固定的前提下,匹配船只在不同时间、不同位置的通航等级,从而提供整个航程进行过程中时间位置不断变化的通航等级预报预警。

9.1.3.2 气象服务系统功能及实现

长江流域航道天气监测预警预报系统主要功能包括:全航段、重点航段和港口码头航运调度场景下利用天气通航等级提供的通航天气风险实时预估;在航船舶行程气象向导显示;对应天气通航等级的实时监测、网格预报、服务预警气象实时监测预报信息显示查询分析;航道气象灾害高风险段基础数据、在线船舶等信息的显示查询。

(1)长江沿线航段通航的气象风险实时预估

利用气象部门对外发布的气象监测信息、精细化网格预报和预警信号等信息,研判天气对所管理航段带来的影响,系统提供四川宜宾—江苏太仓整个长江全航段及沿江分航段的天气通航等级实时查询,即可通过系统平台,快速查询基于实时监测、网格预报、预警信号三类气象监测预报预警信息计算的天气通航等级,并提供对应时段的多风险融合智能报警提醒(图9.1-5)。

图9.1-5 长江干线航道天气通航等级预估

(2)在线船舶预定行程的气象风险预判向导

为支持研判指定在航船舶行程中可能遇到的气象风险,系统通过提取接入的AIS船舶自动识别系统在线船舶的定位、船速、航向、船型、目的地等信息,利用对特定船舶的位置跟踪,通过其航迹预判目的地或者定制目的地,结合船舶航速,利用网格预报计算行程中对应江段天气通航等级,判别行程中未来伴随天气对航程的风险(图9.1-6)。

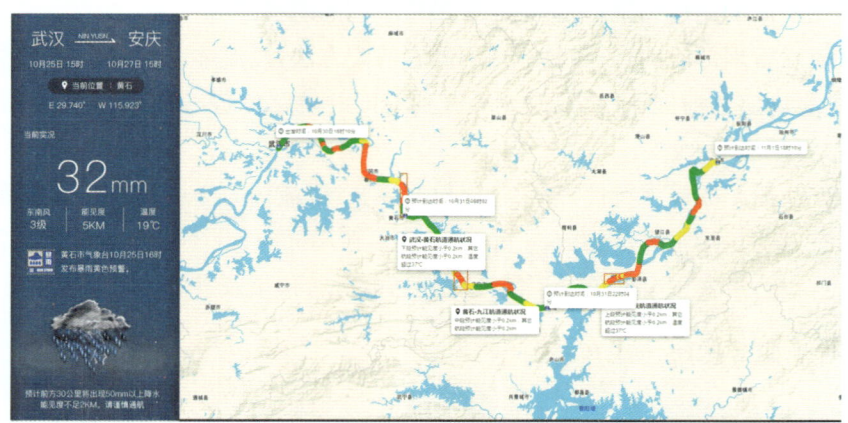

图9.1-6　实时计算在线船舶预定行程天气通航等级

(3)影响船舶通航的风险要素分析

针对以上航段调度和特定船舶行程两类场景,系统提供气象要素阈值交互调整功能,可根据船舶抗灾等级的不同来设定启动气象避灾的要素风险阈值,从而调整对应的天气通航等级;提供航线周边气象风险及非气象风险要素信息的查询、统计及时序分析,包括基础背景数据、实时气象监测预报预警信息,及 AIS 在线船舶、水位流量、航道水情等非气象风险要素信息,提供 GIS、表格、图像等多种数据显示方式;提供船舶 AIS 定位的快速查询,并可实现航道调度和在线船舶影响分析的场景切换(图 9.1-7)。

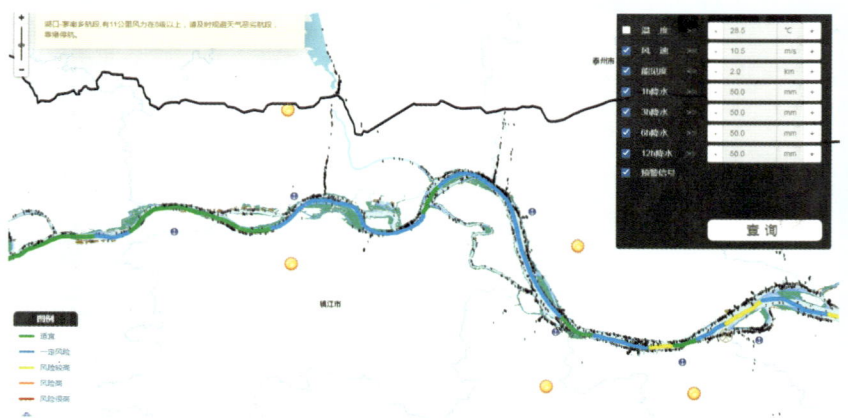

(a)航运调度管理服务场景

(b)船舶行程规划服务场景

图 9.1-8 两种不同服务场景下设定要素风险阈值调整天气通航等级

9.2 智慧水利

随着信息技术的飞速发展和管理需求的不断深化,水利信息化发展方向已逐步由"数字水利"向"智慧水利"转变。《中华人民共和国国民经济和社会发展第十四个五年规划和2035 年远景目标纲要》明确提出"构建智慧水利体系,以流域为单元提升水情测报和智能调度能力"。2021 年 3 月,水利部将智慧水利作为新阶段水利高质量发展的显著标志和六大实施路径之一,要求以数字化、网络化、智能化为主线,以数字化场景、智慧化模拟、精准化决策为路径,全面推进算据、算法、算力建设,加快构建具有预报、预警、预演、预案(以下简称"四预")功能的智慧水利体系。2021 年 10 月,水利部印发《关于大力推进智慧水利建设的指导意见》《智慧水利建设顶层设计》《"十四五"智慧水利建设规划》等相关文件,明确指出"十四五"期间建设数字孪生流域和"2+N"业务应用体系,建成智慧水利体系1.0 版的建设任务。

9.2.1 智慧长江建设总体构想

根据智慧水利建设新要求,长江委组织修编了 2015 年颁布的《长江委信息化顶层设计》,形成了《长江委智慧长江建设顶层设计(2022—2035 年)》,为当前及未来一段时期持续推进智慧水利建设绘制了蓝图。同时,针对"十四五"期间的先行先试和其他重点工作,组织编制了《"十四五"数字孪生长江建设方案》,为"十四五"期间智慧长江1.0 目标实现策划了实施路径。

9.2.1.1 总体目标

立足现有信息化基础,以业务需求为牵引,以技术发展为引领,以数字化场景、智慧化模拟、精准化决策为路径，着力实现透彻感知、全面互联、深度整合、广泛共享、智能应用、泛在服务六个方面的提升，建成以数字孪生流域为核心，具有"四预"功能的智慧长江体系，支撑流域统一规划、统一治理、统一调度、统一管理，赋能水旱灾害防御、水资源集约节约利用与保护、水资源管理与调配、大江大河大湖生态保护治理，为加快实现"安澜长江、绿色长江、和谐长江、美丽长江"，全面提升水安全保障能力，助力长江流域水利高质量发展提供技术支撑。总体目标框架见图9.2-1。

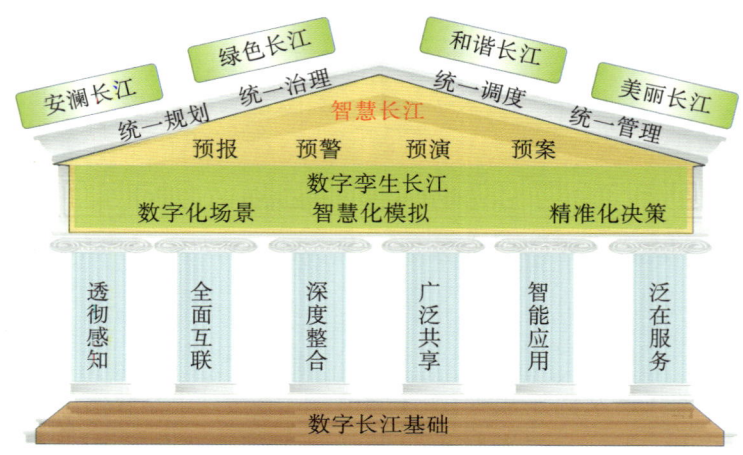

图 9.2-1 总体目标框架

（1）第一阶段（2022—2025年）：搭建框架，初见成效

基于数字长江阶段的建设成果，打造数字孪生长江，基本实现重要领域重点区域水利感知全覆盖，基本完成重要河段和工程数字化映射，长江干流、重要支流水旱灾害防御、重要跨省河流、跨流域重大引调水工程水资源管理与调配业务具有预报、预警、预演、预案功能，其他业务和政务管理应用能力明显提升，初步建成具有"四预"功能的智慧长江1.0版。

（2）第二阶段（2026—2030年）：持续建设，初现水平

基本实现水利感知在线监测，初步完成水利全要素数字化映射，水旱灾害防御、水资源管理与调配业务"四预"功能进一步提升，其他业务和政务管理应用体系基本建成。基本建成精准预报、精确预警、精密预演、精细预案的智慧长江2.0版。

（3）第三阶段（2031—2035年）：迭代优化，全面建成

建成智慧长江3.0版。流域各项水利治理管理活动全面实现数字化、网络化、智能化，数字孪生流域与物理流域实现更高水平的同步仿真运行、虚实交互和迭代优化。

9.2.1.2 总体框架

智慧长江总体框架遵循智慧水利总体架构，具有"透彻感知、全面互联、深度整合、广泛

共享、智能应用、泛在服务"的智慧水利特征,由数字孪生长江、业务应用两大板块和网络安全体系、保障体系两大体系构成(图9.2-2)。

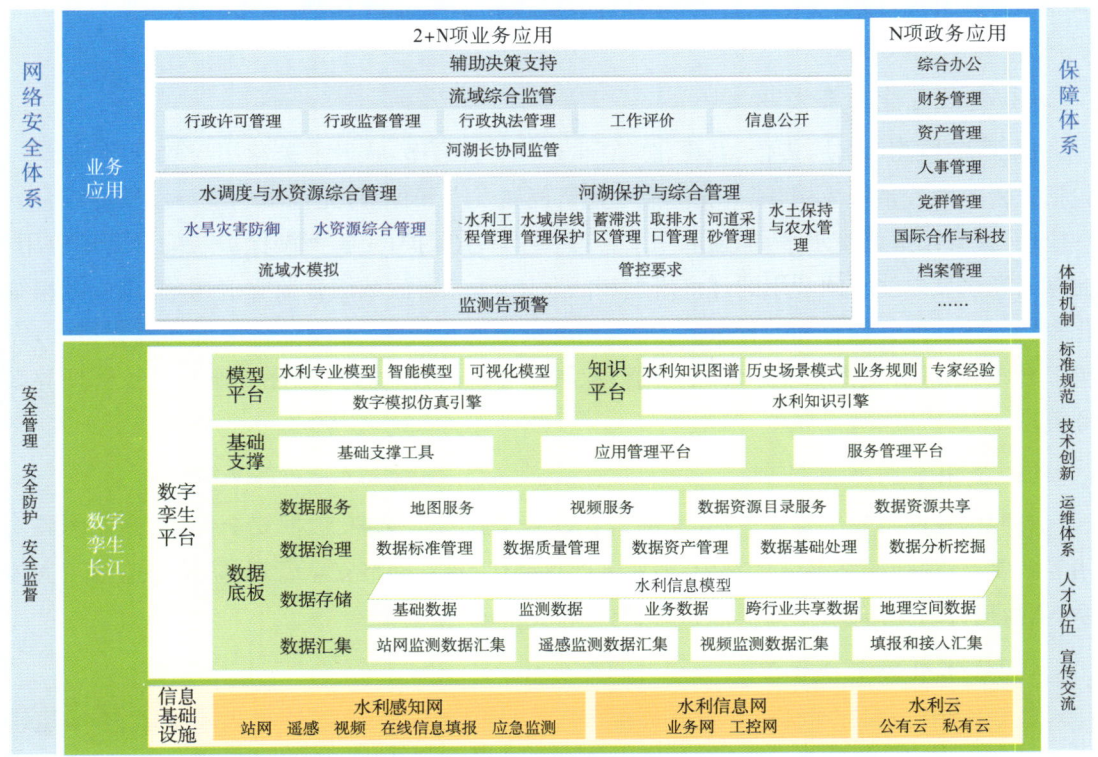

图9.2-2 智慧长江建设总体框架

9.2.1.3 主要任务

主要包括完善信息基础设施、构建数字孪生平台、建设智能业务应用、强化水利网络安全、优化智慧长江保障等5个方面的建设任务。

(1)完善信息基础设施

拟完善综合站网、视频监视、遥感和无人机监测、信息填报等常规监测和应急监测能力,形成面向长江流域重要江河湖泊水系、水利工程设施、水利管理活动的空天地一体化水利感知网;依托国家电子政务网络、公共网络、自建专用网络,构建覆盖流域管理机构、省水行政主管部门、各类水利工程管理单位、相关涉水单位的水利网络,全面支持IPv6,广泛应用软件定义网络,加强移动互联,完善工控网;构建水利云,扩展国产虚拟化计算存储资源池,引入高性能计算,满足数字孪生应用环境需求。

(2)构建数字孪生平台

拟完善数据底板,通过统一数据标准,汇集多源数据,强化数据治理,统一数据服务,为前端业务分析提供全面、快速、灵活的数据支撑；优化、扩展传统机理模型，结合数据挖掘、机器学习、知识图谱等技术，构建水利模型服务平台，提升对预测预报、工程调度和辅助决策等业务的算法支撑；探索建设水利知识图谱、历史场景模式、业务规则、专家经验和水利知识引擎，提升知识提取和服务能力。

(3) 建设智能业务应用

拟围绕"监测、评估、告警、处置、总结"全过程管控环节，提升业务应用与政务应用水平，包括完善监测告预警应用，统一支撑流域监管问题发现和预警；完善水调度与水资源综合管理应用，提升预报调度水平，加强取用水管理和水环境保护；完善河湖保护与综合管理应用，支撑河湖水域岸线空间利用的许可研判和问题认定；完善流域综合监管应用，提供流域精细化和协同化的监督检查和处置服务；完善辅助决策支持应用，支撑综合决策和远程指挥；完善综合政务应用，支撑综合办公、财务管理、资产管理、人事管理、国际合作与科技管理等政务管理。

(4) 强化水利网络安全

对照国家网络安全等级保护、关键信息基础设施安全保护、数据安全保护、商业密码应用等新要求，加强网络与信息安全，加速国产化替代，建立网络安全管理、防护与监督三大体系，全面提升纵深防御、监测预警、应急响应和灾备能力。

(5) 优化智慧长江保障

健全体制机制、完善标准规范、加强资金保障、实现技术创新、优化人才队伍、夯实运维体系、拓展宣传与交流，统筹谋划、持续推进，保障智慧水利健康、可续持发展。

9.2.1.4 实施路径

坚持"流域一盘棋"，按照"流域统筹、共建共享"的基本原则，考虑流域管理机构、流域内省级水行政主管部门、水利工程管理单位的衔接关系，分工协作开展建设与成果共享（图9.2-3）。

"十四五"期间，拟在统一顶层设计、统一系统集成标准的基础上，充分利用试点成果、统筹申报项目，分块开展实施工作。拟定了先开展技术攻关、项目试点，再完善功能、初步建成的技术路线。共策划长江委统筹共建试点项目7个，包括汉江流域、澧水流域2个流域，三峡库区和长江中下游行蓄洪空间2个河段，丹江口、江垭、皂市3个工程，其中汉江流域和丹江口、江垭、皂市被列入水利部先行先试清单；流域内江苏、江西、湖北、湖南、重庆、四川、贵州、云南等省（直辖市）水利厅（局）及中国南水北调集团有限公司列入水利部先行先试清单任务16个；长江委拟统筹申报重点项目9个，结合水利部拟统建项目3个，以及地方其他智慧水利项目，共同实现智慧长江1.0目标。

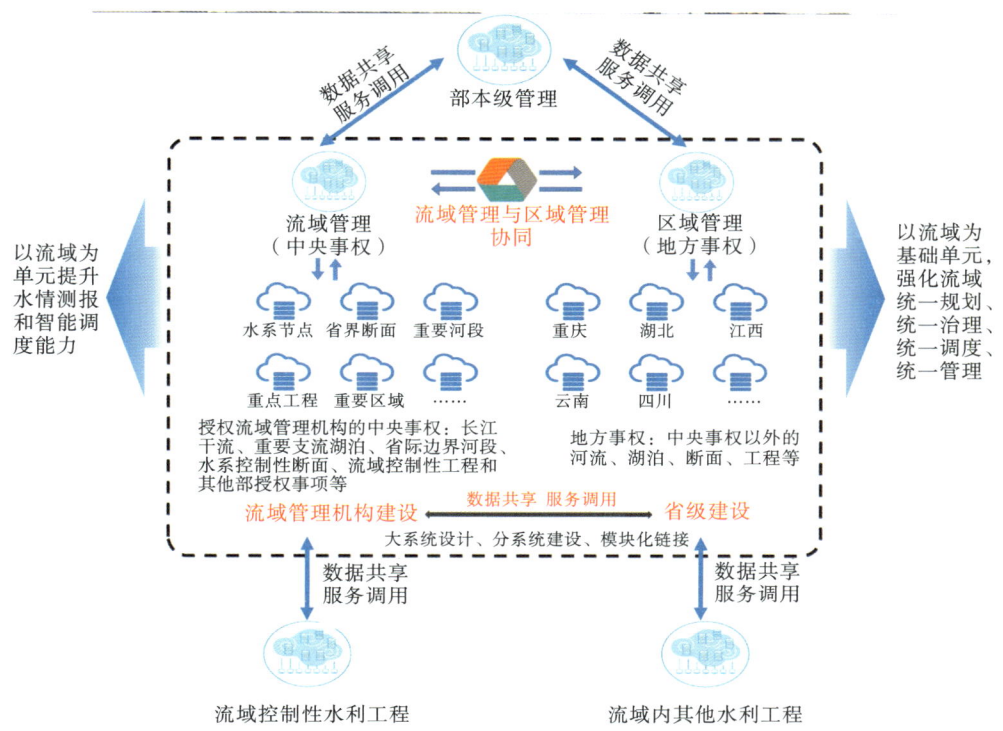

图 9.2-3　智慧长江共建共享布局

9.2.2　智慧长江试点实践

9.2.2.1　流域管理机构试点实践

2021年,长江委印发了《数字孪生长江试点建设工作安排的通知》,先行启动了汉江流域、澧水流域2个流域,三峡库区和长江中下游行蓄洪空间2个河段,丹江口、江垭、皂市3个工程的数字孪生试点建设。

(1)数字孪生汉江流域

1)背景情况

汉江流域是湖北省资源要素最为密集的地区之一,还坐拥亚洲第一大人工淡水湖、国家南水北调中线工程水源地丹江口水库。开展数字孪生汉江流域建设,综合考虑防洪、生态、供水、航运和发电等调度需求,聚焦库区风险分析、蓄滞洪区仿真模拟、干支流河道演算、大坝防洪运行评价等非工程措施的信息化、业务化、决策化研发,是强化汉江流域水资源统一调度管理,确保汉江流域防洪安全及洪水效益的有效发挥,提升流域综合调度决策科学水平,保障汉江流域安澜的现实要求。

2)主要内容

将数字孪生技术在水利层面进行应用,构建汉江流域物理世界与虚拟空间一一对应、相互映射、协同交互的复杂系统,以防洪、供水为主要应用,在虚拟空间再造一个与之匹配、对应的数字孪生流域。建设范围覆盖汉江流域丹江口库区及中下游沿江区域,干流上至孤山坝址,下至汉口,同时纳入堵河、南河、唐白河重要支流沿江区域,影响区域涉及陕西、湖北、河南、四川、重庆、甘肃等省级行政区,建设对象为汉江上中游水库群、引调水工程以及汉江中下游航电枢纽、分蓄洪民垸、蓄滞洪区、堤防控制站、供水控制断面等。建设内容包括:建设汉江流域水利数据底板,汇聚汉江流域全要素信息,展现流域全貌和水工程运行状态,驱动汉江水工程调度管理决策;建设汉江流域水工程调度模型平台和知识平台,实现数字孪生汉江智慧化模拟,并汇聚人工智能、大数据等新技术基础服务能力,以及数字孪生汉江特有的场景服务、数据服务、仿真服务等能力,为上层应用提供技术赋能与统一开发服务支撑;面向汉江流域防洪、供水等业务需求,建设基于数字孪生汉江一张图的专业智慧应用服务,实现预报、预警、预演、预案"四预"全过程。

3)预期实施效果

通过试点建设,拟实现汉江流域水利全要素数字化和虚拟化、流域状态实时化和可视化、流域水工程管理决策协同化和智能化;实现物理维度上的实体汉江流域与信息维度上的虚拟汉江流域同生共存、虚实交融,支撑预报、预警、预演、预案"四预"功能(图 9.2-4);实现汉江流域智慧化模拟和精准化决策,赋能汉江流域防洪、供水智慧化管理,并形成示范应用效果,助推水利事业高质量发展。

图 9.2-4　数字孪生汉江流域"四预"功能界面预期效果

(2)数字孪生澧水流域

1)背景情况

澧水是洞庭湖水系单位面积产水量最大的支流,其防洪成效对洞庭湖甚至整个长江中下游地区都具有重要影响。开展数字孪生澧水流域建设,以数字孪生平台为基础,构建流域防洪"四预"和水资源管理与调配业务应用,初步建成物理空间与数字空间互馈的数字孪生澧水流域体系,有助于提升澧水流域水旱灾害防御能力,增强水资源配置与管理水平,为新阶段水利高质量发展提供有力支撑和强力驱动。

2) 主要内容

面向澧水全流域重点选择澧水干流中下游(张家界水文站—三江口)和溇水(江坪河—江垭—慈利)及漤水(雁池—皂市—三江口)等重点河段,构建数据底板、模型平台和知识平台,形成数字孪生平台,在此基础上构建2个流域层级的防洪"四预"业务应用和水资源管理调配业务应用,建成物理空间与数字空间互馈的数字孪生澧水流域体系。其中,数据底板整合澧水流域基础数据、监测数据、业务数据、地理信息数据及跨行业数据;模型平台主要包含气象数据处理模型、水文产流模型、多维洪水演进水动力学模型、洪灾风险评估模型、水库防洪调度模型、流域水资源调度模型等水利专业模型、智能模型和可视化模型;知识平台主要包含流域多水库调度规则库及知识图谱。

3) 预期实施效果

通过试点建设,拟研发澧水流域干支流整体一维洪水演进模型、城镇洪水淹没二维模型,准确模拟河道行洪、路面过流、房屋淹没、低洼积水等复杂水流运动过程,实现大范围洪峰时空追踪、洪水漫堤、城镇淹没、滞洪退水的全过程模拟,有效提升澧水流域水旱灾害防御能力(图9.2-5)。

图 9.2-5 数字孪生澧水流域功能界面预期效果

(3) 数字孪生三峡河段

1) 背景情况

三峡库区具有重要的蓄洪作用,并为长江流域的灌溉提供丰富的水源,为流域航运、供水、生态、发电等需求提供有力保障,对库区及相关区域的人民生活和经济发展产生巨大影响。构建数字孪生三峡库区,以防汛抗旱、水资源管理等业务应用为主,以数字地形为基础,以干支流水系为骨干,探索数字流域场景中的动态交互、实时融合和仿真模拟,推进并实现"四预"能力建设,对于提高管理智慧化水平、促进长江流域水安全保障和长江经济带战略实施具有重要作用。

2)主要内容

收集目标区域地形影像资料以及社会经济数据,建设三峡库区二、三维场景,丰富展示元素,利用倾斜摄影和影像资料数据建立高精三维模型,利用工程设计资料构建外观 BIM 模型,通过精细化的三维模型和混合现实技术,完成数字流域和现实流域间的互动;完善三峡库区多维嵌套的水动力学模型,实现试点区域水流场模拟,开发试点区域二、三维嵌套的可视化模型,实现多维数据的展示;通过动态预测三峡水库库区水面线变化过程,评估重点地区的淹没风险及对社会经济的影响,推荐实时调度建议,为精准化决策提供技术支撑。

3)预期实施效果

通过试点建设,拟建成三峡库区变参数水文互馈模型、三峡水库概率预报模型,提升三峡工程入库洪水预报精度;建成三峡库区水动力学模型、库区水面线计算模型,结合社会经济数据,实现库区调度效益与风险分析,为预演预案提供支撑。进一步增强水库库容安全、地质安全、水环境安全、水资源安全、水生态安全管理感知能力,显著提升三峡水库运行管理的智慧化模拟、精细化管理与科学化决策水平(图 9.2-6)。

图 9.2-6　数字孪生三峡河段功能界面预期效果

(4)数字孪生长江中下游行蓄洪空间

1)背景情况

长江中下游行蓄洪空间是水工程联合调度的重要对象。重点围绕荆江和城陵矶河段,构建数字孪生长江中下游行蓄洪空间,研究长江中下游行蓄洪空间水—工—险—灾数据关系,对于实现不同水雨工情条件下险情与灾情时空位置精准识别、损失程度快速评估以及灾情演变态势动态掌握,提升蓄滞洪区和洲滩民垸智能调度水平十分重要。

2)主要内容

基于历史水情、雨情、工情、社情数据、自然地理资料以及站网实时观测资料,研发可感知互馈且能实时更新的数据底座;将河道水动力演进模型、行蓄洪空间运用模型与风险评估与决策模型等专业模型按照统一规范格式进行封装,形成专业模型库;结合人工智能等技术,建立知识图谱、智慧图谱、模型误差反馈校正模型、风险群决策模型与自适应调控模型等高阶模型,提高现有模型算力,完善模型功能;根据实时监测与智慧化模拟得到的险情、灾情信息,结合群智能决策支持模型,精准把控不同调度方案下风险发生的时空状态以及演变态势;通过可视化技术完成集全域险情呈现、全态势感知预警、灾损互馈响应于一体的数字化场景建设,实现在人机交互条件下实时对调度方案进行反馈优化与精准化决策。

3)预期实施效果

试点拟建设流域—河段—行蓄洪空间三级数字化场景,构建集行蓄洪工程交互运用—防洪态势时空演变互馈的模拟支撑功能,研发行蓄洪空间组合运用多场景演化差异性和精准化决策舱,实现行蓄洪空间全息、全景、全域、多时空、全过程智慧化模拟和精准化决策(图9.2-7)。

图9.2-7 蓄滞洪区调度运用决策舱预期效果

(5)数字孪生丹江口工程

1)背景情况

丹江口水库作为汉江防洪调度的核心水库,承担了汉江下游和长江中下游防洪任务。同时,丹江口水利枢纽作为南水北调中线工程的水源工程,是联系支撑南北国家战略的重要纽带。开展数字孪生丹江口工程建设,以水源工程的工程安全、供水安全、水质安全、库区安全需求为导向,实现中线水源工程安全以保可蓄、水质安全以保水好可用、供水安全以保有量可供,为中线水源工程新阶段高质量发展提供有力支撑和强力驱动。

2)主要内容

共享数字孪生汉江流域有关底板数据,补充水源工程坝区 DEM、坝区及陈家咀倾斜摄影模型,新建坝区 BIM 和地灾体全景影像等地理空间数据;开展数据治理,接入大坝安全监测、供水遥测、水质监测、库区水域岸线违法、地质灾害、地震监测、水土保持监测、视频监控等数据;融合库区淹没风险区实物指标解译成果和库周污染源等业务数据,构建 BIM+GIS 技术的 L3 级数据底板。研发工程安全、供水调度、水环境评价等专业模型和大坝运行安全监测、视频人工智能等智能模型。构建工程安全、水质安全、库区安全知识库。建设工程安全智能分析预警、供水安全智能分析决策、水质安全智能分析管理、库区综合管理、会商调度决策系统等业务应用。

3)预期实施效果

试点将数字孪生技术在水利工程层面进行应用,拟实现丹江口工程物理世界与虚拟空间一一对应、相互映射、协同交互,在虚拟空间再造一个与之匹配、对应的数字孪生丹江口工程,实现水流、信息流、业务流、价值流的全过程孪生互动和智能分析,满足业务灵活多变需求,适应时空业务快速变化应用建设(图 9.2-8)。

图 9.2-8　数字孪生丹江口工程预期效果

(6)数字孪生江垭皂市工程

1)背景情况

江垭和皂市水库是澧水流域已建成的具有防洪功能的主要水库。其中,江垭水库坝址控制流域面积占整个澧水流域面积的 20.06%,皂市水库是 1998 年长江流域大洪水之后国务院批准的防洪治理国家"十五"重点水利工程。在开展数字孪生澧水流域建设的基础上,同步开展数字孪生江垭皂市工程建设，以江垭、皂市为具体对象，提升澧水流域江垭、皂市两个关键水利工程信息系统的整体性、一致性，实现多系统集成、数据共享、统一标准，实现数字化场景、智慧化模拟、精准化决策，赋能枢纽工程和库区管理，有助于保障江垭和皂市等水工程安全高效稳定运行、提高水库管理能力，发挥流域和水工程综合效益，为新阶段水利高质量发展提供有力支撑和强力驱动。

2）主要内容

重点开展水雨情遥测系统升级、大坝安全监测采集设备提档、视频监控系统改造等方面的工作。数字孪生平台通过开展倾斜摄影、DOM、DEM、水下地形数据等现场采集与工程BIM建模，形成数据底板；通过建设防洪兴利调度、工程安全分析预警等两大类水利专业模型，以及智能识别模型和可视化模型，形成模型库；通过建设预报调度方案库、工程安全知识库、业务规则库，形成知识库。在数字孪生工程数据底板基础上，发挥数字孪生水利工程的数字化映射、智能化模拟、精准化决策作用，以江垭、皂市工程为核心目标，建设工程安全分析预警、防洪兴利调度、生产运营管理、库区巡查、综合决策支持5项业务应用。

3）预期实施效果

初步建成需求驱动、水平领先、成效突出的数字孪生江垭皂市，达到"1个孪生平台、5个智能应用、3项数字赋能"的建设目标，有力保障工程安全稳定运行、全面提高工程管理能力、充分发挥工程综合效益，为长江流域数字孪生工程建设起到典型的示范作用（图9.2-9）。

图9.2-9　数字孪生江垭皂市预期效果

9.2.2.2 流域相关省(直辖市)试点实践

根据水利部要求,长江流域各有关省(直辖市)也同步开展了试点实践,主要包括数字孪生秦淮河、数字孪生水网(南通城区)、数字孪生浏阳河、数字孪生岷江(成都锦江段)、数字孪生琼江(遂宁段)、数字孪生青衣江(雅安段)、数字孪生贵州清水江(干流—都匀市茶园水库至施洞水文站河段)、数字孪生上清河8个河段,数字孪生峡江水利枢纽工程、数字孪生乐安河、数字孪生汉江兴隆水利枢纽、数字孪生欧阳海灌区水利工程、数字孪生江津鹅公水库工程、数字孪生都江堰(渠首枢纽)、数字孪生夹岩水利枢纽及黔西北供水工程、数字孪生南水北调(引江补汉工程)8个水利工程,共计16个试点任务(图9.2-10)。相关省(直辖市)数字孪生试点实践,以防洪"四预"为主要目标,完善试点河段和工程数据底板,构建多模型耦合平台,沉淀集方案、规则与经验于一体的知识,融合BIM+GIS+物联网及VR技术,实现数字河段(工程)与物理河段(工程)的要素精准全映射和同步仿真运行。

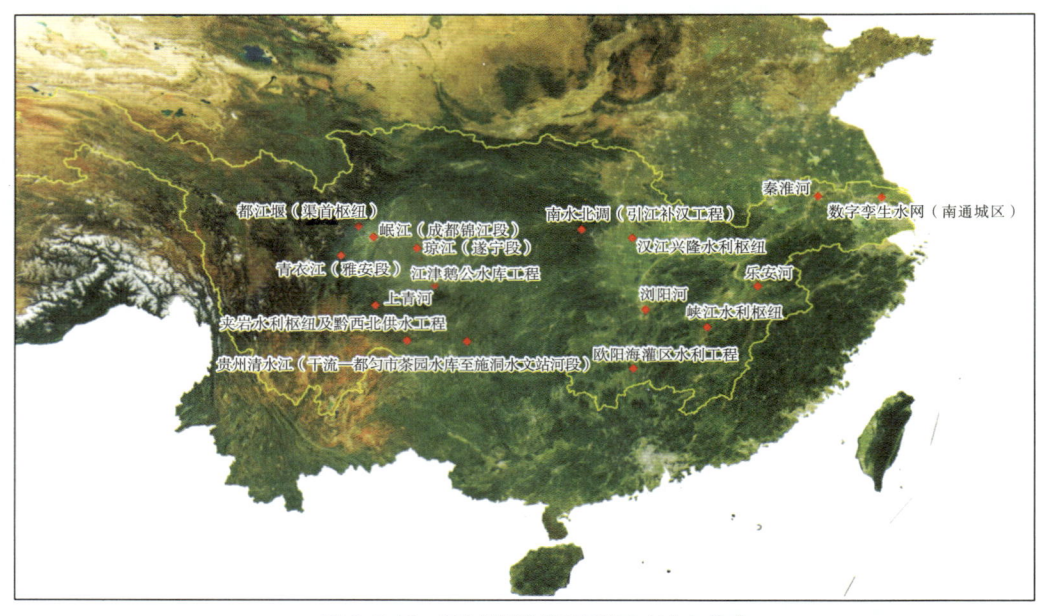

图9.2-10 流域相关省(直辖市)试点分布

9.2.2.3 其他相关工作实践

2021年,一系列重点项目和重点工程完工或取得突破性进展,为新时代长江治理与保护工作提供了有力的技术支撑。

(1)智慧水务

1)项目背景

智慧水务利用信息化技术手段打通水体循环和水务管理,将原有的以事中事后应对处置为主的被动管控模式,转变为以事前预测防范的主动管控模式;将原有的以人为主的运营管理模式,转变为更为科学合理的标准化、定量化、智能化模式。智慧水务理念的引入,智慧管控体系的建立,是水务发展和水环境系统治理的大势所趋,是一次行业跨界和升级。

2)主要内容

三峡集团按照流域、城市、项目三层级提出总体实施路径,流域级从上到下粗线条,项目级、城市级系统从下到上细线条的路径持续开发建设。

在流域层级紧扣"三水共治""四源齐控"等战略目标,开展长江大保护智慧水务顶层设计,明确架构设计和数据标准体系,创新共治长江新生态、新模式、新标准,坚持技术业务同发展、上下互通左右连,一张蓝图绘到底。

在城市和项目层级,长江大保护智慧水务运营平台和城市智慧水管家系统已在试点城市部署应用,基本实现了水务资产数字化管理、实时监控、运行维护和一体化调度,为城市水务的智慧运管提供"全面感知—科学评估—智能预警—调度决策"的闭环管理支撑,解决地下管网看不见、资产运行态势说不清、水务运营管不住等痛点、难点问题。长江大保护管网数字化管理系统已对2万余km管网进行入库管理,用全面数字化重塑城市始终隐秘的下半截,转变运营水务资产为运营水务数据,用数字化打造城市"智"水新模式。

同时,为了保障落实,三峡集团通过智慧管控全面实现大保护业务的治理系统化、管理精细化、业务协同化和决策智慧化,从全局的视角落实"城市智慧水管家""厂网河湖岸一体化系统治理"和"规划—建设—运行"全生命周期科学系统治水模式,全力形成城市水系统治理智慧建设和运营能力、大保护业务综合智慧监管能力、产业生态智慧管理能力。

3)实施效果

三峡集团通过在九江、芜湖等地智慧水务试点项目,总结和积累了大量的智慧水务经验,形成了三峡特色的智慧水务统一平台,正在向长江大保护全面推广建设(图9.2-11)。

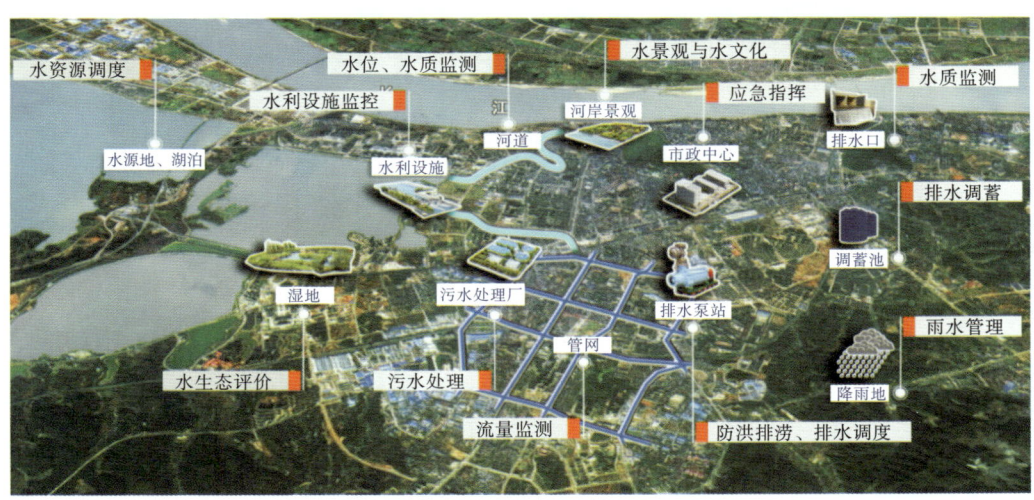

图9.2-11 智慧水务平台

（2）重庆智慧河湖长系统

1）项目背景

重庆地处长江上游生态屏障的最后一道关口，对长江中下游地区生态安全承担着不可替代的作用，保护好长江母亲河事关重庆长远发展，事关国家发展全局。重庆市以智慧河长建设为抓手积极开展智能化赋能。

2）主要内容

通过构建天空地一体化感知采集体系，包括33座水质水量自动监测站、3处水质全特征溯源监测系统、169套视频监控，并配套无人机、无人船及遥感卫星影像监控等手段，满足多尺度范围动态监控的多样化监管需要。以水利数据中心为依托，整合共享规划自然资源、生态环境等相关单位已有的涉水数据资源，通过数据交换，形成河长制大数据中心，实现与其他行业的数据共享，满足流域河湖管理需求。

3）实施效果

紧密围绕河长制工作"一河一长""一河一策""一河一档"的总体部署和六大任务的监管需要，建设了智慧河长系统，充分应用智慧化感知监测、智慧化大数据分析、智慧化展示等技术，为水资源保护、水域岸线管护、水污染防治、水环境治理和水生态修复提供主动监控手段，及时预警服务，为河库管理提供监督、管理、决策支持，有效促进社会宣传，鼓励群众监督参与，助力实现全民参与治水（图9.2-12）。

图9.2-12　综合展示系统

9.3　智慧航运

9.3.1　智慧航运建设发展

（1）不断提升科技创新引领

协同推进重大科技研发，完成国家重点研发计划"长江黄金航道整治技术及示范"项目，内河航道设施监测预警与服务、三峡水运新通道航运关键技术研究等省部级项目完成主体研究任务,积极参与工信部高技术船舶科研项目"氢燃料动力船舶关键技术研究",开展三峡后续工作科技项目"三峡升船机运行初期运行维护关键技术研究","大型通航枢纽扩能与运营安全保障科技示范工程"通过验收。加强航道建设技术、枢纽通航技术、绿色智能技术研发与应用。加强重点领域标准体系建设,聚焦基础设施、运输装备、运输服务、智慧航运、安全应急和绿色发展等方面开展了标准制(修)订工作,涵盖国家、行业、地方、团体、企业标准五个层级。

(2)持续提升信息化水平

完善长江航运通信专网,完成长江干线汉渝数字传输系统工程,巩固提升信息通信网络服务能力和水平。完成长江干线北斗地基增强系统主体工程建设,基本建成全线北斗基础网络。通过应急指挥平台、长江航运物流公共信息平台、三船诚信监测系统、长江航道互动系统、"四位一体"系统等业务系统建设,提升航运综合服务和管理水平;长江海事局组织建设了重点港(桥)区VTS、重点水域视频监控、重点船舶AIS等系统,提高了安全救助的能力;长江航道局建成了数字航道、电子航道图等信息化系统,基本实现了长江航道的信息化管理和服务。建立并积累了较为丰富的基础数据资源和业务数据资源,在支撑行业运行监管、辅助管理决策、对外信息服务等方面发挥了重要作用,同时在数据更新机制和方式、数据交换共享机制等方面也进行了初步探索。制定了长江干线航运基础信息资源标准规范等一系列信息化标准规范。国家交通物流信息平台管理中心、江苏省运管局、武汉新港管理委员会、舟山市港航管理局等单位依托长江航运物流数据中心,实现了航运物流相关信息的共享交换,支撑了集装箱、危险品物流、船舶动态管理的业务协同。

(3)不断拓展新技术应用

推进航道基础设施数字化,长江干线合江门—兰家沱段、大埠街—上巢湖段、上巢湖—浏河口段数字航道建设工程竣工验收,航道测量设施和监测感知网络等航道运行状态在线监测系统建设加快推进,长江干线数字航道综合业务系统正式上线试运行,有序推进航道信息感知和动态监测体系、智慧航道养护管理业务体系、智慧航道公共服务体系、智慧航道制度标准体系等构建。长江电子航道图应用进一步拓展,丰富了航路、锚地、服务区、桥梁码头等通航信息,覆盖范围上延至云南水富,基本实现与汉江、赣江、信江等重要支流的互联互通。推进航标终端升级,完成长江干线95%航标终端通信2G升4G,规模化推广应用AIS航标。苏州港太仓港区四期建成全自动化堆场集装箱码头,试点应用5G远程控制岸桥作业;武汉阳逻国际港集装箱水铁联运5G应用项目投入运营,实现无人驾驶、远程操控、自动化管理。"三峡通航e站"上线试运行,实现长江三峡河段智慧通航。加强智慧海事建设,长江干线首套船载和岸基危化品船舶智能自主监控系统在泰州调试运行,长三角"陆海空天"一体化海事监管体系建设获批交通强国试点项目。创新智慧物流运营模式,打造港口智慧物流信息平台,长航局与重庆市共同推进"长江智慧物流工程",启动智慧物流有关试点建设。

9.3.2 长江干线数字航道建设实践

9.3.2.1 建设历程

长江数字航道、智慧航道按照"一次规划,分步实施"的原则实施(图9.3-1)。在交通运输部的支持下,全面加快数字航道建设步伐。从2006年至今,先后组织实施了电子航道图生产与服务系统建设工程、长江干线数字航道兰家沱—鳊鱼溪段建设工程、长江干线数字航道鳊鱼溪—大埠街段建设工程、长江干线大埠街—上巢湖段数字航道建设工程、长江干线上巢湖—浏河口段数字航道建设工程、长江航道局信息系统安全等级保护设备购置工程、长江干线合江门—兰家沱段数字航道建设工程、长江干线数字航道综合服务平台建设工程等数字航道建设项目,在2019年基本实现了长江干线数字航道的全覆盖。

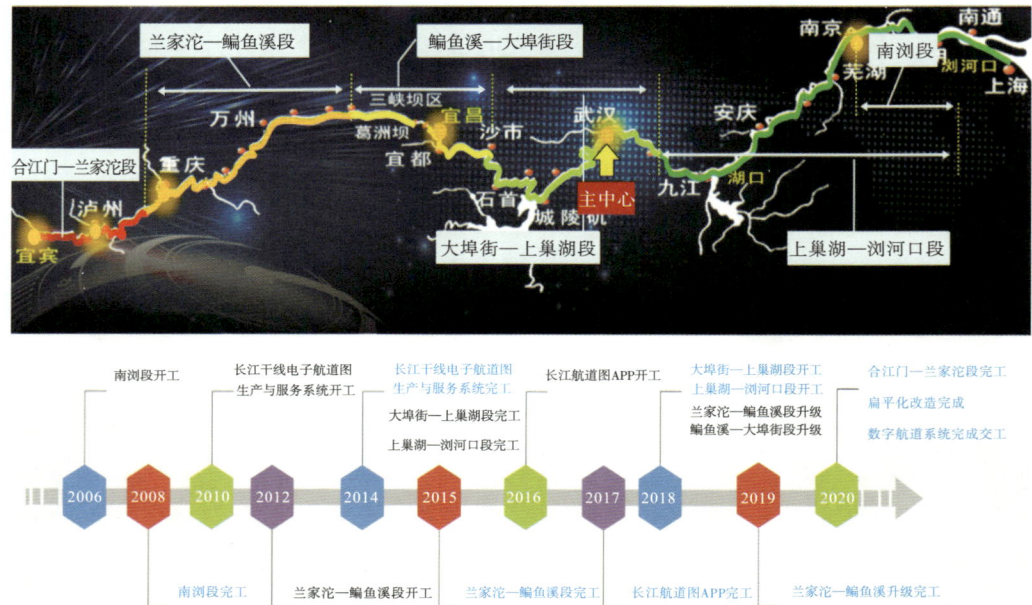

图 9.3-1 长江智慧航道建设历程

9.3.2.2 主要建设成效

(1)实现了长江干线航道要素的实时采集和动态监测

长江数字航道建设实现了长江干线2628km重要航道要素的实时采集与动态监测,包括:长江干线在设的 5100 多座公用航标均实现了遥测遥控;建成了长江干线 168 处自动水位站;458 艘工作船舶安装了机舱监测系统,为 218 艘工作船舶配置了船载作业终端;建成了 33 处控制河段信号台的自动通行控制指挥系统。

(2)建成了"一主六分七中心"

"一主",即 1 个主中心,是长江航道局数字航道监管中心。它既是数字航道运行的管理中心、数据中心、应急指挥中心,也是长江航道信息服务的中心,是长江航道信息集中式服务的窗口。"六分",即 6 个分中心,是分布在沿线区域航道局的数字航道运行管理分中心,也是数据分中心和应急指挥分中心。

(3)建成了"一图一站三平台"

"一图",即长江电子航道图,是船舶航行服务参考和应用的空间数据基础;"一站",即航道信息服务网站,是面向用户的信息服务门户系统,是集门户网站、Web Service 网络服务、RSS 消息推送服务、短信息服务等于一体的综合信息服务窗口;"三平台",即航道维护管理平台、航道动态监测平台和航道应急指挥平台等应用系统的总称,是航道信息服务的基础和来源。

(4)形成了长江全干线电子航道图及其标准体系

依托于长江电子航道图的成功研制和应用,以及数字航道建设,长江逐渐建立起完善的标准体系,形成了有效指导全国电子航道图生产、更新与发布的标准体系,并在 2021 年牵头编制了两项内河数字航道建设标准。航道信息服务更加实时、便捷,完成"行畅江海"服务平台整合,将下游深水航道个性化定制化信息服务推广至长江全线。依托电子航道图不断拓展长江航运综合服务能力,完成了长江干线航道中上游航路以及全线水上绿色服务区、码头、桥梁等地理信息专题图层发布,航运用户满意度持续提升。长江航道图 APP 发布更新 2 个版本,注册用户突破 13 万人。电子航道图在高等级航道全面推广,"长江方案"成功应用至汉江、赣江、信江、金沙江、京杭运河等支流及内河,2021 年电子航道图支流新增 689km,累计覆盖 1239km 内河航道,构建了干支联动新格局。

9.3.2.3 应用效果

(1)航道要素感知逐步全面化

长江干线数字航道通过建设覆盖长江干线航道的航标遥测遥控系统、水位遥测遥报系统、航道工作船舶机舱监测系统、控制河段自动通行指挥系统等。构建了一个涵盖航标、水位、船舶、视频、航道地形等水上、水下重要航道要素的立体感知体系,逐步实现了对重要航道要素的数字化监测。

（2）航道维护管理迈向现代化

数字航道促进了长江航道运行管理机制的变革,缩短了"管理调控—调度指挥—现场执行"工作链的距离,规范了航道维护管理的工作流程,助力了航道维护管理的科学决策,航道维护管理正逐步实现主动化、标准化、精细化、科学化,现代化航道维护管理模式初步构建。

（3）航道通航保障趋于品质化

数字航道提升了航道动态监测能力,提高了航道运行质量及通航安全保障能力,有效提升了航道公共服务的品质。

（4）航道公共服务初步按需化

提供多渠道综合信息服务,航道信息服务全面推广应用。在 ECDIS、ECS 等船用终端设备中,利用电子航道图数据结合船载定位及 AIS 信号,提供水深、水位、可航水域、最小航宽等可视化信息,实现船舶交会、偏离航道、水下碍航物预警和桥区、锚地、横驶区、警戒区等特殊水域航行提示,辅助船舶安全航行。

9.3.3 "5G+北斗"智慧海事示范区建设

为贯彻交通强国战略,构建"陆海空天"一体化水上交通运输安全保障体系,由长江海事局组织、长江通信管理局牵头,联合中国移动宜昌分公司、华为公司,打造了长江航运首个"5G+北斗"智慧海事样板点项目,初步实现了"智慧监管""移动执法""应急救助"等三大创新应用。

宜昌市临江坪待闸锚地是"5G+北斗"智慧海事项目的核心水域之一。船舶要过坝,就必须要在下游区域进入锚地,办理申报手续,进行安全检查。在传统模式下,船舶进入锚地要沿途寻找锚泊位,进出港秩序差,锚泊随意性强,不仅会增加碰撞风险,也让船舶监管变难。现在样板点内水域全部实现了 5G 专网覆盖,船员再也不用等进了停泊区再去找锚泊位,船员通过船载"5G+北斗"智能终端或"慧泊"APP,能提前、准确知道哪里有锚泊位,然后直接行驶到停泊区。在长江宜昌通信管理局监控中心大屏,监管人员透过锚地船舶动态管理系统(图 9.3-2),能实时监控锚地内的船舶数量、船舶类型、载货数量、是否安检等情况。

"5G+北斗"高精定位系统能提供亚米级、厘米级、毫米级的高精度定位,让船舶监管更直观、更精确。一旦有船舶偏离航路或驶入警戒区,系统能立即响应,并向该船推送预警信息,提醒驾驶员及时纠正。通过 5G 网络和移动执法终端,现场执法视频能及时回传,实现海事执法一键查询和一键归档,海事执法效率提升了一倍。在 5G 网络的支撑下,还能支持船舶远程检修,特别是在事故现场勘察和 PSC(港口国监督)检查缺陷判断时,通过 5G 执法仪的高清、低时延的视频,能够实时将事故现场勘察和相关检查情况及时传回,支撑远程"专家诊断",确保执法检查准确无漏洞。"5G+北斗"智慧海事样板点项目,通过大数据、边缘计算、人工智能等新技术,优化航运管理、提供公共服务、提升航行安全、提高运输效率,构建起"多维感知、全域抵达、高效协同、智能处置"的"陆海空天"一体化水上交通安全保障体系。

图 9.3-2　船舶动态管理系统

在宜昌市临江坪待闸锚地,还配备了 5G 无人机(图 9.3-3)、5G 无人船、5G 海巡艇等应急救援装备,全部能接收 5G 信号,实现了"船"和"船"、"船"和"岸"的网络连接。5G 无人船长七八米,没有驾驶舱,也没有舵,操作者只需站在岸边按下电脑启动键,船就能自主航行了。5G 无人船集合了北斗卫星导航系统、5G 控制模块、传感器、水样采集等设备,能实现自主规划航线、智能避障、自动返航等功能。在触礁、火灾、危险品泄漏等特殊情况下,还能进入危险区域协助救援。5G 网联无人机,与 5G 无人船互为"搭档",同样具备自主巡检、自动充电等功能。当 5G 网联无人机接到救助申请后,能马上将高清视频回传到指挥中心,同时定位救助对象,定向喊话,抛出救援设备。对于复杂的水上救援,陆地通信应急指挥车也能同时出马。陆地通信应急指挥车能构建 5G 移动式指挥中心,当救援力量赶赴现场的时候,在车上就全面实时掌握了现场情况。

图 9.3-3　5G 无人机

第 10 章　科技创新

2021年,贯彻落实习近平总书记关于科技创新的重要论述精神,坚持"四个面向",不断适应长江治理与保护、长江经济带发展的新情况、新形势,聚焦国家和行业重大需求,加强科技资源整合,推进产学研深度融合,提升协同攻关能力,强化科技创新能力建设,为长江大保护和长江经济带高质量发展提供科技支撑。

10.1　科技创新主要举措

10.1.1　共担科技项目

聚焦长江治理与保护重大科技问题或瓶颈问题,联盟成员单位联合申报国家重点研发计划、国家自然科学基金、长江水科学研究联合基金、三峡后续研究等科研项目,逐步形成国家重大科技计划项目联合策划申报机制。

(1)国家重点研发计划项目

针对长江流域水安全、水资源、水环境、水生态面临的问题,联盟成员单位联合申报承担"长江水生态系统完整性退化机制与修复技术""长江下游洪涝灾害集成调控与应急除险技术装备""流域面源污染防控技术与应用示范""城市道路塌陷隐患诊断与风险预警关键技术及示范""特大干旱精准诊断与应急水源智慧调度技术装备""长江流域水工程多目标协同联合调度技术研究与应用"等多项涉水国家重点研发计划项目,通过系列项目的联合实施,促进了关键水科学问题的联合攻关,为保障长江流域水安全提供更加坚实的技术支撑。

(2)长江水科学研究联合基金

围绕长江经济带发展重大战略的科技需求,针对长江流域水科学问题,联盟成员单位协同开展"长江通江湖泊演变机制与洪枯调控效应研究""三峡水库下游河道不平衡输沙机制与演变规律研究"等多项长江水科学研究联合基金的申报,着力研究长江经济带绿色发展中的重大水科学问题。

(3)三峡水库科学调度关键技术研究

围绕三峡水库优化调度科学问题,长江委、长江流域气象中心、南京水科院、清华大学、河海大学、武汉大学、华中科技大学、华中农业大学、四川大学、三峡大学等10家联盟成员单位,共同参与三峡水库优化调度关键技术第三期相关专题研究工作,有效支撑了长江流域水库群防洪、蓄水、供水、生态及减淤等调度实践,确保在防洪安全的前提下充分发挥三峡、溪洛渡、向家坝等水库的综合效益。

10.1.2 共建合作平台

联盟成员单位积极推进跨部门、跨学科联合,通过资源共享、优势互补,充分发挥各自在科技资源、专业人才、科研设备等方面的优势,共研共推长江大保护。

(1)聚焦科技,加强技术交流

2021年6月16—17日,联盟主办的鄱阳湖保护与发展科技创新论坛在江西南昌举行,围绕贯彻落实长江经济带发展战略和《长江保护法》新要求,交流研讨河湖保护与治理的理论和实践,形成"鄱阳湖保护与发展科技创新建议"。江西省副省长罗小云、时任联盟副理事长、长江委总工程师仲志余出席论坛并致辞。中国工程院院士胡春宏等7位专家在会议现场作特邀报告,中国工程院院士王浩、中国科学院院士夏军、王焰新通过视频方式作特邀报告。联盟秘书长卢金友作了题为《新时期鄱阳湖治理保护若干思考》的报告,联盟理事代表受邀参加本次论坛。

10月26日,联盟秘书处依托单位——长科院在建院70周年之际,举办长江治理与保护科技创新高端论坛。时任水利部党组成员、副部长魏山忠,湖北省人民政府副省长张文兵,长江委党组成员、副主任胡甲均出席论坛并讲话。时任联盟副理事长仲志余作主旨报告并发布《长江治理与保护报告2021》,围绕推动新阶段水利高质量发展的六条实施路径,以提升长江水安全保障能力为目标,提出了长江治理与保护十个方向的重大问题。

其他联盟成员单位主办或协办的技术交流活动包括:第三届水安全与可持续发展国际高端论坛(4月22日),长江河湖保护与修复高端论坛(4月26日),第333场中国工程科技论坛——"数字孪生与水科技创新论坛"(6月11日),2021年生态文明贵阳国际论坛(7月12日),三峡工程泥沙问题专题研讨会(12月15日)等。

(2)资源互补,积极申报科技创新基地

2021年,长江委、三峡集团、武汉大学、中国地质大学(武汉)等联盟成员单位共同筹划申报组建湖北长江实验室,推动长江治理与保护科技创新体系整体效能提升。三峡集团与中国地质大学(武汉)合作共建的国家环境保护水污染溯源与管控重点实验室获批,搭建以流域为单元、水循环驱动的污染物迁移转化为主线、污染物溯源为核心的水污染溯源平台,为国家和地区水环境污染防治与管控提供科技与人才支撑。由三峡集团牵头,联合重庆大学、长科院等联盟成员单位共同组建的重庆市三峡生态环境技术创新中心成立，进一步加强长江生态环境问题科学研究深度和技术成果转化力度，系统推进区域污染源头控制、过程削减、末端治理等技术创新。长科院与江西省水利科学院共同组建鄱阳湖研究中心，进一步加强鄱阳湖地区水利科学研究，拓展各类科技交流与合作。通过新建科技创新基地，增强了联盟对长江流域资源、环境、生态和自然灾害开展长期、定点的系统观测和科学研究能力。

(3)聚焦问题，开展调研交流

2021年6月15—16日，长江委组织赴江西省水利厅调研水利国际合作与科技创新工作。调研组先后实地考察了鄱阳湖水文生态监测研究基地、江西水土保持生态科技园、鄱阳湖模型试验研究基地，并就进一步加强合作交流进行了座谈。

11月9—12日，长江委组织开展了南水北调中线一期工程运行管理和后续工程规划设计专题调研。由长科院、长江委水保科研所、长江设计集团以及湖北省水利厅有关部门等组成的调研组实地考察了丹江口大坝、陶岔渠首、肖楼分水口、白河倒虹吸、澧河渡槽等中线一期工程，了解了工程管理情况及工程安全、运行安全、水质安全保障措施，与地方水行政主管部门及工程管理单位对后续工程规划设计开展交流。

10.1.3 共促成果转化

聚焦联盟成员单位优秀科技成果，通过联盟各成员单位积极参与、优势互补、互惠共赢，联合产出管用实用高质量成果，协同促进科研成果推广转化。

(1)共研管用实用成果，加强推广转化

长江委水文局、长科院、水生态所、水保科研所、长江设计集团等联盟成员单位多项技术成果入选《2021年度水利先进实用技术重点推广指导目录》以及成熟适用水利科技成果推广清单。6月8—10日，由中国水利学会联合中国水利工程协会、长江委共同主办的2021中国水博览会暨第十六届中国(国际)水务高峰论坛在武汉举行，长江委、中国水科院等联盟成员单位参展，通过多媒体、图片以及实物展览的方式宣传和推广多项先进技术。12月13日，由水利部科技推广中心、四川省水利厅主办，长科院、长江设计集团等联合承办的长江流域保护治理水利技术交流会在四川成都召开，长江设计集团、长科院、四川大学等联盟成员单位作技术交流报告，现场推介相关技术成果，并与与会代表进行了深入的交流研讨。

(2)凝练科技成果，联合申报科技奖励

联盟成员单位加强科技成果凝练，联合开展科技奖励策划申报。其中，河海大学牵头的项目"大型泵站水力系统高效运行与安全保障关键技术及应用"荣获2020年国家科技进步奖二等奖(2021年授奖)，南京水科院、河海大学等单位联合申报的项目"长三角地区水安全保障技术研究与应用"获2021年大禹水利科学技术奖科技进步奖特等奖。华中科技大学、长科院等单位参与的项目"长江上游巨型电站群水电调度运行决策支持关键技术"获长江科学技术奖特等奖。长科院发明专利"一种大坝混凝土表面抗泄水冲磨涂料及其涂刷方法"获得首届湖北专利奖金奖。

10.1.4　共享科技资源

充分发挥联盟科研院所、高等院校和企事业单位等多方面科技资源优势,通过共建协同创新的开放合作平台和运行机制,推进长江保护相关科技信息资源和基础资料的共知、共建、共享。

在长江委、长航局、长江局、长江办、三峡集团、中国节能等联盟成员单位共同努力下,编制完成《长江治理与保护报告2021》并在长江治理与保护科技创新高端论坛上发布,集中展示了长江治理与保护成效。《长江治理与保护报告2021》结合长江流域特点和社会关注热点,介绍了长江流域水资源、泥沙与河道、水环境、水生态、航运及水工程的基本状况,总结了2020年长江治理与保护取得的成效与经验,介绍了一年来联盟成员单位开展的重大问题研究及进展。

联盟有关成员单位共同编撰《长江治理与保护科技创新丛书》,打造联盟特色的科技成果系列丛书,2021年完成出版9个分册,并在长江治理与保护高端论坛布置书展与参会代表共同交流分享。征集近年来特色科技创新成果,制作宣传展板,在长江治理与保护高端论坛布设科技成就展,展示长江治理与保护科技成效。

向联盟成员单位征集科技资源信息,并在联盟网站上更新共享,利用网站及时宣传联盟工作动态和重要科技成果,涵盖新闻资讯、资源共享、学术交流等多项内容,进一步加强长江治理与保护相关信息与科技成果、科研设施与仪器设备等资源开放。通过国家大坝中心、长江大数据中心等各级平台,推动仪器设备和科学数据的共享。

10.2　重大科技奖励和科技项目

10.2.1　科技奖励

据不完全统计,2021年,联盟成员单位(或下属二级单位)获与长江治理与保护相关的国家级、省部级科技奖、社会科技奖共计100余项,主要科技奖励成果见表10.2-1。

表10.2-1　　　　　　　　主要科技奖励成果

序号	领域	成果名称	牵头单位	奖励名称	等级
1	水利水电	大型泵站水力系统高效运行与安全保障关键技术及应用	河海大学	国家科技进步奖	二等奖
2	能源	深部复合地层隧(巷)道TBM安全高效掘进控制关键技术	武汉大学	国家科技进步奖	二等奖

续表

序号	领域	成果名称	牵头单位	奖励名称	等级
3	能源	深部工程时效性岩爆智能微震监测装备及预警技术	中国科学院武汉岩土力学研究所	湖北省技术发明奖	一等奖
4	能源	高应力强卸荷下地下工程硬岩劣化机制与灾变防控关键技术	中国科学院武汉岩土力学研究所	湖北省科技进步奖	一等奖
5	水利水电	复杂条件下多水源多目标大型水资源配置工程建设关键技术	湖北省水利水电规划勘测设计院	湖北省科技进步奖	一等奖
6	能源	隧道重大地质灾害源探测评估关键技术创新与应用	中国地质大学（武汉）	湖北省科技进步奖	一等奖
7	水利水电	水利水电工程大顶角超深斜孔钻探关键技术与应用	长江岩土工程有限公司	湖北省科技进步奖	一等奖
8	水利水电	一种大坝混凝土表面抗泄水冲磨涂料及其涂刷方法	长江水利委员会长江科学院	首届湖北专利奖	金奖
9	水利水电	高混凝土坝功能分区结构变形协调控制关键技术与应用	天津大学	天津市科学技术进步奖	一等奖
10	水利水电	长三角地区水安全保障技术研究与应用	水利部交通运输部国家能源局南京水利科学研究院	大禹水利科学技术奖科技进步奖	特等奖
11	水利水电	长距离明渠调水工程多目标水力调控关键技术及应用	中国水利水电科学研究院	大禹水利科学技术奖科技进步奖	一等奖
12	水利水电	降雨诱发的中小流域洪水与滑坡预报预警关键技术及平台应用	河海大学	大禹水利科学技术奖科技进步奖	一等奖
13	水利水电	寒区水质水量联合调控关键技术及应用	中国水利水电科学研究院	大禹水利科学技术奖科技进步奖	一等奖
14	水利水电	长三角河湖水源地水质安全保障理论技术及应用	水利部交通运输部国家能源局南京水利科学研究院	大禹水利科学技术奖科技进步奖	一等奖
15	水利水电	调水输入影响下湖泊流域水资源多尺度演变与安全调控关键技术	水利部交通运输部国家能源局南京水利科学研究院	大禹水利科学技术奖科技进步奖	一等奖

续表

序号	领域	成果名称	牵头单位	奖励名称	等级
16	水利水电	高拱坝导截流风险控制和生态流量保障技术与实践	长江勘测规划设计研究有限责任公司	大禹水利科学技术奖科技进步奖	一等奖
17	水利水电	复杂条件下土工多场多尺度测试关键技术及应用	水利部交通运输部国家能源局南京水利科学研究院	大禹水利科学技术奖技术发明奖	一等奖
18	水利水电	金沙江向家坝水电站工程	中国三峡建工（集团）有限公司	水力发电科学技术奖	特等奖
19	水利水电	河渠冰情监测预报与冰凌灾害防治关键技术装备	中国水利水电科学研究院	水力发电科学技术奖	一等奖
20	水利水电	水电工程特高陡环境边坡高效防治关键技术	长江勘测规划设计研究有限责任公司	水力发电科学技术奖	一等奖
21	水利水电	梯级水电开发对生源要素循环和鱼类生境的影响机制与调控技术	水利部交通运输部国家能源局南京水利科学研究院	水力发电科学奖	一等奖
22	水利水电	水库防洪与兴利预报调度风险决策理论和关键技术	中国水利水电科学研究院	水力发电科学奖	一等奖
23	水利水电	水工混凝土化学—热学—力学耦合分析方法与裂缝修复新技术及应用	武汉大学	水力发电科学奖	一等奖
24	水利水电	大型水利水电工程水沙生态环境调控关键技术及应用	中国长江三峡集团有限公司	水力发电科学奖	一等奖
25	水利水电	三峡水库水沙生态环境效应与调控关键技术	中国长江三峡集团有限公司	中国电力科学技术进步奖	一等奖
26	水利水电	特高坝低热水泥混凝土性能与施工关键技术	中国长江三峡集团有限公司	中国电力科学技术进步奖	一等奖
27	生态环保	富自然—功能协调流域建设关键技术与实践应用	中国水利水电科学研究院	环境保护科学技术奖	一等奖
28	水利水电	三峡水库泥沙运动规律与预测调控	中国长江三峡集团有限公司	中国大坝工程学会科技进步奖	特等奖

续表

序号	领域	成果名称	牵头单位	奖励名称	等级
29	水利水电	乌东德特高拱坝技术创新与实践	长江勘测规划设计研究有限责任公司	中国大坝工程学会科技进步奖	特等奖
30	水利水电	高面板坝抗震理论、关键技术与工程应用	中国水利水电科学研究院	中国大坝工程学会科技进步奖	特等奖
31	水利水电	梯级水电开发的生态效应及调控修复关键技术	河海大学	中国大坝工程学会科技进步奖	一等奖
32	水利水电	复杂条件下库岸边坡变形演化机制及防控关键技术	三峡大学	中国大坝工程学会科技进步奖	一等奖
33	水利水电	堆石坝变形监测和变形预测关键技术及应用	武汉大学	中国大坝工程学会科技进步奖	一等奖
34	水利水电	深部裂隙岩体多场耦合理论	清华大学	中国岩石力学与工程学会科学技术奖（自然科学奖）	一等奖
35	水利水电	白鹤滩玄武岩力学特性研究及工程利用关键技术	中国三峡建工（集团）有限公司	中国岩石力学与工程学会科学技术奖（科技进步奖）	一等奖
36	水利水电	深埋隧洞岩体非线性变形破坏理论与控制关键技术	河海大学	中国岩石力学与工程学会科学技术奖（科技进步奖）	一等奖
37	水利水电	再生水滴灌抗堵塞及高效安全利用关键技术	中国水利水电科学研究院	农业节水科技奖	一等奖
38	水利水电	沟畦灌溉精准调控理论与技术	河海大学	农业节水科技奖	一等奖
39	能源	长大隧道爆破动力效应与控制技术研究	中国地质大学（武汉）	中国爆破行业协会科学技术奖	一等奖
40	水利水电	长江上游巨型电站群水电调度运行决策支持关键技术	中国长江电力股份有限公司	长江科学技术奖	特等奖
41	水利水电	大型泵站群调水工程调度关键技术	中国水利水电科学研究院	长江科学技术奖	一等奖

续表

序号	领域	成果名称	牵头单位	奖励名称	等级
42	水利水电	滇中引水工程测量控制系统的关键技术与实践	长江空间信息技术工程有限公司（武汉）	长江科学技术奖	一等奖
43	水利水电	长江典型水域水环境与水生态监测技术创新与应用	中国科学院南京地理与湖泊研究所	长江科学技术奖	一等奖
44	水利水电	自然—人为双重作用下长江上游水生态风险发生机制及应对策略	长江水利委员会长江科学院	长江科学技术奖	一等奖
45	水利水电	工程扰动区植生水泥土生境构筑技术	三峡大学	中国产学研合作创新成果奖	一等奖
46	水运	复杂动力条件下长江口水沙模拟及工程安全影响关键技术研究与应用	水利部交通运输部国家能源局南京水利科学研究院	中国水运建设行业协会科技进步奖	一等奖
47	水运	强动力高含沙条件下长江口深水航道养护成套技术研究与应用	交通运输部长江口航道管理局	中国水运建设行业协会科技进步奖	一等奖
48	水运	长江电子航道图关键技术研究与应用	长江航道局	中国水运建设行业协会科技进步奖	一等奖

10.2.2 科技项目

据不完全统计，2021年联盟成员单位共承担与长江治理与保护相关的国家重点研发计划、国家自然科学基金等重点科研项目共计100余项，重大科技项目见表10.2-2。

表 10.2-2　　　　　主要国家级、省部级重大科技项目

序号	领域	项目名称	项目类别	负责人	项目牵头单位
1	水利水电	长江流域水工程多目标协同联合调度技术研究与应用	国家重点研发计划项目	胡维忠	长江勘测规划设计研究有限责任公司
2	水利水电	暴雨型山洪灾害链监测预警关键技术研发与示范	国家重点研发计划政府间国际科技创新合作重点专项	唐文坚	长江水利委员会长江科学院

续表

序号	领域	项目名称	项目类别	负责人	项目牵头单位
3	水利水电	长江上游水库消落带土壤侵蚀机理及其生态利用模式	国家自然科学基金重点项目	贺秀斌	中国科学院、水利部成都山地灾害与环境研究所
4	生态环保	贡嘎山东坡土壤磷的生物地球化学循环过程与海拔分异	国家自然科学基金重点项目	吴艳宏	中国科学院、水利部成都山地灾害与环境研究所
5	生态环保	紫色土氮转化特性与土壤保氮机制研究	国家自然科学基金重点项目	朱波	中国科学院、水利部成都山地灾害与环境研究所
6	水利水电	长江上游防洪系统介尺度洪水广域预报全景调度理论与方法	国家自然科学基金重点项目	周建中	华中科技大学
7	生态环保	陆海统筹下的中国海岸带生态系统保护修复与固碳增汇协调增效	国家自然科学基金重点专项	李秀珍	华东师范大学河口海岸学国家重点实验室
8	水利水电	堰塞体状态相关剪胀理论与坝体溃决演化规律研究	国家自然科学基金长江水科学研究联合基金	蔡正银	水利部交通运输部国家能源局南京水利科学研究院
9	水利水电	金沙江下游梯级水电站泥沙冲淤演变机制与多目标优化调控研究	国家自然科学基金长江水科学研究联合基金	刘怀湘	水利部交通运输部国家能源局南京水利科学研究院
10	水利水电	长江荆江段鱼类微生境丧失的驱动因素及生态效应	国家自然科学基金长江水科学研究联合基金	常剑波	武汉大学
11	水利水电	人类活动影响下长江流域水文资料一致性分析研究	国家自然科学基金长江水科学研究联合基金	熊立华	武汉大学
12	水利水电	长江上游梯级水电站强震灾害链演化机制与风险防控研究	国家自然科学基金长江水科学研究联合基金	李典庆	武汉大学
13	生态环保	江汉湖群清洁水产水质净化生物—生态学基础及保障策略	国家自然科学基金区域创新发展联合基金	李谷	中国水产科学研究院长江水产研究所

续表

序号	领域	项目名称	项目类别	负责人	项目牵头单位
14	水利水电	平原区河湖水系生态流量阈值及其适应性管理机制研究	国家自然科学基金区域创新发展联合基金	张翔	武汉大学
15	水利水电	变化环境下江汉平原水转化变异特性及其农业节水减排适应模式	国家自然科学基金区域创新发展联合基金	邵东国	武汉大学
16	生态环保	长江中游面源污染入江输移机理及滞后效应研究	国家自然科学基金区域创新发展联合基金	郝芳华	华中师范大学
17	水利水电	水循环过程与极端事件	国家自然科学基金优秀青年科学基金项目(海外)项目	袁山水	河海大学
18	水利水电	城市群防涝能力提升关键技术研究	湖北省重点研发计划项目	钮新强	长江勘测规划设计研究有限责任公司
19	水利水电	流域水安全智慧监管平台建设及示范	湖北省重点研发计划项目	王小毛	长江勘测规划设计研究有限责任公司
20	水利水电	鄱阳湖水量水质水生态协同治理与安全保障关键技术研究及示范	江西省科技重大专项	许新发	江西省水利科学院
21	水利水电	深大活断裂应力场特征及其对长距离引水工程的影响	云南省重大专项	周云	长江勘测规划设计研究有限责任公司
22	水利水电	复杂地层深埋引水隧洞TBM超长距离高效掘进与风险管控关键技术研究	云南省重大专项	杨启贵	长江勘测规划设计研究有限责任公司
23	水利水电	深埋长隧洞软岩大变形机理与防控技术研究	云南省重大专项	丁秀丽	长江水利委员会长江科学院

10.3 科技创新基地

2021年,联盟成员单位按照国家总体部署,优化科技创新基地布局,在继续做好技术创新与成果转化的同时,强化科技战略布局,不断完善科技创新基地体系。据不完全统计,新增"国家环境保护水污染溯源与管控重点实验室"等省部级基地9个(表10.3-1)。

表 10.3-1　　　　　2021 年新增省部级科技创新基地

序号	科技创新基地名称	基地级别	依托单位
1	国家环境保护水污染溯源与管控重点实验室	省部	中国地质大学（武汉）、中国长江三峡集团有限公司
2	"海上丝路"河口海岸国际联合实验室	省部	华东师范大学
3	江西省鄱阳湖流域生态水利技术创新中心	省部	江西省水利科学院
4	重庆市三峡水库消落区保护与治理研究中心	省部	中国科学院重庆绿色智能技术院等
5	重庆市三峡生态环境技术创新中心	省部	长江生态环保集团
6	河湖光热资源综合利用湖北省工程研究中心	省部	长江设计集团有限公司
7	水利电力规划设计（塞内加尔）国际技术转移离岸中心	省部	长江设计集团有限公司
8	水利部长江治理与保护重点实验室	省部	长江设计集团有限公司
9	湖北河湖保护研究中心	省部	三峡大学

第 11 章 重大问题研究进展

2021年,以"共抓大保护,不搞大开发"为导向,践行"生态优先、绿色发展"理念,充分汇集各行业专家的智慧和力量,联合开展了重大基础前沿问题和共性关键技术研究,破解长江治理与保护各领域科技难题,产出了一批重大创新成果,有力支撑了水旱灾害防御、水工程建设与运行、水生态环境保护与修复、河湖治理与保护、流域综合管理等领域工作。

11.1 水旱灾害防御

11.1.1 中国区域重大极端天气气候事件的归因方法研究

11.1.1.1 基本情况

项目负责人:翟盘茂

项目牵头单位:中国气象科学研究院

项目类别:国家重点研发计划"重大自然灾害监测预警与防范"重点专项

项目执行期限:2018年12月至2021年11月

项目研究内容:针对影响我国的重大异常天气事件,包括夏季区域持续性极端降水和冬季低温雨雪冰冻事件,以海—气、陆—气、低频振荡等关键过程作为切入点,系统且深入地研究其形成机理和作用机制。提取关键环流异常模态,探索预报时效达到1~2周的前兆信号。基于上述机理理解,研制针对此类重大天气异常事件的预报方法。在此基础上,提取与我国持续性重大天气异常预报有关的强信号,建立我国持续性重大天气异常预测的物理概念模型和物理统计预报理论和方法;发展基于海气耦合模式的集合预报和区域高分辨数值模式嵌套的我国持续性重大天气异常延伸期动力预报理论与方法;建立我国持续性重大天气异常的动力/统计相结合的1~2周的预报理论和方法。

11.1.1.2 主要研究成果

(1)揭示了江淮流域持续性降水年际、季节内以及天气演变特征及物理机制

针对江淮流域持续性降水,对年际、季节内以及天气尺度方面的演变特征及物理机制均开展了研究。在年际尺度上,发现厄尔尼诺年西太平洋副高西伸加强,受其影响东南风水汽输送也有所加强,导致长江流域降水持续性加强;在季节内尺度上,探究了亚洲季风区热带大气季节内振荡对江淮持续性降水的影响,揭示了热带大气季节内振荡影响中国东部夏季持续性降水的物理机制,提出了热带大气季节内振荡影响降水的关键指标,由此建立的预测模型对中国东部夏季降水具有较好的延伸期预测效果;分别揭示了30~60天和10~30天热带和中高纬大气季节内振荡的相互作用机制及二者协同引起江淮流域和华南地区持续性强降水的物理过程;在天气尺度上,对江淮流域持续暴雨过程形成的大尺度条件进行了分型,发现其主要与双阻型和单阻型两类系统的影响有关;从大气遥相关的角度新建了考虑多遥相关过程相互作用的天气学概念模型,揭示了大气遥相关对持续性强降水环流的可能影响机制和前兆信号。

(2)研发了智能优化算法和集合平均预报思路相结合的江淮流域强降水相似预报模型(KISAM)

重点突出关键环流系统组合性持续异常在江淮流域强降水预报中的作用,研发了一套在环流序列的时间和空间上分配不同权重的余弦相似方法。同时引入元启发式参数优化方法和集合平均理念建立了一套强降水相似预报系统——KISAM。2016—2020年的预报检验统计证实,对于强降水的预报,KISAM预报模型整体在5天及以上预报时效相比欧洲中心数值预报模式ECMWF集合平均预报更占优势。ECWMF集合平均及控制预报常易于在较长预报时效雨带位置预报偏差较大,而KISAM相似预报系统在8~12天预报时效可有效改善这一不足,为强降水中期预报提供有力支撑。该预报模型于2020年10月通过了中国气象局天气预报科技成果中试基地组织的成果转化认证并正式进入业务应用。

11.1.2 变化环境下流域超标准洪水及其综合应对关键技术研究与示范

11.1.2.1 基本情况

项目负责人:黄艳

项目牵头单位:长江勘测规划设计研究有限责任公司

项目类别:国家重点研发计划"重大自然灾害监测预警与防范"重点专项

项目执行期限:2018年12月至2021年12月

项目研究内容:识别极端暴雨洪水的演变特征,揭示超标准洪水致灾机理,研发针对流域超标准洪水特点和需求的监测、预报、预警、调度、灾害评估与应急避险全过程技术体系,

研发超标准洪水调度决策支持系统并示范应用,提出流域超标准洪水综合应急措施。

11.1.2.2 主要研究成果

(1)揭示变化环境对极端洪水的影响规律与超标准洪水致灾机理

研发了流域动力降尺度降水预估误差订正技术,阐明了示范流域极端水文气象事件的演变规律及变化趋势。提出了非平稳性多变量组合设计值计算方法;阐明了气候变化、土地利用变化、工程调度等主要变化环境因素对设计洪水的影响作用机制。提出了流域超标准洪水定义及界定方法,阐明了与当前防洪工程体系防御能力及薄弱环节相关联的流域超标准洪水致灾机理,为充分挖掘防洪工程体系的调度应用潜力提供了理论支撑。

(2)研发流域超标准洪水监测预报预警关键技术

制定了高洪、溃口、淹没区域的非接触式测流/测洪方案,攻克了大洪水及分洪溃口"测不到、测不准"的难题,提出了超标准洪水多源信息融合方案,实现了多维度信息互融互嵌互补的立体动态监测机制及海量异构信息源数据的汇集传送。提出了基于不同尺度模式的流域暴雨数值预报模型及集成方案,构建了气象水文水动力与堤防溃漫机理深度耦合模型,提出了流域及关键节点相融合的超标准洪水精细预报方案体系,解决了漫堤、破垸情况下的大洪水预报困难。开发了长江流域洪水预报调度一体化快速计算工具,实现了对水库群拦洪、泵站排洪、洲滩民垸分洪、蓄滞洪区蓄洪、河道强迫行洪等运用影响的洪水快速模拟和预报。创新提出了基于长、中、短期不同尺度水文气象耦合的动态渐进式超标准洪水判别方法、预警机制和预警指标。

(3)提出不同空间尺度的超标准洪水灾害实时动态快速定量评估理论及方法

研发了基于卫星、无人机和地面终端的天空地多平台协同洪灾监测技术,实现了大范围超标准洪水灾害实时监测及指标快速提取。将韧性理念纳入超标准洪水灾害评估,发展了超标准洪水灾害评估方法。构建了局部、区域、流域三种空间尺度的超标准洪水灾害评估指标体系和实时动态定量评估模型,实现了超标准洪水灾害灾前、灾中、灾后全过程的实时动态快速定量评估和实时校正,提高了流域超标准洪水灾害评估的时效性和准确性。构建了面向流域超标准洪水演变全过程的时空态势图谱,实现了"图—数—模"一体化洪水灾害动态评估分析可视化。

(4)研发基于知识图谱的流域超标准洪水风险调控技术

引入历史信息迁移学习机制,研发了大洪水模拟发生器,丰富了复杂流域超标准洪水样本。研发了基于知识图谱的流域防洪工程体系联合防洪调度模型,提出了调度规则和案例学习的数字化解析技术,为应对超标准洪水快速确定工程群组和提升联合防洪调度的智能化提供了有效手段。揭示了流域超标准洪水风险转移的新特征以及与工程调控紧耦合的灾害链传递结构特征,建立了工程调度与风险调控模型,强化了调控与效果的实时互馈性,大幅提高了超标准洪水调度决策效率,为快速识别和优选调控方案提供了有力支撑。

(5)系统提出流域超标准洪水综合应急措施体系

首次提出了流域超标准洪水应对等级划分方法,阐明了防洪工程超标准运用的触发条件、方式、潜力、风险和减灾效果。构建了基于人群属性动态反馈驱动的防洪应急避险决策支持平台,实现了避险转移时间、路线、安置点等信息的快速实时传递,提高了转移安置的时效性。制定了超标准洪水防御作战图,实现了流域超标准洪水应对措施、风险和潜力的定量化、坐标化和可视化。系统提出了流域超标准洪水灾前风险区划与风险管控、灾中调控风险与回避风险、灾后巨灾保险与跨区补偿风险管理保障体系的构建方案。

(6)提出流域超标准洪水调度决策支持系统构建技术

研发了集预报预警、精细模拟、灾情评估、风险调控和应急避险于一体的超标准洪水全业务流程敏捷响应技术,研发了强适配性的多场景协同流域超标准洪水调度决策支持系统,构建了长江、淮河沂沭泗、嫩江流域水工程防灾联合调度示范系统,指导了七大流域及水利部本级水工程防灾联合调度系统实施方案编制,对挖掘防洪工程体系联合调度潜力以应对流域超标准洪水发挥了重要作用(图 11.1-1)。

图 11.1-1　长江水工程防灾联合调度示范系统

11.1.3　山洪灾害风险防控关键技术及应用示范

11.1.3.1　基本情况

项目负责人:雷声

项目牵头单位:江西省水利科学院

项目类别:获奖项目(江西省科技进步奖一等奖)

获奖年度:2021 年

项目研究内容：深入开展降雨气候影响因子和不同区域短历时暴雨时空特征分析研究；山洪灾害时空规律、驱动因素和灾害链分类体系研究；山洪灾害风险潜势识别与评估技术研究；山洪灾害风险监测站网布设与综合数据库构建技术研究与示范；山洪快速模拟评估体系研究；山洪灾害雨量预警指标"二维三标一图"分级技术研究与示范；递进式山洪灾害风险预警体系研究；基于降水格点预报数据气象先导预警技术研究；"点—面—线—户"辐射式小流域实时定向预警技术研究；基于物联网技术的智能入户预警系统研发与社区自主告警技术研究与示范；山洪灾害风险防控"八爪鱼"分散决策机制研究与示范；"守点固岸"的山洪沟防洪工程治理模式研究与示范。

11.1.3.2 主要研究成果

（1）揭示了暴雨山洪时空规律及山洪灾害风险潜势特征

1）揭示了江西省极端短时暴雨演变规律与驱动因素

分析了影响江西降雨的主要气候影响因子、不同区域降雨时空变化规律，发现短历时暴雨发生日数呈增多趋势，主要发生在5—8月，总体呈现"西少东多"的空间分布特征，短历时强降雨在1d中18时占比较多等结论，为山洪灾害防治预警指标制定提供支撑。

2）首创了山洪灾害链分型方法，探明了山洪灾害放大效应与风险迁移规律

研究发现，全省山洪灾害呈从东北向西南方向移动、人类活动影响逐步加大等趋势；在分析2000多个山洪灾害案例的基础上，得出了山洪灾害链和主要驱动因素，创新性提出了山洪灾害链分类方法，为风险防控提供了针对性的理论支撑。

3）全面识别了江西省山洪灾害风险潜势

重点分析评价了8501个沿河村落防治现状，建立了山丘区村户人口—高程关系和脆弱人群清单，绘制了分辨率精确到自然村的全省山洪灾害风险潜势分级图，为山洪灾害监测预警、预案编制、转移安置和群测群防等防御工作提供了高精度的信息支撑。

（2）创建了山洪灾害风险监测评估体系

1）构建了基于多目标抽站法的山洪灾害监测站网布设与综合数据库

提出了兼顾平面的海拔梯度加密设站原则、简易和自动监测站相结合原则，全面提高了水雨情信息采集的时空精度；研制了气象—水文数据同化和交换通信协议，创新了山洪灾害数据匹配、融合和联动技术，提高了分发效率和系统冗余性。

2）构建了山洪快速模拟评估体系并提出雨量预警指标"二维三标一图"分级技术

首次提出基于山洪灾害风险因子快速提取、小流域暴雨洪水快速模拟、成灾水位驱动预警指标快速试算技术的小流域山洪快速模拟评估方法体系，解决了无资料地区小流域山洪快速评估难题；提出了雨量预警指标"二维三标一图"分区分级技术，有效推进了山洪灾害预警指标成果在基层的应用。

(3)创新了山洪灾害风险预警体系

1)构建了递进式山洪灾害风险预警体系

首创了雨前气象先导预警—落地雨小流域定向预警—灾前社区自主告警的递进式风险预警体系,基于多模式动态权重技术,创建了智能网格降水预报和短临强降水融合的山洪气象灾害滚动预警模式,有效延长了预见期;创建了基于雨量站—面雨量—河段水位—村组的"点—面—线—户"小流域辐射式实时定向预警模式,实现了小流域预警实时精准到组、到户、到人。

2)研发了基于物联网技术的智能入户预警系统

提出了低功耗广域物联网(LPWA)的 LoRa 扩频、Mesh 组网和 AODV 路由算法的集成方法,创制了符合山丘区脆弱人群受众认知习惯的自监测、自分析、自报警社区雨水情智能监测预警设备,破解了山丘区联网、联防、联控难题。

(4)创建了山洪灾害风险控制体系

1)首次提出"八爪鱼"社区灾害风险防控分散决策机制

包括县乡村基层决策、上下联动、前沿感知、就近处置、邻近救援特色模式要件,有效提高了以社区为单元的灾害预警响应速度和科学防范能力,丰富和发展了社区韧性防灾减灾理论。

2)提出了山洪沟工程治理"守点固岸"模式

创新了"治点防冲,留住乡愁"的工程治理理念,建立了有限防淹条件下增强岸坡局部防冲能力、约束山洪流路的"守点固岸"治理模式;制定了《山洪灾害预警设备技术条件》等行业标准和指南,极大地推动了工程与非工程结合的山洪灾害防治领域的技术进步。

11.1.4　降雨诱发的中小流域洪水与滑坡预报预警关键技术及平台应用

11.1.4.1　基本情况

项目负责人:张珂

项目牵头单位:河海大学

项目类别:获奖项目(大禹水利科学技术奖科技进步奖一等奖)

获奖年度:2021 年

项目研究内容:围绕构建中小流域洪水与滑坡预报预警关键技术体系核心目标,发展基于下渗动力过程的产流时空动态变化与坡面稳定性模拟理论,构建基于多源信息融合的多时空雨量场动态预报技术,建立洪水与滑坡耦合模型及风险预警技术,研发中小流域洪水与滑坡预报预警决策支持云平台。

11.1.4.2 主要研究成果

(1) 基于下渗动力过程的产流时空动态变化与坡面稳定性模拟理论

1) 基于物理机制的土壤下渗动态过程刻画方法

揭示了流域下渗能力空间分布呈阶梯状而非传统的经验抛物线,建立了动力传导作用下的土壤分层下渗计算方法,实现下渗过程在水平和垂向精细刻画。

2) 不同水文气象分区产流模式时空动态组合规律

揭示了低洼带蓄满产流区随降雨向坡地超渗产流区转换服从二次函数延伸规律及产流模式的确定机制;首次提出了基于动静态因子层次分析的产流模式动态识别方法,建立了中小流域蓄满超渗产流时空动态组合模式,发展完善了流域产流理论。

3) 下渗过程影响下的坡面稳定性模拟理论

揭示了下渗过程、地面径流及壤中流对形成浅层平移、深层旋转等不同类型滑坡的作用机制,解析了径流过程与滑坡的伴生发展关系,实现了多点滑坡的精细刻画。

4) 中小流域产汇流相似性规律

建立了基于核心特征因子的流域产汇流相似性非欧空间综合度量方法,实现了相似流域的辨识,为资料匮乏区参数移植提供了新途径。

(2) 基于多源信息融合的多时空雨量场动态构建预报技术

1) 高时空分辨率实况雨量场构建技术

建立了基于频率匹配方法的雷达回波—雨强关系动态修正技术,构建了卫星多通道云图与地表温度的随机森林降雨反演技术,提出了多源降雨跨尺度混合地理加权回归融合算法,克服了地形遮挡雷达回波问题。

2) 多源多尺度高分辨率降水观测及数值模式最优融合的短时临近雨量场构建

提出了八层金字塔架构的卢卡斯—卡纳德(LK)光流反演与精细伯格斯平流风场时序演变技术(图 11.1-2),创建了精细化雷达外推临近(0~2h)预报技术,发展了 GRAPES-3km 模式和 TIME-LAG 融合的短时(2~12h)降雨预报技术。

3) 动态权重自适应的短中期精细化雨量场最优集成

发展多数值模式后处理方法的降雨订正技术,构建实时动态权重定量降雨集成预报场;提出格点场气象机制上协调变分技术,构建短中期(12h~10d)定量降雨预报场。

(3) 不同水文气象分区洪水与滑坡耦合模型及风险预警技术

1) 变尺度网格嵌套的洪水滑坡耦合模拟方法

建立了流域多尺度网格嵌套的自适应划分技术,建立了适用不同水文气象分区的蓄超空间动态组合产流模拟方法;建立了基于状态变量动力降尺度的水文模型与边坡稳定模型变尺度耦合技术(图 11.1-3),实现了任意网格单元洪水与滑坡精细耦合模拟。

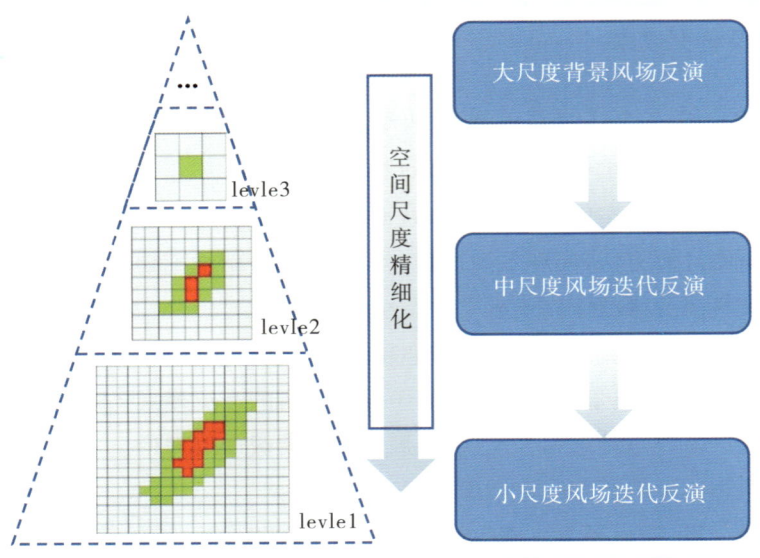

图 11.1-2　多层金字塔架构 LK 光流反演

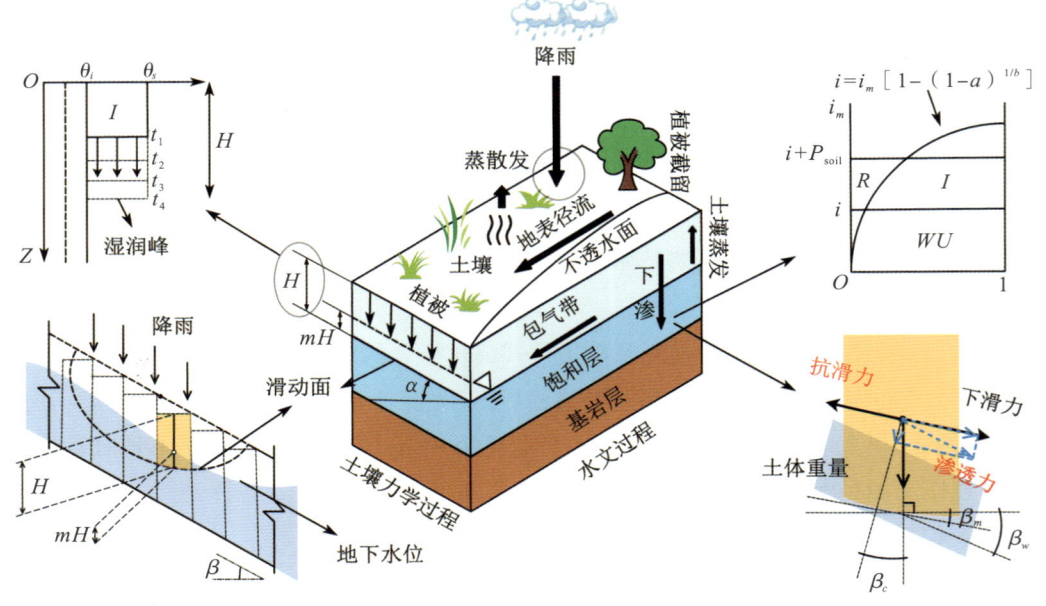

图 11.1-3　洪水与滑坡耦合过程

2）基于环境感知的模型自适应配置方法

提出了半监督机器学习的模块与参数自适应遴选方法，建立了考虑水文与边坡稳定全过程交互的模块组装技术，实现了模型灵活配置。

3）洪水与滑坡灾害网格化风险预警技术

提出了考虑降雨、模型结构和参数不确定性的洪水滑坡风险广义似然概率计算方法，建立了基于时变多元Copula函数的洪水与滑坡联合风险算法；利用洪水与滑坡耦合模型推求网格边坡失稳的临界下渗量，建立滑坡阈值预警方法。

（4）中小流域洪水与滑坡预报预警决策支持云平台

1）基于模型动态组配的决策支持云平台

提出了基于水文物理过程的模型细粒度拆分与微服务封装方法，提出了基于反射机制和工作流的模型动态组配技术；构建基于逐网格产汇流演算次序的流水线并行计算方法。

2）智能学习和模式校正技术

挖掘降雨时空分布与洪水过程响应关系，构建降雨—气候—下垫面—洪水过程模式库；提出了基于模式控制的智能校正方法；建立基于相似水文特征的迁移学习方法，实现了资料匮乏区的洪水过程预报校正。

3）洪水与滑坡灾害的动态仿真模拟

建立基于自适应四叉树的三维场景组织方法，提出"情势—预报—仿真"可视化技术，实现洪水淹没与山体滑坡多过程情景演进。

11.1.5 堰塞湖风险评估快速检测与应急抢险技术和装备研发

11.1.5.1 基本情况

项目负责人：蔡耀军

项目牵头单位：长江勘测规划设计研究有限责任公司

项目类别：国家重点研发计划"重大自然灾害监测预警与防范"重点专项

项目执行期限：2018年12月至2021年12月

项目研究内容：堰塞体形成与溃决机理及溃决过程研究；堰塞湖多源信息快速感知与探测技术研究；堰塞湖险情应急监控与预警技术研究；堰塞湖致灾风险评估技术研究；高风险堰塞湖应急处置技术研究；堰塞湖应急抢险关键装备研发。

11.1.5.2 主要研究成果

（1）揭示了堰塞体形成与溃决机理

建立了考虑携砂水流影响的堰塞体溃决数学模型，实现了堰塞湖水动力条件、堰塞体溃决全过程和下游溃决洪水演进过程的数值模拟，解决了溃决过程及其上下游水沙动力条件人为分段模拟的难题。基于白格第二次堰塞体溃决洪水模拟计算结果，进行了长距离洪水演进分析，预测下游洪峰流量、洪峰到达时间以及淹没范围，可以为高风险堰塞湖应急抢险和下游风险处置提供重要的参考依据。

（2）堰塞湖信息快速获取及险情应急监测预警技术

建立了基于空—天—地—水三维空间的堰塞湖多源信息感知技术体系，提出了堰塞湖信息感知时间响应等级划分标准和不同响应等级条件下的感知信息精度标准,解决了堰塞湖信息感知规范性的难题;针对堰塞湖的特殊地形和应急处置等需求,提出了不同水文情势下的水情预测预报解决方案;研发了无线天然源面波探测技术及装备,开发了堰塞体粒组分区智能识别系统,实现堰塞体结构快速探测;提出了堰塞湖多源异构数据的快速融合方法和数据存储共享方法,建立了三维动态模型优化技术和方法,研发了堰塞湖三维可视化与信息智能管理模块,实现堰塞湖大数据的统一化管理和动态展示。

研发了针对高速水流环境的溃口形态实时监控技术及装备;研发了基于无人机搭载MiniSAR应急监测系统和改进滤波算法,提出了三维激光点云"粗精"配准组合方法,研制了双目视觉全天候应急自动监测设备,建立了堰塞体渗透破坏塑料光纤监测技术,形成从堰塞湖区到滑源区、堰塞体的完整监控技术体系;建立了基于人工智能、迁移学习和多点联合的堰塞体和滑坡安全评估与预警模型,提出了堰塞体失稳变形概率与非概率可靠度阈值确定方法。

11.1.5.3 堰塞体危险性及堰塞湖风险等级评估技术

建立了以生命损失、经济损失、生态损失3个方面评估的河道堰塞评估指标体系;构建了包含国内外1780个堰塞湖案例的基础数据库;研究了上游洪水及湖区滑坡造成涌浪在堰塞体迎水坡的运动及破碎过程;提出了以堰塞湖库容、上游来水量,堰塞体物质组成、几何形态等8项指标组成的评价体系,建立了符合我国国情的堰塞湖风险等级评估模型;开发了基于GIS的堰塞湖溃决致灾预警与风险评估系统平台(图11.1-4)。研究成果成功应用于金沙江上游苏洼龙水电站工程蓄水应急预案等,为制定堰塞湖应急抢险方案及处置措施提供了科技支撑。

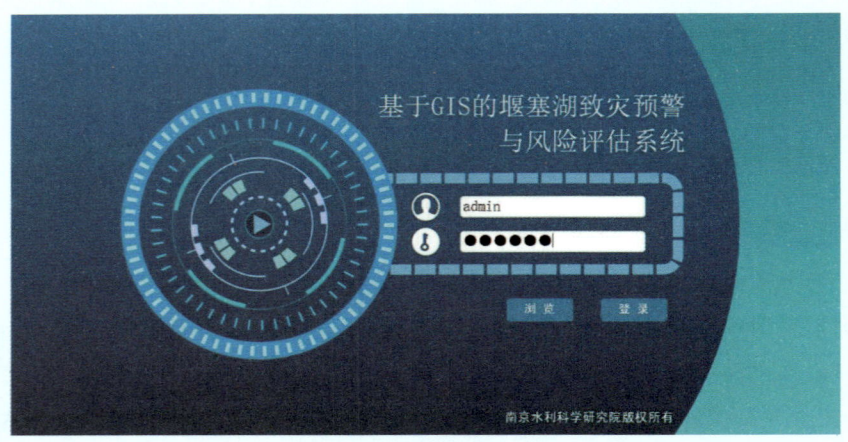

图11.1-4 基于GIS的堰塞湖溃决致灾预警与风险评估系统登录界面

11.1.5.4　堰塞湖应急疏通排水及控溃技术

研究提出了复式横断面、纵向设坡并在末端设陡坎的新型引流槽设计方案;研究了针对堰塞体物质特点的水平定向钻进快速成洞技术、排水洞与引流槽相结合实现堰塞湖快速排水疏通的可行性;将大功率虹吸排水技术引入堰塞湖应急处置中,通过轻量化模块化改造,实现了便捷运输及现场快速安装,使低能耗大流量冲刷成槽成为引流槽快速施工的重要手段;研究提出了堰塞湖快速排水疏通抢险技术体系、各方案的适用条件及选择原则;首次提出了挂壁式石笼串坡防护方法及柔性网链护底方法,取得"三降"显著效果,溃口洪峰下降20%,形成了堰塞湖控溃结构设计与施工成套技术。

11.1.5.5　堰塞湖应急抢险重大装备

研究了轻量化、装配式的土方连续掘进机与履带式可伸缩转运机,形成了成套高效连续开挖与转运系统,实现堰塞湖抢险大型施工装备零的突破。研发了针对高速水流和高危环境的挂壁式可伸缩防崩塌护壁装备及振桩锚链抗冲刷护底装备,实现就地取材、快速铺装、柔性防护、自动调节功能。

11.1.6　岸坡堤坝滑坡监测预警与修复加固关键技术及示范应用

11.1.6.1　基本情况

项目负责人:王小毛
项目牵头单位:长江勘测规划设计研究有限责任公司
项目类别:国家重点研发计划"重大自然灾害监测预警与防范"重点专项
项目执行期限:2018年1月至2021年12月
项目研究内容:膨胀土岸坡和堤坝滑坡渗透滑动灾变机理、监测预警、检测识别与评估、柔性修复加固技术、柔性修复加固新材料与装备、在线修复防控技术集成与示范。

11.1.6.2　主要研究成果

(1)阐明膨胀土岸坡和堤坝滑坡渗透滑动灾变机理

从全生命期安全保障角度,确定膨胀土岸坡关键致灾薄弱体——裂隙发育的絮凝结构,阐明整体式、裂隙整体式、牵引式和顶托式滑动等渗透滑动孕灾模式及其受控机制;突破多效应叠加难分辨的障碍,建立滑坡渗透滑动的水力耦合模型与临界判据,揭示多过程渗流耦合机制,发展渗透滑动灾变多尺度计算方法,提出基于暂态饱和区的全生命期行为演化模型,弥补了服役性能全过程评价的断链(图11.1-5)。

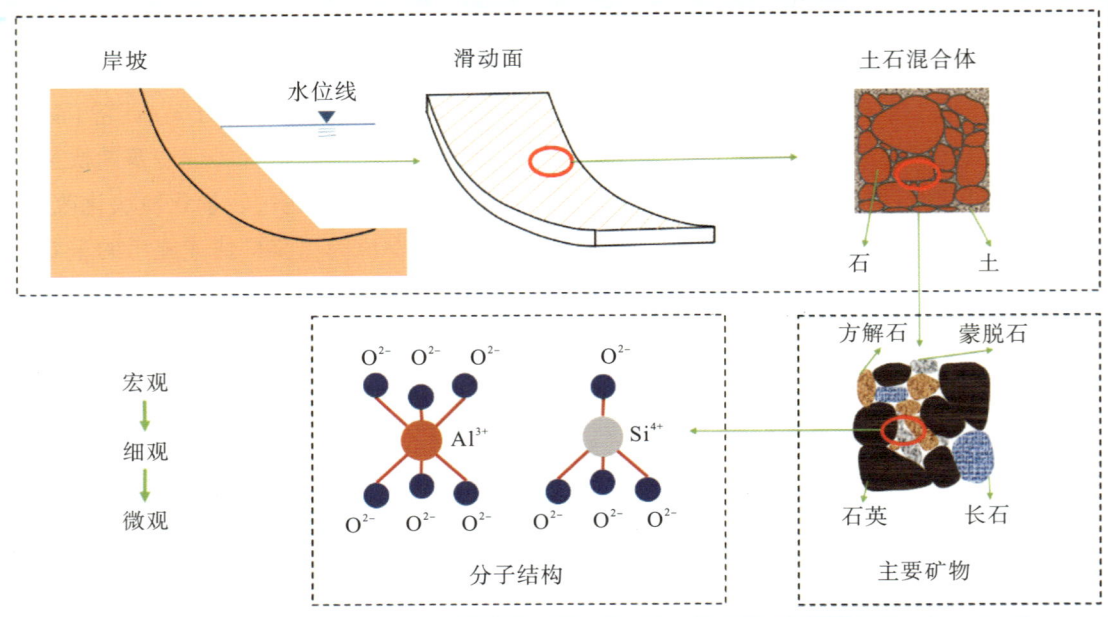

图 11.1-5 膨胀土岸坡和堤坝渗透滑动灾变多尺度模型

(2) 膨胀土岸坡和堤坝渗透失稳监测预警技术取得突破

提出近低空贴近多角度摄影测量与多元海量数据快速处理技术,构建基于实时数据的膨胀土岸坡风险评价指标体系,开发空地一体化渗透失稳监测预警系统(图 11.1-6)。

硬件:基于多传感器/监测技术的"点—线—面—体"空地一体化监测预警数据平台

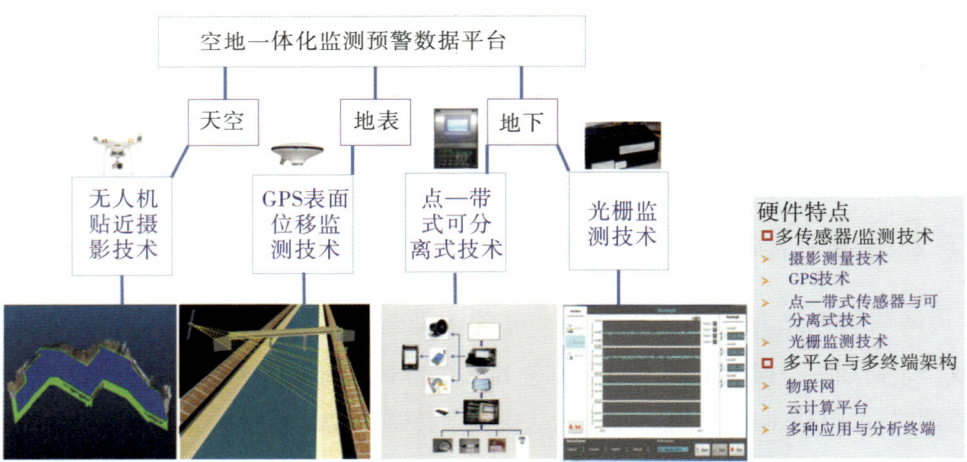

软件：**多源、多尺度、多时相与多专业等多元海量数据快速处置与无缝集成技术**

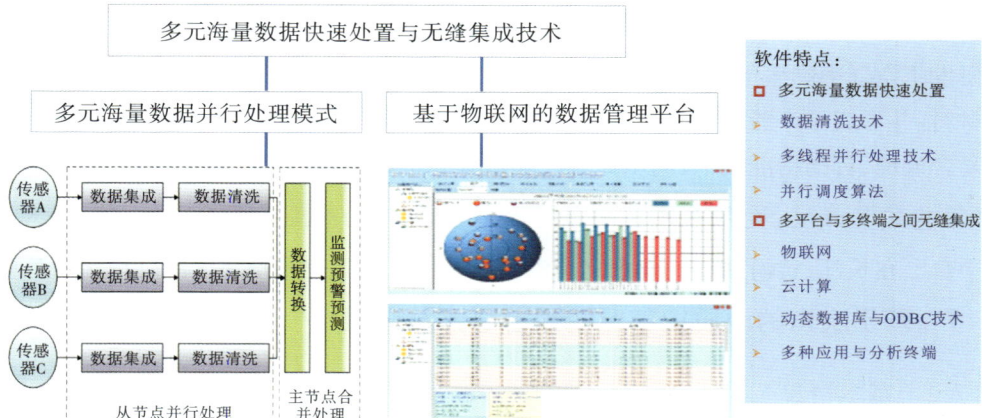

功能：**基于关键判别指标与预警判据的膨胀土岸坡和堤坝渗透失稳监测预警**

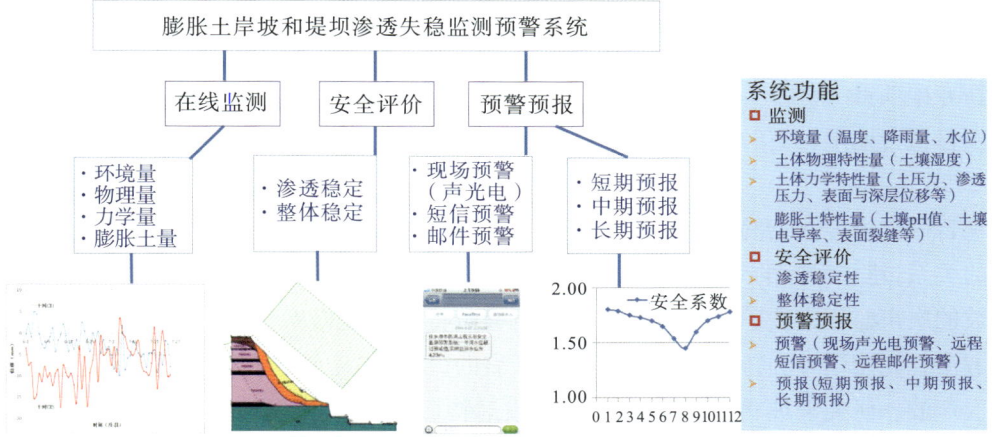

图 11.1-6　天地一体化膨胀土岸坡和堤坝渗透失稳监测预警系统

（3）膨胀土岸坡和堤坝渗透滑动检测识别与评估技术创新

研发时移电法检测技术与装备，揭示膨胀土岸坡和堤坝渗透隐患电性响应规律及探测机理，实现水体渗透过程岸坡堤坝土体结构电性特征变化过程的时—空连续检测；研发时移地震检测技术，揭示膨胀土岸坡和堤坝渗透隐患弹性响应规律及探测机理，实现复杂地形条件下的时移地震检测数据快速精细化采集。建立了渗透滑动灾变的水力耦合临界判据、时效响应模型与评估优化方法，揭示膨胀土岸坡渗透与滑动互馈机制，实现乏信息条件下膨胀土岸坡的渗透稳定性评价。

（4）膨胀土岸坡和堤坝渗透滑动柔性修复加固理论方法取得新进展

建立了高聚物柔性防渗墙设计理论与方法，形成了堤坝渗漏防治屏风式高聚物柔性防渗墙非开挖修复技术与工艺，建立了高聚物柔性防渗墙全过程质量控制和验收标准；提出了控制灌浆工艺与参数,形成了膨胀土岸坡和堤坝渗透滑动柔性防护非开挖修复加固技术体系。

(5)研制岸坡和堤坝渗透失稳柔性修复加固新材料与新装备

研发了空气中膨胀倍率为 12.5 倍、水中膨胀倍率为 14.4 倍的不透水柔性修复加固注浆新材料,并形成年产能 5000t 新材料的生产装置。研制了高聚物柔性防渗墙施工静力和振动复合成槽、自动精准调平、同步提升注浆成套装备,成槽深度超过 20m。

(6)构建了岸坡、堤坝在线监测预警与修复加固技术集成平台

平台已在长江、黄河、岷江、南水北调中线等处示范点工程实现多维度可视化示范应用。

11.1.7 基于次声的地质灾害监测预警研究及应用

11.1.7.1 基本情况

项目负责人:韦方强　陈乔

项目牵头单位:中国科学院重庆绿色智能技术研究院

项目类别:中国科学院 STS、重庆市规划与自然资源局和重庆市社会事业与民生保障科技创新专项项目

项目执行期限:2016 年 12 月至 2017 年 12 月;2017 年 1 月至 2018 年 12 月;2017 年 6 月至 2020 年 6 月

项目研究内容:研究微观条件下力链断裂所需的外部能量与内部产生的次声信号强度之间的关系,建立滑面的下滑力—次声—滑体滑动的关系,利用建立的三者之间的规律实现对滑坡的次声监测方法。建设环境背景次声噪声特征与数据库。建立滑坡、泥石流次声波识别方法。利用信号和特征分析方法获取可靠的、反映波源物理量的特征量,甄别滑坡、泥石流次声波。研究滑坡、泥石流灾害的次声发射特征和传播,研发地质灾害次声信号识别方法,研究次声在大气中传播受地形地貌的影响。开展基于次声信号的滑坡、泥石流野外监测示范。建立基于次声的野外滑坡监测预警系统。

11.1.7.2 主要研究成果

(1)形成了一套土质滑坡次声识别技术并在三峡库区奉节典型滑坡上开展应用示范

完成了地质灾害次声监测关键设备的研制,开展了地质灾害试验次声信号采集与特征分析。完成了地质灾害次声监测站点的设计及建设。建立了一套基于次声阵列的地质灾害监测方法。完成了地质灾害次声监测系统设计。开展了奉节县滑坡、泥石流次声监测预警技术示范。

(2)研发了荆江崩岸次声识别模型,初步集成了崩岸次声识别监测系统

设计并开展了崩岸前兆次声波特征的物理模型试验研究,获得了利用次声开展崩岸监测预警的理论依据。获取了崩岸前兆次声信号的时、频域相关特征数据库。建立了崩岸环

境背景噪声数据库,获取了背景噪声的特征(包括20项特征参数)。利用大数据分析方法建立了崩岸前兆次声信号识别模型,并利用室内试验进行了模型验证,精确度达到了97%。在青安二圣洲段南岸建设了一套崩岸监测点,初步搭建了一套包含崩岸前兆次声监测的智能化地质灾害监测预警服务平台(图11.1-7),结合已收集的现场数据(雨量、水位和影像)分析,结果表明:模型的预测结果与实际情况较为吻合。

图11.1-7 崩岸前兆次声监测数据管理系统

11.2 水工程建设与运行

11.2.1 调水工程深埋输水隧洞围岩时效大变形孕灾机理及安全控制

11.2.1.1 基本情况

项目负责人:丁秀丽

项目牵头单位:长江水利委员会长江科学院

项目类别:国家自然科学基金重点项目

项目执行期限:2016年1月年2020年12月

项目研究内容:深埋隧洞围岩时效大变形孕育过程及演化规律;深埋隧洞围岩时效大变形孕灾机制与分析方法;适应于大变形的新型锚固体系及其与围岩相互作用机理;深埋隧洞围岩—衬砌结构协同承载的水—力(HM)耦合作用机制与长期安全。

11.2.1.2 主要研究成果

(1)揭示了深埋隧洞围岩时效大变形孕育过程及演化规律

揭示了围岩时效变形破坏的强度应力比效应。经室内外试验研究,发现岩体卸荷时效劣化具有围压抑制效应、应力强度比的诱导效应以及渐进性破坏演化导致的扩容效应,揭示了低—极低强度应力比条件隧洞软岩大变形演化规律。

阐明了应力—岩体结构耦合作用下深埋隧洞围岩时效变形破坏规律。研究表明,层状岩体产状及其与洞轴线的相对关系是影响围岩变形破坏的主控因素之一,围岩变形破坏具有明显的岩体结构有向性、非对称性、时效性(图11.2-1)。

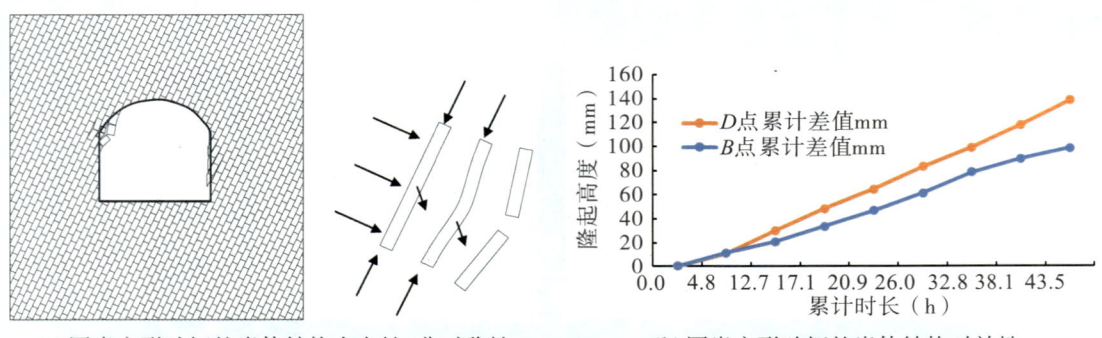

(a)围岩变形破坏的岩体结构有向性、非对称性　　(b)围岩变形破坏的岩体结构时效性

图11.2-1　深埋层状地层隧洞围岩变形破坏的岩体结构有向性、非对称性和时效性

获得了水岩作用下岩体时效力学特性及变形演化规律。分析了典型富水软岩隧洞的围岩岩性、岩体结构特征、地下水发育特征,发现了在软岩隧洞富水洞段,支护强度不足时易出现围岩挤压大变形甚至侵限、掌子面坍方、二衬开裂或剥落、钢拱架扭曲变形等变形破坏现象。

(2)解译了围岩大变形孕灾宏细观演化机制并提出了相应的分析方法

揭示了复杂地质条件下隧洞围岩变形破坏孕灾机理。发现了深埋条件下层状硬岩隧洞围岩孕灾机制是高应力和岩体结构的耦合作用效应;对于富水软岩隧洞,发现了软岩卸荷强扰动效应与水岩耦合作用是围岩变形失稳的致灾机理。

提出了大埋深隧洞挤压型围岩大变形孕灾条件和判别方法。该判据采用隧洞开挖后的二次应力场进行判别,从本质上反映了深埋条件下隧洞开挖卸荷的显著影响。

建立了宏细观时效劣化力学模型并研发了适应于围岩时效大变形的数值流形法。从宏观层面建立了适用于岩石卸荷流变特性和水弱化作用的非线性流变模型以及遍布节理黏弹塑性模型,从细观层面构建了非均质岩体时效破裂细观力学模型以及平行黏结水弱化细观接触模型,提出了非均质岩体细观时效数值模拟方法。研发了适应于围岩时效大变形的独立覆盖新型数值流形法,提出了基于三维块体切割和新型数值流形法的裂隙—孔隙双重介质渗流—应力耦合数值计算方法。

(3)研发了适应于围岩大变形的新型锚固模型及其模拟方法

考虑杆体剪切、拉伸、围岩与锚杆接触面剪切等断裂失效模式,并嵌入吸能锚杆让压机理,研发了适应于围岩大变形的吸能让压锚杆模拟方法,实现了新型锚杆不同受力状态下真实工作性态的模拟;建立了考虑裂隙产状的岩体注浆时空扩散模型理论,揭示了吸能锚杆—

注浆—围岩的相互作用机制及锚注加固效应。

（4）揭示了围岩—衬砌结构协同承载作用机制并形成了相应的长期安全控制评价新理论

研发了可考虑围岩压力和外水压力的围岩—衬砌结构联合承载仿真实验装置，提出了考虑混凝土性能时效劣化的隧洞围岩和衬砌结构渗流—应力—损伤耦合计算方法以及连续—非连续分析方法，发现了衬砌结构的损伤程度控制了围岩—衬砌结构的协同作用过程和二者的承载比例演化趋势，揭示了深埋隧洞围岩—衬砌结构协同承载的水—力耦合作用机制。构建了全生命周期极限状态函数显式表达式，提出了深埋隧洞围岩—衬砌结构协同承载体系长期安全的均匀设计—响应面—有限元时变可靠度评价方法，建立了隧洞围岩衬砌承载性状演化的安全控制指标及控制标准，形成了一套适用于深埋输水隧洞围岩时效大变形长期安全控制的分析理论、评价方法和标准（图11.2-2）。

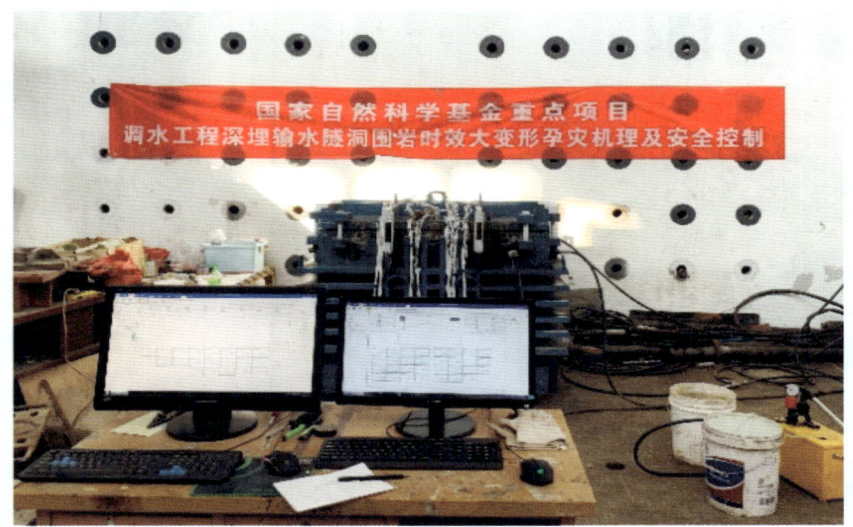

图 11.2-2　HM 作用围岩—衬砌结构联合承载试验装置

11.2.2　水工混凝土化学—热学—力学耦合分析方法与裂缝修复新技术及应用

11.2.2.1　基本情况

项目负责人：常晓林

项目牵头单位：武汉大学

项目类别：获奖项目（水力发电科学技术一等奖）

获奖年度：2021年

项目研究内容：针对混凝土性能演变特征规律、温控及裂缝修复的技术难题，在混凝土微细观性能演变研究、混凝土多场耦合分析与预测新方法、水工混凝土裂缝检测手段、裂缝修复新材料与新技术等方面进行研究。

11.2.2.2 主要研究成果

取得突破性研究成果主要包括：①系统揭示了水工混凝土的微结构演变规律与性能演化机理，提高了混凝土复杂环境条件下性能预测的准确性；②提出了水工混凝土全生命周期温控多场耦合分析与预测新方法，为混凝土温控措施动态优化提供指导；③研发了水工混凝土浅表裂缝修复新材料与新工艺，提高了复杂服役环境下的水工结构裂缝修复的适应性（图11.2-3、图11.2-4）。

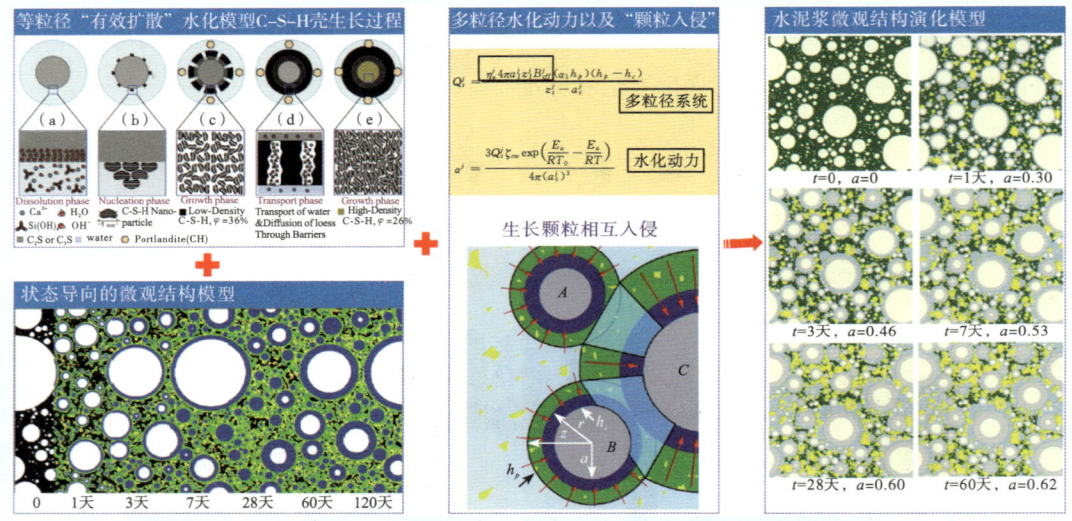

图11.2-3　基于"有效扩散"水分传输机制的水泥浆微观结构演化模型

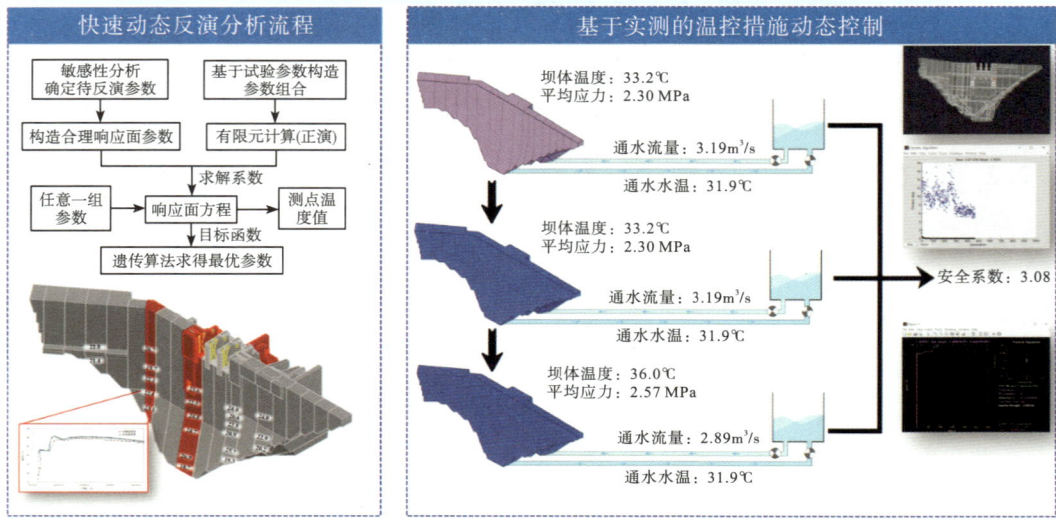

图11.2-4　基于快速动态参数反演的混凝土温控分析与预测新方法

研究成果已经成功应用于南水北调、黄登、大岗山、万家口子等水利水电工程，产生直接经济效益达2.13亿元。成果获发明专利16项、软件著作权15项，发表SCI论文41篇、EI论文14篇，入选成熟适用水利科技成果1项，推动了水电行业的科技进步。

11.2.3　高混凝土坝功能分区结构变形协调控制关键技术与应用

11.2.3.1　基本情况

负责人：李明超

牵头单位：天津大学

项目类别：获奖项目（天津市科技进步奖一等奖）

获奖年度：2021年

项目研究内容：提出了功能协调的高混凝土坝分区材料配比优化技术，发明了变形协调的高混凝土坝功能梯度界面—结构体系，开发了安全协调的高混凝土坝分区结构施工控制技术。

11.2.3.2　主要研究成果

（1）功能协调的高混凝土坝分区材料配比优化技术

以多种配合比混凝土材料的性能试验数据为驱动，建立了水工混凝土多物理力学性能智能预测模型，开发了基于多目标模型和精细化数值仿真的大坝功能分区混凝土配合比优化设计筛选方法，准确性提升10%以上，节约材料成本，突破了功能材料配比"精细化"与"高效率"难以兼顾的瓶颈；发明了满足防渗层功能的免振捣高流动性防渗抗裂混凝土（HIAC），具有抗离析性、免振捣施工、与RCC结合良好等特性，为提升分区界面结合部位的防渗抗裂核心功能提供了新材料；提出了基于低热水泥的满足坝体多个功能分区要求的混凝土配合比优化方案，水化热更低、放热速度更慢、强度和抗裂性更高，有效增强了坝体整体性和均匀性，攻克了分区材料功能不协调的难题。

（2）变形协调的高混凝土坝功能梯度界面—结构体系

考虑高混凝土坝功能分区结构中由分区设计形成的异种材料界面，提出了计算不同功能混凝土分区界面变形协调的应力奇异性特征值指标和抗剪强度破坏准则，能够快速定量地判别分区结构变形协调状态，揭示了界面参数（弹模、泊松比、角度）对分区结构变形协调的影响机制；开发了耦合等几何分析与启发式算法的高混凝土坝分区界面—结构智能仿真方法，优化了坝体体型，有效控制了界面应力奇异性，将坝体分区部位的应力奇异性降低了30%左右；发明了不同分区采用具有梯度弹模特性混凝土材料的高混凝土坝功能梯度分区结构（FGPS），改善坝体应力分布的同时提高抗渗抗裂性能，破解了高混凝土坝复杂分区界面—结构体系变形不协调的难题。

（3）安全协调的高混凝土坝分区结构施工控制技术

考虑复杂的施工现场条件和关键控制因素，提出了协调控制碾压混凝土坝体施工质量安全的层面结合界面质量控制标准,提高施工效率和质量,保障工程建设安全,实现了高RCC坝分层界面结合质量的快速准确评估;开发了考虑施工期温度荷载条件的高混凝土坝分区界面—结构接触性态演变仿真分析方法,揭示了施工期分区结构服役性态与演变规律,总体性能诊断精度相比主流方法提高了10%以上;发明了控搭接防漏浆的仓缝面(分区界面)搭接施工控制技术(图11.2-5),实现了溢流面、门槽与坝体整体浇筑一次成型,从源头上减少分区界面产生,有效解决了施工过程坝体分区结构的质量安全协调控制难题。

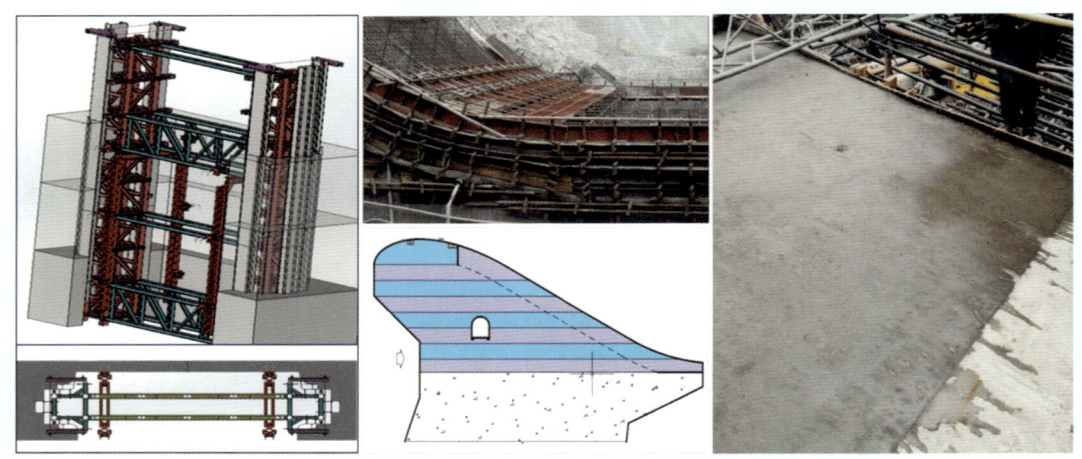

图11.2-5 控搭接防漏浆的仓缝面(分区界面)搭接施工控制

成果应用于向家坝、乌东德、黄登等世界级特大高坝枢纽工程设计、施工与运行中,助力解决了联合筑坝优化设计、大坝颈部与体型突变处裂缝控制,以及大风频发、蒸发量大、昼夜温差悬殊条件下的高强度快速施工等方面的难题,为保障工程高质量安全建设与长效服役运行发挥了重要的作用。

11.2.4 一种大坝混凝土表面抗泄水冲磨涂料及其涂刷方法

11.2.4.1 基本情况

项目负责人:陈亮

项目牵头单位:长江水利委员会长江科学院

项目类别:获奖项目(首届湖北省专利奖金奖)

获奖年度:2021年

项目研究内容:针对泄水建筑物表面高速含沙水流冲磨破坏技术难题,研发了基于纳米改性聚天门冬氨酸酯聚脲、高弹性环氧等新材料的大坝混凝土表面抗泄水冲磨涂料系统及配套工艺技术,涂刷在混凝土表面能显著提高其抵抗悬移质、推移质等冲磨破坏和高速水流气蚀能力。

11.2.4.2 主要研究成果

研发了一种"黏结—缓冲—耐磨"多层抗冲磨防护新结构,通过各层物理化学特性、厚度的匹配和界面间的相容,实现了整体系统韧性、强度和耐久性的最优化,能有效抵御流速50m/s 的含沙水流冲磨破坏。

发明了纳米改性聚天门冬氨酸酯聚脲、高黏结弹性环氧界面剂、高耐候环氧混凝土(砂浆)等新材料,实现了与混凝土基体高黏结性和适应性,在严苛气候环境下仍具有优异的抗冲磨能力和耐久性。

开发了薄层抗冲磨修补的刮涂、喷涂多样化配套施工工艺,实现了在潮湿和有水基面的良好黏结,工艺适用性、便捷性和技术经济性显著提升。

该专利技术被水利部认定为水利先进实用技术,形成了定型产品并注册了"CW"商标,年产量达到 1000t 以上,在藏木水电站(图 11.2-6)、构皮滩水电站(图 11.2-7)、沙沱水电站、新疆卡拉贝利工程等多个大中型水利水电工程中进行了大规模成功应用,实现经济效益 6000 余万元,社会效益和生态效益显著。

(a)雅鲁藏布江藏木水电站

(b)水轮机进水口抗冲磨防护

(c)溢流坝段闸墩抗冲磨防护

(d)廊道混凝土装饰防护前后

图 11.2-6　西藏藏木水电站抗冲磨防护工程应用

图 11.2-7　乌江构皮滩水电站水垫塘抗冲磨防护应用情况

11.2.5 湖北省鄂北地区水资源配置工程夹河套段(PCCP)倒虹吸防护工程专题研究

11.2.5.1 基本情况

项目负责人：卢金友

项目牵头单位：长江水利委员会长江科学院

项目类别：获奖项目（全国优秀工程咨询成果奖一等奖）

获奖年度：2021年

项目研究内容：项目对鄂北地区水资源配置工程夹河套段(PCCP)倒虹吸防护工程应用方案进行充分论证，研究夹河套段不同频率设计洪水下溃（漫）堤对工程线路可能造成的破坏程度和影响范围，并提出优化设计建议。

11.2.5.2 主要研究成果

①解决了复杂洪水遭遇情况下的洪水组合及溃口方案选择难题。工程所在位置汛期易受唐河、白河山洪暴涨暴落及下游汉江高洪水位顶托影响，洪水遭遇情况复杂，合理确定洪水组合条件及漫堤、溃堤方案是本防护工程论证成败的关键所在。该项目考虑各种洪水方案的不利影响，综合确定计算所需的不同洪水组合；选择出险可能性最大、溃决后对工程威胁最严重和管理部门最关注的位置作为拟定的计算溃口位置，从数百种溃（漫）堤组合方案中科学筛选25种溃（漫）堤计算方案，作为不利洪水组合溃（漫）堤方案进行洪水影响计算评估分析，解决了工程河段复杂洪水遭遇情况下溃（漫）堤洪水冲刷论证的洪水组合及溃口方案选择难题。

②科学论证分析了工程兴建前后最不利洪水组合条件及溃（漫）堤方案下工程沿线的冲刷范围及程度。项目融合数学模型计算、物理模型试验和经验公式计算等多种研究手段，通过多种手段研究结果相互比对印证，保证了结果的可靠性，为研究夹河套地区工程防护方案存在的问题提出合理化建议提供了坚实基础，从而使倒虹吸防护工程的优化设计更科学有据。

③采用先进控制设备精确模拟堤防溃决过程，采用精密量测设备及方法，提高模拟与测量精度，有效提升项目研究成果质量。模型精确模拟了研究区域村庄、在建的郑万高铁等众多重要建筑物，提高了研究区域局部水位、流场及冲刷等模拟精度。采用长江防洪模型先进的模型控制及量测设备，大大提高了模型试验数据的精度和测量的效率，为获得准确可靠的试验成果提供了保障。

④通过对工程防护方案进行优化，大大削减了工程量，减小了对人居环境及生态环境的影响；项目成果为工程建设方及设计方采用，节约工程投资4400多万元，发挥了巨大的社会效益、生态效益及经济效益。项目坚持问题导向，紧密结合工程建设及管理实践，不仅为鄂

北地区水资源配置工程涉水项目建设决策提供科学依据，而且着力解决溃堤洪水冲刷防护的共性技术难题。项目采用的多种研究手段相互融合验证方法及取得的溃（漫）堤洪水冲刷与影响规律等成果对类似的临河或跨河道路、输电、输油、输水线路的溃（漫）堤洪水冲刷影响论证具有很好的借鉴意义与参考价值。

11.3 水生态环境保护与修复

11.3.1 长江经济带干流水环境水生态综合治理与应用

11.3.1.1 基本情况

项目负责人：夏军

项目牵头单位：中国科学院地理科学与资源研究所

项目类别：中国科学院 A 类战略性先导科技专项"美丽中国生态文明建设科技工程"

项目执行期限：2019 年 1 月至 2023 年 12 月

项目研究内容：面向长江经济带干流"湖库—岸线—城市群"水环境水生态问题，抓住江湖、江城、江库的水文和生态效应联系，以长江上中游典型城市群以及洞庭湖、鄱阳湖、太湖的水环境治理、水生态修复为目标，发挥中国科学院相关研究所及其联合团队在长江水环境水生态长期科学研究与应用基础特色与优势，综合采用一体化多维立体监测、数值模拟、成套关键技术研发等地理学、生态学、环境学及管理学研究方法和工具，研究自然和人类活动叠加对长江经济带干流"湖库—岸线—城市群"水环境水生态的作用机制；揭示长江经济带干流"湖库—岸线—城市群"水情关系时空演化规律及其水环境水生态问题成因；研发江、河、湖、库水生态修复及城市水环境综合治理成套技术；开发高频度水环境水生态监控设备和平台、流域水系统综合模拟与调控平台；推进我国大江大河受损生态系统综合治理与生态恢复的理论研究与技术发展；破解生态环境保护和经济社会发展之间矛盾的难题，构建人水和谐、江湖共美的生态永续发展模式，贯彻落实习近平总书记提出的长江经济带"共抓大保护，不搞大开发，坚持在发展中保护、在保护中发展"战略思想，为建设美丽中国发挥关键科技支撑作用。

11.3.1.2 主要研究成果

（1）长江水文水环境变化的监测监控

研制了中国科学院自主知识产权、基于高光谱遥感等水环境监测装备，与相关部门联合，初步构建了"空—天—地"一体化监测系统与信息平台；发展了自主产权精细光谱探测与计量光谱分析综合监测技术。

（2）重要通江湖泊江湖关系模拟与水环境治理

构建了鄱阳湖—洞庭湖水文—生态模型；耦合长江模拟器，提出了通江湖泊有效连通

(ET)新的水文连通性定义,科学解释了通江湖泊水质时空差异,水鸟、鱼类、藻类、底栖动物等生态因子潜在生境时空变化与竞争关系。

(3)长江岸线水环境水生态保护

建立了长江岸线的面源形成与输移的模型,科学估算了长江中下游岸线面源污染总负荷以及长江干流陆向缓冲带污染拦截效率;揭示了长江岸线河漫滩演变与长江水生态旗舰物种江豚种群动态变化机理,提出了江豚保护、滩地生态修复和三峡水生态调度的建议。

(4)城市群绿色发展的水安全综合治理

创新了强调城市化的水文学基础的都市时变增益非线性径流模型(TVGM-Urban V1.0);经应用与检验,都市水文学基础得到加强、模拟精度明显提升,增强了复杂条件下都市水循环模拟能力;构建了实时预测控制(RTC)联系的新模型方法。

(5)长江模拟器研发

针对长江水安全综合治理问题,基于流域水系统科学及"水—土—气—生"及"人地关系"耦合,开展科技创新,研发了长江模拟器 1.0 版本。长江模拟器是以长江为对象、水循环为纽带,将流域自然过程与社会过程耦合的流域模拟系统及其与示范工程集成的科学装置(图 11.3-1)。

图 11.3-1　长江模拟器系统界面

11.3.2　水污染事故应急监测示范应用

11.3.2.1　基本情况

项目负责人:朱圣清

项目牵头单位:生态环境部长江流域生态环境监督管理局生态环境监测与科学研究

中心

项目类别:国家重大科学仪器设备开发重点专项

项目执行期限:2017年7月至2021年6月

项目研究内容:针对突发水污染事故频发、应急监测手段少、预警技术缺乏、污染源识别能力不足等问题,研究开发了水环境污染快速识别预警仪,攻克了该仪器在长距离、高强度、移动应急监测过程中的关键技术问题,测评了仪器的稳定性、可靠性及适用性,制定了仪器监测质量控制措施,为我国水污染事故应急监测和处置能力提高以及责任追查效率提升,提供了有力的技术支撑。

11.3.2.2 主要研究成果

(1)测评了荧光溯源技术在长江流域典型区域应急监测应用中的适用性,优化了水环境污染快速识别与预警仪的各项性能指标

参与"水环境污染快速识别与预警仪"的研发,在长江流域不同典型区域的重点监测断面,测试了水环境污染快速识别与预警仪用于应急监测的关键技术环节,评估了该仪器各项性能指标(检出限、精密度、准确度、线性范围、识别率、记忆效应)在应急监测中的适用性,并对部分指标提出了优化方案。评估结果表明,采用荧光溯源技术的应急监测方法具有前处理简单、取样量少、分析时间短等优势,具有较好的水污染源快速识别和生物毒性预警应用前景。

(2)开展了水纹荧光溯源检测技术的示范应用,识别了长江干流上海—武汉段污染成因和产生区域

利用"中国环监008"监测船搭载水环境污染快速识别与预警仪,在长江干流上海—武汉段先后开展了两次应急模拟示范巡航监测,对长江干流监测样品进行了水纹荧光及污染溯源检测。2018年监测结果显示:没有明显人为干扰的长江水占88.95%;含有污染信号的水样占11.05%。2020年监测结果显示:没有明显人为干扰的水样占57.38%;含有污染信号的水样占42.62%。含有污染信号的水样主要出现在船舶或运输码头、沿江城市、沿江工业园区附近。上述示范监测的成功案例,为水纹荧光溯源监测技术在应急监测领域的广泛应用奠定了良好基础。

(3)编制了《水环境污染快速识别预警仪应急监测技术导则》,完善了污染源行业水纹数据库

依托仪器性能测评结果和典型水域应急模拟监测示范应用成果,编制了《水环境污染快速识别预警仪应急监测技术导则》,为其在应急监测领域中的应用提供了一套标准流程和操作规范;初步形成了污染水纹指标和排放源的响应关系及识别模式关键技术研究成果,进一步补充完善了污染源行业水纹数据库。

11.3.3 滨湖城市水体水环境深度改善和生态功能提升技术

11.3.3.1 基本情况

项目负责人:张运林

项目牵头单位:中国科学院南京地理与湖泊研究所

项目类别:国家重大科技专项(水专项)项目

项目执行期限:2017年7月至2021年6月

项目研究内容:研究滨岸复杂岸线蓝藻叶绿素信息遥感提取技术、滨岸带蓝藻水华堆积程度的预测预警模拟技术、基于透明度提升的城市湖泊生境改善技术、湖泊水生植物群落重建与快速稳定技术、滨湖城市湖泊健康食物网重塑与长效调控技术等。

11.3.3.2 主要研究成果

针对梅梁湾梁溪河口高藻水输入影响及蠡湖生境恶化、生态退化的治理技术瓶颈,突破了滨岸复杂岸线蓝藻叶绿素信息遥感提取技术、滨岸带蓝藻水华堆积程度的预测预警模拟技术、基于透明度提升的城市湖泊生境改善技术、湖泊水生植物群落重建与快速稳定技术、滨湖城市湖泊健康食物网重塑与长效调控技术等5项关键技术,形成了梅梁湾入湖河口敏感区藻源颗粒物综合清除成套技术及浑浊湖泊生态系统修复与生态功能提升成套技术等,发布《城市湖泊水体草型生态系统重构技术指南》,研发了蓝藻水华清除与处置一体化信息平台,并在以蠡湖为核心的周边河网 60km^2 的综合示范区开展示范应用。授权国内发明专利 11 项,获软件著作权 8 项;发表论文 8 篇。相关成果支撑了水体污染控制与治理国家科技重大专项工作推进路线图中标志性成果。

11.3.4 浅水湖泊鱼类资源与水环境协同调控关键技术研究与应用

11.3.4.1 基本情况

项目负责人:谷孝鸿

项目牵头单位:中国科学院南京地理与湖泊研究所

项目类别:国家科技支撑项目

项目执行期限:2016年7月至2021年6月

项目研究内容:针对浅水湖泊存在的藻类水华频发、生境破坏、渔业资源衰退以及鱼类生物调控作用在水环境治理中常被忽视等问题,围绕湖泊鱼类资源与水环境的协同调控开展了相关基础理论与关键技术的系统研究。

11.3.4.2 主要研究成果

(1)发展了浅水湖泊鱼类资源与水环境协同调控理论

首次报道了鱼类—贝类驱动下的富营养浅水湖泊浮游与底栖食物网耦合过程及其水质改善效果,创新发展了滤食性水生生物协同控藻的非经典生物操纵理论;建立了气候、营养和鱼类驱动的亚热带浅水湖泊生态系统模型,定量评估了不同生态类型鱼类种群的长期下行生态效应;厘清了湖泊鱼类资源的衰退过程与优势种小型化的演替机制,阐明了鱼类资源结构调整对生态系统功能的改善效果与作用机理。

(2)创新了浅水湖泊生物操纵与鱼类群落恢复技术

针对鲢、鳙控藻技术的局限,首次提出滤食性鱼类—贝类协同强化控藻技术与应用阈值,藻类浓度降低了53%~67%;研发了鱼类生境营造与水质净化联合装置,鱼卵附着密度提高了1.3~3.1倍,形成了具备装置应用参数的鱼类早期资源恢复技术;建立了亚热带中小型浅水湖泊鱼类群落与沉水植物群丛协同调控技术,提出湖泊"水质改善—生境营造—鱼类调控"三阶段协同修复路径,集成和创新了一套浅水湖泊生物操纵与鱼类群落恢复技术。

(3)构建了浅水湖泊鱼类资源调控管理与风险评价体系

结合湖泊关键要素卫星遥感解译技术,形成了不同类型水域鱼类资源分区分类保护与利用的渔业功能区划方法;分析了湖泊新型污染物从微观到宏观层面对鱼类健康水平的影响效应,构建了湖泊新型污染物生态风险评价技术方法;发展了湖泊鱼类资源修复关键表征指标的评价方法,建立了以容量评估为重点的"规划—实施—评估—调整"四环节的湖泊鱼类增殖放流管理技术体系。

成果获国家授权专利30项、软件著作权3项,发表论文127篇。2015—2020年在太湖、洪泽湖、高邮湖等湖泊累计示范推广面积765万亩,创造经济产值80.04亿元,新增效益31.57亿元,取得了重大的社会效益、生态效益和经济效益。

11.3.5 贡嘎山东坡土壤磷的生物地球化学循环过程与海拔分异

11.3.5.1 基本情况

项目负责人:吴艳宏

项目牵头单位:中国科学院、水利部成都山地灾害与环境研究所

项目类别:国家自然科学基金重点项目

项目执行期限:2017年1月至2021年12月

项目研究内容:贡嘎山东坡海螺沟海拔梯度上土壤磷及其形态的分布特征、土壤磷及其生物有效性时空特征;典型植物对土壤磷及其生物有效性的影响,重点关注植物根系分泌物对土壤磷形态转化和凋落物分解与磷的归还;土壤微生物的组成特征、微生物功能基因分

析、土壤酶的组成及其与土壤磷形态转化的关系、微生物量磷与土壤磷生物有效性的关系、解磷微生物的作用机制等;有机磷的组成、有机磷的矿化及其过程中微生物的作用、不同形态的有机磷的淋滤过程及对土壤磷生物有效性的影响;土壤磷生物地球化学循环的海拔分异特征。

11.3.5.2 主要研究成果

(1) 查明了贡嘎山东坡海螺沟土壤磷及其生物有效性的海拔分异特征

贡嘎山东坡不同植被带谱生态系统磷库随海拔的升高逐渐增多;土壤有效磷库呈"抛物线"分布,而植物磷库呈相反的分布特征,在亚高山针叶林带达到最高值。发现表层土壤各形态随海拔发生了显著的变化。有机磷呈现出与有效磷较一致的空间变化趋势:在高海拔和低海拔地带最低,在亚高山暗针叶林带和针阔混交林带最高。有机磷的空间分布模式主要受植被类型(凋落物类型)和土壤性质的共同影响。

(2) 揭示了生物对贡嘎山东坡土壤磷生物地球化学的作用及机制

发现贡嘎山东坡峨眉冷杉林土壤中低分子量有机酸以柠檬酸占主导地位,柠檬酸可通过增加土壤微生物量磷间接地影响生物有效磷浓度,柠檬酸和土壤微生物量磷对土壤有效磷的影响还受季节变化的影响。

识别出贡嘎山高山和亚高山带土壤中与磷循环相关的细菌种类(以下简称"磷细菌")。磷细菌占到了土壤总细菌数量的32%~61%(平均为45%)。三种磷酸酶功能基因(phoA、phoD、phoC)的丰度未呈现任何海拔分异特征。具备分泌碱性磷酸酶潜力的phoD微生物,在海拔土体分布的类群大体一致。土壤酸性磷酸酶活性在不同海拔间存在显著差异,随着海拔升高,酸性磷酸酶活性先降低后升高,在暗针叶林带最低。

(3) 阐明了贡嘎山东坡海螺沟土壤磷生物地球化学循环的海拔分异特征

贡嘎山东坡海螺沟土壤磷的生物地球化学循环呈现出明显的海拔分异特征,以原生矿物磷分解和淋溶为主的地球化学作用的强度随着海拔的升高呈现为抛物线形。以吸收和通过凋落物归还的植物对磷的生物循环,随植被类型变化产生较大差异,生物循环效率随海拔升高逐渐降低。微生物解磷作用及微生物量磷呈现出抛物线形特征,在峨眉冷杉带磷最高。在季节上,无论是地球化学作用还是生物作用,均呈现出明显差异。贡嘎山东坡海螺沟土壤磷的生物地球化学循环的海拔差异,导致土壤磷的生物有效性也表现出明显的海拔和季节分异,总体上土壤磷的生物有效性在海拔梯度上呈抛物线形分布,生长季大于非生长季,总体能满足植物生长需求。

贡嘎山东坡海螺沟土壤磷的生物地球化学循环的海拔分异形成机制,除与环境因素相关外,地球化学作用和生物作用至关重要,而地球化学作用过程中同时有生物参与。淋溶作用的强弱,不仅影响了土壤总磷的分布特征,更重要的是在这一过程中造成了生物有效磷的流失。

凋落物分解对土壤磷的归还是针叶林和针阔混交林带土壤生物有效磷的重要来源，分解速率和归还量受微生物群落结构及其分泌的酶所控制。以植物低分子量有机酸螯合反应、微生物磷酸酶水解有机磷为主的生物化学作用控制着亚高山针叶林和针阔混交林的磷循环。

11.3.6 红壤丘陵区雨水径流资源水土保持调控技术及应用

11.3.6.1 基本情况

项目负责人：谢颂华

项目牵头单位：江西省水利科学院

项目类别：获奖项目（江西省科技进步奖一等奖）

获奖年度：2021年

项目研究内容：红壤坡地雨水径流资源调控与利用理论研究；坡耕地雨水径流资源水土保持调控与利用技术；果园雨水径流资源水土保持调控与利用技术；林地雨水径流资源水土保持调配技术；小流域雨水径流资源水土保持调控技术体系集成及应用。

11.3.6.2 主要研究成果

以红壤丘陵区为对象，针对南方水土流失和季节性干旱等问题进行了近10年的持续研究，开展了径流小区和卡口站观测、定位试验、模型模拟等，分析了果园、坡耕地、林地的径流输出与分配规律，研发了降雨径流水土保持调控技术（图11.3-2至图11.3-4）。

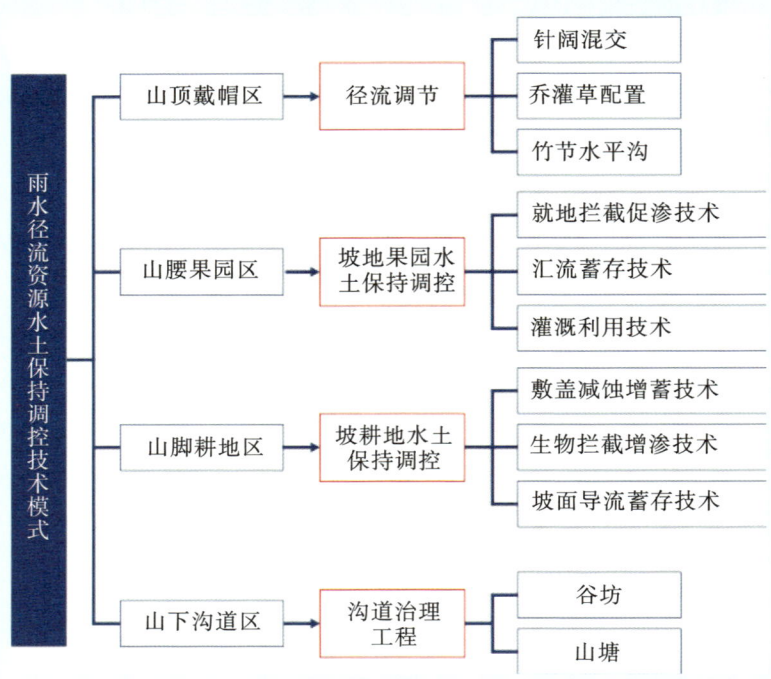

图 11.3-2　小流域雨水径流资源水土保持调控技术模式

图 11.3-3　江西省赣州市南康区小流域示范区　　　图 11.3-4　江西省都昌县坡耕地示范区

①首次从江西红壤丘陵区降雨、入渗、土壤水等方面，系统开展了果园、坡耕地、林地三种主要土地类型的降雨径流分配规律的研究，提出了基于降雨径流特征期、水土流失关键期、作物需水主要矛盾期的雨水径流调控理论。

②研发了就地截流促渗、汇流蓄存、集蓄灌溉等单项关键调控技术，集成了坡耕地、果园和林地雨水径流资源水土保持调控技术体系。

③以小流域为单元，构建了山顶戴帽、山腰果园、山脚耕地和山下沟道的江西红壤丘陵区雨水径流水土保持调控技术模式。

项目成果丰富了坡地水资源利用和水土保持技术手段，社会效益、生态效益和经济效益显著，可为旱涝灾害防治和农业生产提供技术参考。项目技术在 9 省（自治区、直辖市）的 18 个行政部门、8 个企业、3 个国家级水利研究机构、2 个工程项目部及 1 个学会中广泛应用。在江西省的 5 个县（市、区）建立示范基地开展了技术集成示范。在 17 个县的国家水土保持重点治理工程及企业农林开发项目中推广应用。应用示范面积 180.32km²，辐射推广总面积达 2430.20km²，实施项目区每年可增加蓄水量 43.78 万～419.70 万 m³，示范推广区共新增利润 12.56 亿元。

11.3.7　山地河湖水环境综合整治关键技术研究与应用

11.3.7.1　基本情况

项目负责人：何强

项目牵头单位：重庆大学

项目类别：获奖项目（重庆市科技进步奖一等奖）

获奖年度：2021 年

项目研究内容：构建山地流域污染全过程模型，提出山地流域健康水系统构建、评估与管理方法；研究微型水景滞存净化、入湖支流生物/生态滤池深度处理、溢流雨污水坑塘—湿地梯级净化等山地河湖污染物输入控制关键技术；研发山地河流潭链功能增效梯度净化、河流水体异常图像自动识别与健康诊断、湖库水体低能耗循环及净化、深水区沉水植物补光等关键技术。

11.3.7.2 主要研究成果

(1) 构建了山地河湖水环境综合整治理论与方法

解析了山地区域城市化水环境效应,提出了山地水环境全链条整治模式与方法。揭示了山地流域面源污染构成及负荷分配规律,构建了山地流域降雨产汇流和污染负荷模型,形成了"污染源解析—水环境容量核算—污染负荷分配—工程实施—可持续管理"全链条模型理论,提出了山地河湖水环境综合整治规划、设计、建设与运营方法,攻克山地河湖污染过程与工程控制及管理措施难以关联的难题。

构建了山地流域健康水系统理论体系,创新了水系统评估与管理方法。提出了包括水文循环与社会循环的山地流域健康水系统构建方法,建立了以最大隶属度为健康判定原则的水环境健康评价体系,开发了反映流域水环境健康动态演替过程的山地城市流域的健康评价软件,构建了健康水系统构建决策支持系统,为山地流域土地利用规划、水安全格局构建等提供了重要的理论方法。

(2) 构建了山地河湖污染物输入控制技术体系

构建了山地流域面源污染控制技术体系。通过研发高通量渗滤复合基质与构建耐淹植物根际微生物系统,对山地陡坡(5%~10%坡度)地表径流起到滞留、渗滤与强化脱氮作用,突破了大坡度径流污染物控制技术,在同等水力停留时间下,总氮去除效能较传统径流污染控制技术提升了20%~30%(图11.3-5);突破了微型水景滞存净化技术,有效缓冲山地地表径流水力负荷冲击;突破了入湖支流生物/生态滤池深度处理技术,相比同类型技术脱氮除磷效能分别提升了23%~30%和15%~20%,无需另设供能、曝气设备。

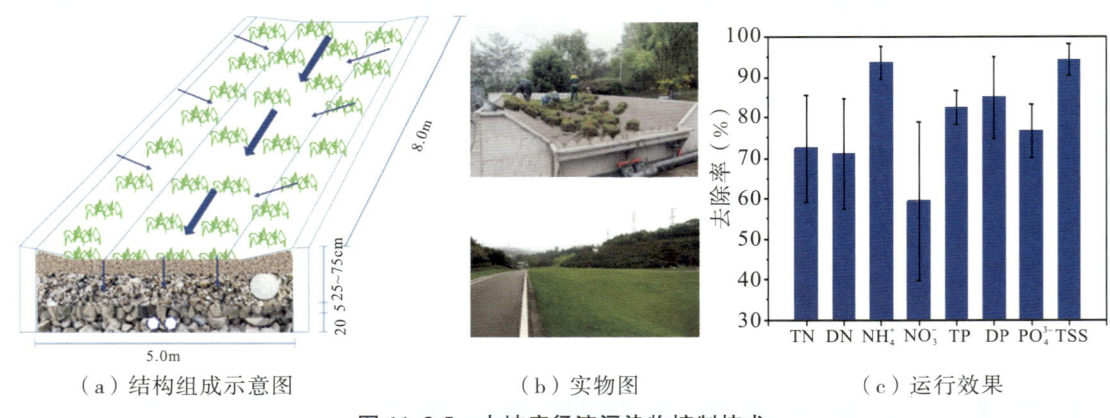

(a) 结构组成示意图　　(b) 实物图　　(c) 运行效果

图11.3-5　大坡度径流污染物控制技术

构建了山地流域点源污染控制技术体系。提出溢流雨污水坑塘—湿地梯级净化技术,沿山地河流陡峭岸坡带构建多级生态湿地系统,实现对雨污水的自动分流治理。突破了一体化生物生态协同分散式处理技术,无污泥与混合液回流系统,能耗节省15%～25%;开发了轻质填料湿地尾水深度处理技术,显著增加填料载体微生物量与除磷能力,实现污水处理厂尾水高标准深度除磷脱氮(稳定达Ⅴ类水环境标准)与温室气体减排(18%～24%)。

(3)构建了山地河湖水质改善技术体系

构建了山地河湖水质改善技术体系。突破了山地河流潭链功能增效梯度净化技术,河流中悬浮物、总氮和总磷去除率分别达70%、32%和19%;构建了基于模式识别、物联网、远程通信技术和最优化方法的河流生态补水远程智能调度系统,降低补水系统运行成本的15%～20%;发明了河流水体异常图像自动识别及健康诊断技术,有效提升河流的智能化监控与运维水平。构建了山地湖库水生态与水环境改善技术体系。研发了太阳能驱动的低扬程大流量潜流推进器,构建了旋转式纳水—富氧—净化系统,在强化水体循环的基础上实现原位水质净化,突破了湖库水体低能耗循环及净化技术,能耗节省15%～25%;开发了基于物理载氧方式的湖库生态系统诱导技术,实现黑臭水体溶解氧提升5.38倍(达6.80 mg/L),溶解氧在沉积物中穿透深度增加3.75倍;发明了用于深水区沉水植物种植的补光装备与技术,补光装备操作水深大于4m,运行成本较市场使用产品降低30%以上。

11.3.8 自然—人为双重作用下长江上游水生态风险发生机制及应对策略

11.3.8.1 基本情况

项目负责人:潘保柱

项目牵头单位:长江水利委员会长江科学院、西安理工大学

项目类别:获奖项目(长江科学技术奖一等奖)

获奖年度:2021年

项目研究内容:通过野外长时间大尺度监测、室内微生态试验和数据整合分析的方法,阐明长江上游生境演变过程,揭示长江上游水生态风险发生机制,提出长江上游水生态保护修复关键技术,构建维系长江上游水生态健康的综合治理模式。

11.3.8.2 主要研究成果

(1)阐明了自然—人为双重作用下长江上游生境演变过程

摸清了长时间序列长江上游水沙变化过程。本项目对向家坝和朱沱水文站实测水文数据分析发现,除降雨影响外,水电开发逐渐占据长江上游干流年输沙量影响因素的主要地

位。明晰了长江上游建坝对水动力特性影响规律。分析建坝前后水流纵向、横向、垂向分布规律,发现库区由山区型河道天然水流转变为明显的壅水型非均匀流,三维性增强。甄别了长江上游干支流水环境变化特征。分析了库区干支流水环境长系列实测资料数据,得出建坝后库区水温出现"滞温"和"制冷"效应。

(2)揭示了长江上游水生态风险发生机制

明晰了长江上游库区支流库湾水华孕灾环境及发生机理。通过水环境现状调查及数据分析发现,支流库湾平均流速减缓为藻类的生长提供了基本孕灾环境;水体温度形成了稳定分层,干流高浓度水锲深入支流,补充了支流营养物质,便于藻类的增殖;水库消落带干湿交替及坡面冲刷导致的面源营养物质污染的输入,加剧了水华的暴发风险。辨明了长江上游鱼类多样性降低的原因。其中,水利水电工程建设的生态环境效应及调控措施研究尤为重要。解析了自然灾害条件下局部水生态系统退化机制。在当前大江大河洪水灾害防御措施较为完善的前提下,自然灾害中以中小河流山洪、泥石流对长江上游支流生境影响最为明显。

(3)提出了长江上游水生态保护修复关键技术

建立了库区水体富营养化长效治理与水华应急防控技术体系。针对库区水华问题,建立了以生态护岸、污染拦截、生态农业和生物操纵等工程措施与产业措施相结合的库湾生态—经济协同发展综合长效治理技术,实现了库区消落带稳定性防护和水体营养盐原位消纳之间的动态平衡与长效治理,提升了基于水量—水位动态耦合调控的水华应急防治技术。集成研发了耦合适宜生境营造与多重技术构建的鱼类资源保育技术体系。提出了能适宜鱼类生命活动和保障鱼类种群恢复的生境替代技术,创建了能满足多目标鱼类种群上溯需求的仿生态鱼道式的过鱼设施,建立了能够有效改善鱼类产卵量与孵化率的生态调度模型,提出能扩大自然种群繁育规模、适宜不同质地鱼卵孵化的人工鱼巢技术,创新了能合理调控种群结构、保护稀有鱼类的增殖放流技术。创新了提升山区河流微生境异质性的河床结构重塑技术。创新了河床稳定性指数和微生境指数,开发了以稳定河床和改善水生态健康为核心的微生境异质性人工营造技术,建立了因地取材、人工模拟的治理模式,创立了以天然石块构成型多级消能系统,兼顾了结构自身稳定性要求和消耗水流能量需求。

(4)构建了维系长江上游水生态健康的综合治理模式

创新了化学完整性评价指标的内涵,首次建立了涵盖水文完整性、化学完整性、形态结构完整性、生物完整性及社会服务功能可持续性的长江上游水生态风险多维度评价体系。确立了长江上游水生态综合治理模式。

本研究共发表期刊学术论文163篇,其中SCI收录论文67篇,发布水利行业标准2项,授权发明专利 25 项、实用新型 54 项,获得软件著作权 10 项,出版专著 3 部,培养博士/硕士研究生 30 余名。项目成果先后在长江上游多省份的水生态保护与修复过程中得到了广泛应用,取得了显著的社会效益、生态效益和经济效益,项目研究成果具有广阔的推广应用前景。

11.4　河湖治理与保护

11.4.1　长江泥沙调控及干流河道演变与治理技术研究

11.4.1.1　基本情况

项目负责人:卢金友

项目牵头单位:长江水利委员会长江科学院

项目类别:国家重点研发计划"水资源高效开发利用"重点专项

项目执行期限:2016 年 7 月至 2020 年 12 月

项目研究内容:多因素影响下长江来水来沙过程时空变异规律;水沙过程变异下河床重塑过程与驱动机制;长江泥沙多维耦合与协同调控的理论与方法;多尺度、多目标和多过程的江河湖库泥沙调控技术;河道治理新技术及泥沙调控下河道综合治理方案。

11.4.1.2　主要研究成果

(1)提出了资料贫乏地区的长时间水沙序列复原及重构方法

采用现场沉积物取样和测年方法复原得到了源区曲麻莱河段 4 个历史典型时期的概化断面,结合河床形态与水沙通量的关系重建得到了历史冰期的径流泥沙数据。基于 Hydro-Trend 集中式水文模型研究得出源区距今 5000 年的历史暖期的径流泥沙数据。结合历史断面得到的冰期数据和实测水沙数据,通过分形插值模型,重构得到了长江源区 2 万年以来径流输沙序列,表明源区处于径流增大、输沙平稳的时期。

(2)揭示了水沙变异条件下长江中下游不同河型河道重塑的驱动机制及重塑过程

在低含沙水流的造床作用下,分汊河道整体宽浅化发展;较短汊道冲淤幅度相对较大,中小水年洲头低滩冲刷后退,大洪水年洲头横向窜沟发育;弯曲河道初期表现为"撇弯切滩"的发展趋势;随着河道冲刷发展,上、下游弯道段分别从"滩槽均冲"和"槽冲滩淤"转变为深槽冲刷(图 11.4-1)。

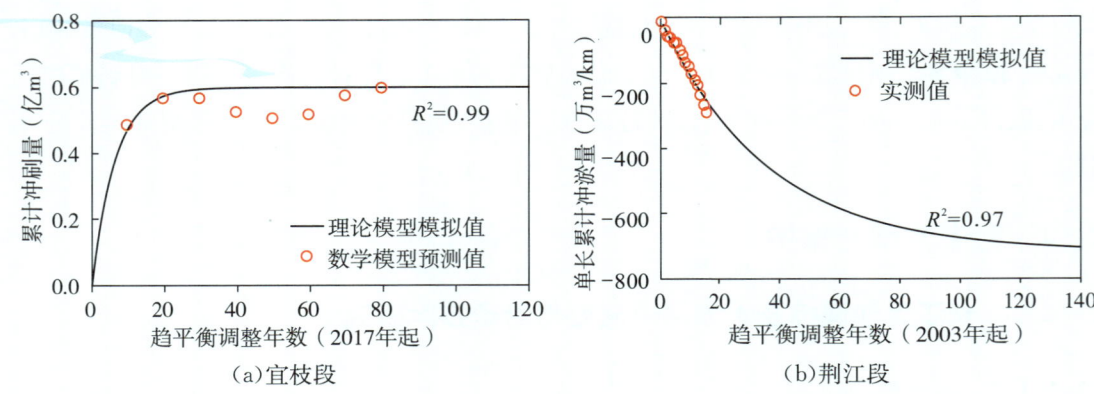

图 11.4-1 水沙变异条件下坝下游河道趋平衡过程模拟结果

控制性水利水电工程运用后长江中下游未来 80 年宜昌—大通河段累计冲刷 55.59 亿 m^3,除宜昌—枝城河段外,80 年后其他各河段均暂未达到冲淤平衡,但冲刷总体呈减缓趋势。

(3)研发了跨区域、多过程、多尺度的江河湖库水沙输移模拟技术和集水库调度、河道整治和泥沙资源化利用等于一体的长江泥沙调控技术

集成构建了由上游梯级水库群、中下游复杂江湖河网和典型河段平面二维水沙输移模型组成江河湖库水沙动力学模型,改进了恢复饱和系数、非均匀沙挟沙力等泥沙数值模拟关键参系数计算方法,提高了长江泥沙输移模拟相对精度 20%～30%。将水沙动力学与优化调度理论相结合,构建了集水库调度、河道整治和泥沙资源化利用等于一体的长江泥沙调控综合模型;提出了基于协同理论的水库群综合利用效益计算方法,完善了泥沙调控非劣方案决策技术(图 11.4-2、图 11.4-3)。

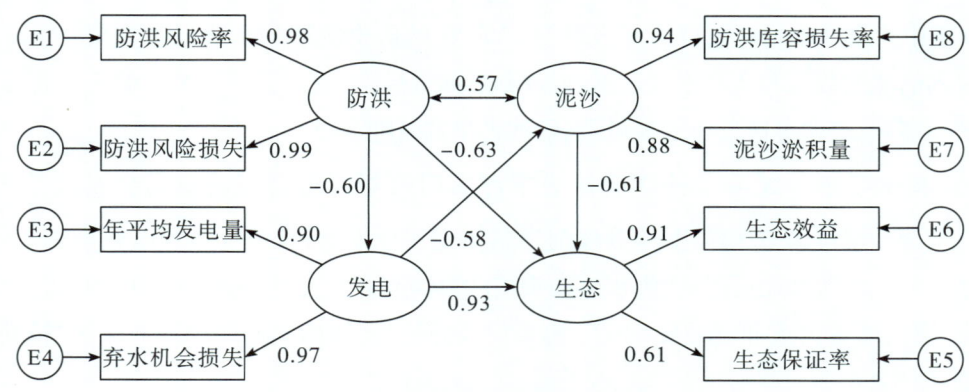

图 11.4-2 多目标间冲突特征与互馈响应关系

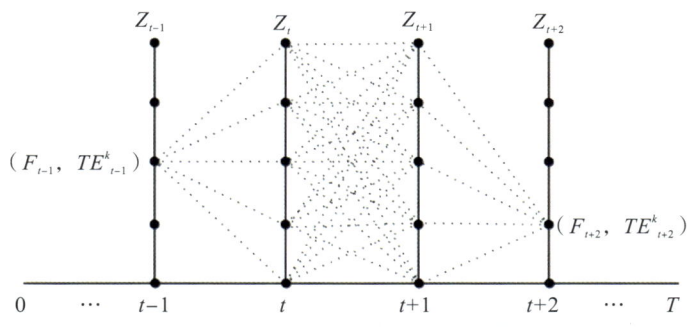

图 11.4-3　多目标动态规划迭代算法

预测了现有调度方案下三峡水库远期平衡淤积量将超过设计阶段预测平衡淤积量；提出了面向库区减淤、下游抑冲、洲滩淹露的长江泥沙综合调控优化方案，并在溪洛渡、向家坝和三峡水库群联合调度运行中得到了示范应用，可减少三峡水库远期淤积量约 6%（图 11.4-4、图 11.4-5）。

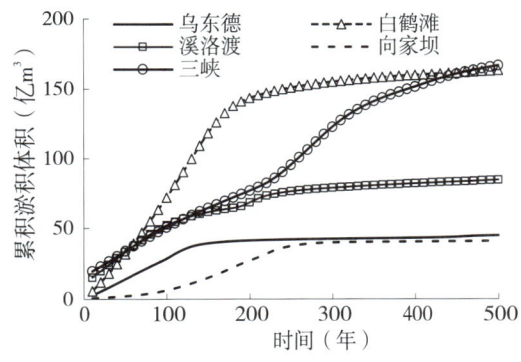

图 11.4-4　长江上游梯级水库淤积发展趋势　　图 11.4-5　三峡水库泥沙调控方案长期减淤效果

（4）提出了泥沙调控下多目标协调的典型河段河道治理方案

针对水沙变化条件下长江河道现有治理技术的不足，在新技术研究中综合考虑抗冲稳定性、生态功能性、施工高效性和工程耐久性等需求，研发了人工鹅卵石及钢丝网石垫水上护坡、分格现浇网筋生态混凝土水上护坡、生态巢穴石水下护脚、网筋人工石群水下护脚、水面消能浮体护滩等 5 项长江河道治理新技术（图 11.4-6）。并提出了随坡就势、型式优化、环境友好的重庆河段治理方案，防洪保安、航运改善、调控分流、生态友好的公安—监利河段治理方案，复杂边界下多汊河段滩槽一体化控导的马鞍山多河段治理方案。

(a)人工鹅卵石及网石垫水上护坡

(b)分格现浇网筋生态混凝土水上护坡

(c)生态巢穴石水下护脚

(d)网筋人工石群水下护脚

(e)水面消能浮体护滩

图 11.4-6　多目标协调的河道治理新技术

11.4.2　长三角典型河口湿地生态恢复与产业化技术

11.4.2.1　基本情况

项目负责人：李秀珍

项目牵头单位：华东师范大学河口海岸学国家重点实验室

项目类别：国家重点研发计划"典型脆弱生态修复与保护研究"重点专项

项目执行期限：2017 年 7 月至 2020 年 12 月

项目研究内容：多重胁迫下的长三角典型河口湿地生态系统响应机理；长三角退化河口湿地生境修复与植被快速恢复技术；河口湿地盐生生物资源的开发利用与产业化；长三角河口湿地多过程联合调控技术体系与应用示范。

11.4.2.2　主要研究成果

（1）揭示了多重胁迫下的长三角典型河口湿地生态系统响应机理

针对长三角河口湿地生态系统面临的上游来沙减少、富营养化、滩涂圈围和外来物种入侵等多重胁迫，项目采用并发展了自组织瞬态格局弹性理论、机会—窗口繁殖体阈值理论，揭示了繁殖体耐受力—沉积作用力—潮水动力平衡机理，阐明了多重胁迫下盐沼湿地的生态功能以"自组织模式"进行自我修复的新机理,为开展河口湿地生态修复提供了理论支撑和新思路。

(2)研发了长三角退化河口湿地生境修复与植被快速恢复技术

针对多重胁迫下,本地植被生境难以修复、植被种苗难以定植成活、新恢复植被难以抵御外来物种入侵的瓶颈问题,项目基于堤内水文、堤外沉积动力地貌和本地植物生活史过程等研究,集成研发了集本土盐沼植被恢复、互花米草防控、生态功能提升为一体的生态修复技术体系,应用于退化河口湿地以及近岸水域恢复工程约 2000 亩,对长三角河口湿地生态修复起到推动作用。

(3)推动了河口湿地盐生生物资源的开发利用与产业化

针对外来入侵植物互花米草生物量大、盐度高、利用困难的问题,项目在互花米草矿质液及固体饮料、新型饲料添加剂、盐土改良剂与生物有机肥等新产品新工艺研发方面取得重要进展,突破相关技术瓶颈,形成了互花米草多级高效利用产业链,实现互花米草生物质的多层级利用和深度开发,为全国互花米草资源大规模产业化利用提供了范例。

(4)形成了长三角河口湿地多过程联合调控技术体系与应用示范

该项目对滨海湿地生态修复和资源利用产业化技术进行了系统集成,形成了具有长江口特色的盐沼湿地多过程联合调控一体化模式包,即鸟类栖息地优化模式包、秸秆资源化利用模式包、湿地公园生态旅游模式包;提出"夏季防台、秋季利用、冬春引鸟"的互花米草管控新方案;提交多份滨海湿地生态保护修复咨询建议,并将相关生态修复技术推广到长三角相关区域,示范提升效果良好。

11.4.3　中美大河三角洲侵蚀灾害与应对策略比较研究

11.4.3.1　基本情况

项目负责人:张卫国

项目牵头单位:华东师范大学

项目类别:国家重点研发计划政府间国际创新合作专项

项目执行期限:2018 年 1 月至 2021 年 12 月

项目研究内容:通过中美大河三角洲地貌主控过程和机理比较分析,揭示三角洲地貌对流域来沙减少的响应机制及三角洲内部地貌调整对流域减沙的缓冲效应,利用年代际地貌演变模型对未来流域减沙和海平面上升情景下的地貌变化趋势做出预测;构建三角洲侵蚀的脆弱性评估体系,揭示三角洲侵蚀对社会经济的影响;结合社会经济发展需求,汲取美方应对三角洲侵蚀措施的经验教训,提出三角洲应对侵蚀的管理措施。

11.4.3.2 主要研究成果

(1)揭示了流域减沙背景下长江和密西西比河三角洲地貌变化机制

密西西比河和长江都面临着入海泥沙下降的现象。密西西比河三角洲相比1930年,土地面积丧失了约5000 km^2,但长江三角洲土地面积1950年以来增长了约1500 km^2。可见,流域减沙仅是三角洲地貌变化的因素之一,密西西比河三角洲的河流堤防建设、运河开挖、地面沉降和海平面上升是土地丧失的重要因素,而长江三角洲的围垦和海岸堤防促使了三角洲土地面积的增加。此外,长江三角洲中等潮差条件下的向陆泥沙搬运可以缓冲流域泥沙下降的侵蚀效应。当前,长江三角洲南支河槽刷深,口外水下三角洲前缘侵蚀较为明显,拦门沙浅滩侵蚀特征不明显,反映了三角洲系统内部对流域减沙响应的空间差异。

(2)构建了三角洲侵蚀脆弱性评估模式,评估了海岸侵蚀对海岸极端风暴洪水风险的影响

使用百分位等级法,结合5个自然指标(潮差、波高、水体含沙量、潮滩宽度和坡度)和3个社会指标(堤防高度、地均GDP和财政收入),评估了长江三角洲沿岸49个乡镇的侵蚀脆弱性,揭示了侵蚀的潜在社会经济影响。在考虑海岸侵蚀引起的地形变化条件下,基于洪水淹没模拟模型,模拟溃堤、漫堤以及相对海平面上升综合因素所引起的极端风暴洪水情景,评估典型侵蚀岸段所面临的极端风暴洪水灾害风险。

(3)基于地貌模拟和社会经济发展情景构建,提出了三角洲海岸应对策略

相比密西西比河三角洲由于土地侵蚀导致的人口流失,长江三角洲仍面临着人口集聚现象。针对未来经济社会发展的重心上海浦东新区的海岸侵蚀应对问题,以2016年河口地形、2019年海岸土地利用为基础,结合2035年河流来沙1.25亿t/a、海平面累计上升16.5cm情景下的河口地貌模拟以及浦东新区2035年规划,评估了当前和2035年海岸侵蚀脆弱性及土地利用价值的暴露度,进而提出了国土空间规划的建议。针对未来侵蚀和经济社会发展的不确定性,提出了基于缓冲区分析的土地利用暴露度评估方法,为管理策略应对提供分析方法。

11.4.4 淤泥演化为黏土隔水层过程中的水—岩相互作用

11.4.4.1 基本情况

项目负责人:马腾

项目牵头单位:中国地质大学(武汉)

项目类别:国家自然科学基金重点项目

项目执行期限:2017年1月至2021年12月

项目研究内容：开展淤泥与黏土的结构、组成和性质研究，提出定量表征淤泥和黏土的指标体系；开展淤泥—黏土演化过程模拟的增温增压方案研究，开展淤泥—黏土演化过程的模拟实验，揭示压力、温度及时间对淤泥—黏土演化过程的影响，划分淤泥—黏土转化过程；开展淤泥—黏土演化关键过程中碳/氮/硫/铁的生物地球化学模拟，重点揭示淤泥—黏土演化过程中微生物对各元素质量变化及形态转化的贡献；开展淤泥埋藏释水过程对含水层贡献的定量评价，建立基于不同温压条件下淤泥中 $C-N-S-Fe-H_2O$ 系统的水—岩相互作用模型，定量评价淤泥释水过程中 $C-N-S-Fe$ 的形态与质量变化及其对相邻含水层水化学环境的影响。

11.4.4.2 主要研究成果

（1）综合运用现代传感器、自动化技术，研发淤泥—黏土演化的增温增压一体化在线模拟系统

系统包括增温增压反应器，自动收集装置和分析设备（图11.4-8）。通过控温介质的技术创新，实现了温度区间-5～150℃的模拟；通过伺服加压的技术创新，实现了增压区间0.01～15.00MPa的模拟；通过集成控制系统的技术创新，实现了水化学、微生物、气体和岩土结构等的在线监测；运行过程中可随时在不卸压条件下采集气体和压实样品进行组成分析，识别特征反应和阶段突变，为低渗透介质水—岩相互作用研究提供了关键科学装置。

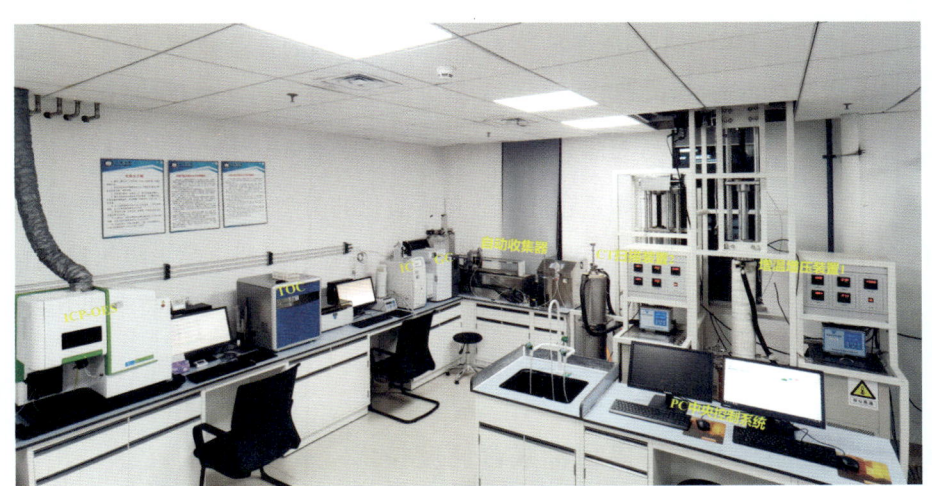

图11.4-8　增温增压一体化在线监测装置

（2）概化和建立了淤泥的 $C-N-S-Fe-H_2O$ 体系

通过系统钻孔岩芯采集和文献调研收集，实现了对淤泥中 $C-N-S-Fe-$ 微生物形态、含量的概化。通过添加不同材料制备性状和理化指标与天然淤泥相似的"淤泥标准样

品",解决了天然淤泥非均质性强、区域研究缺乏代表性的问题。经分析检验,"淤泥标样"具备天然淤泥的基本组成性质,弥补了国际上淤泥标准的空白,可作为演化模拟实验和其他科学研究的标准材料。

(3) 揭示了低渗透介质演化过程与作用机制

揭示了水—岩相互作用的本质是不同温压条件下 C－N－S－Fe－H_2O 体系综合作用的过程。揭示了不同演化阶段 C/N/S/Fe 的生物地球化学过程并建立概念模型。依据增温增压过程中氧化还原环境、孔隙水化学特征、黏土矿物结构的变化,综合划分了淤泥演化过程中的三个主要反应阶段:孔隙水释放阶段、微生物介导的氧化还原阶段和黏土矿物结构转变阶段。

(4) 定量评价了淤泥压实释水对含水层的贡献

基于质量均衡、平均网格法、对流—扩散定律和线性估算法定量评价了淤泥压实释水对相邻含水层地下水化学特征的贡献。通过实验,发现在未来的沉积演化过程中,弱透水层将通过垂向渗流、压实等作用不断向下伏含水层输入铁、砷、碳及其他组分,对含水层的水质有着不可忽略的影响。模拟自然沉积条件下,压实作用对含水层 DOC 和 Fe 浓度的贡献显著高于对流和扩散作用,分别是对流和扩散的 6~40 倍和 12~54 倍,是影响含水层有机碳和铁浓度的主要作用。

(5) 阐明了淤泥—黏土演化过程中的力学—化学耦合作用机制

通过增温增压实验中在不卸压条件下对黏土矿物结构的连续监测,发现了黏土矿物结构变化主导溶质运移过程的控制机制,实现了黏土压实过程中力学和化学的耦合。

(6) 建立了重塑淤泥—黏土隔水层演化过程的技术和方法

综合 C－N－S－Fe－H_2O 体系和低渗透介质演化的力学—化学耦合模型,基于江汉平原研究区多个地质钻孔的年代学标尺和室内增温增压实验对淤泥—黏土隔水层演化的阶段模拟,建立了重塑江汉平原近 250 万年的淤泥—黏土隔水层演化过程的技术和方法。

11.5 流域综合管理

11.5.1 长江上游梯级水库多目标联合调度技术

11.5.1.1 基本情况

项目负责人:仲志余

项目牵头单位:长江勘测规划设计研究有限责任公司

项目类别:国家重点研发计划"水资源高效开发利用"重点专项

项目执行期限:2016年7月至2020年12月

项目研究内容:以长江上游干支流控制性水库为对象,发展复杂水库群多目标联合调度和风险决策理论,揭示多目标协同调度关系,研究高精度长预见期水文预报方法,建立水库群多区域协调防洪调度、库群联合供水调度、多维时空尺度发电调度,以及生态调控模式技术体系,凝练水库群蓄放水规则,集成水库群智能化调度平台,解决水库群多目标联合调度的重大科学问题和关键技术难题,突破水库群防洪、发电、供水、生态、应急等综合调度的理论障碍,全面提升我国防洪减灾及水资源安全保障能力。

11.5.1.2 主要研究成果

(1)面向水库群调度的水文数值模拟与预测技术

揭示了长江上游梯级水库群建成运行影响下水文循环时空演变规律,提出了反映"气—陆—库—水"系统之间物质、能量和信息反馈机制以及耦合作用机理的非一致性预测预报方法,构建了面向长江流域巨型水库群的长河系、多阻断水文预报体,以提高水文预报精度并延长预见期。

(2)面向多区域防洪的长江上游水库群协同调度策略

揭示了流域水库群防洪调度的"时—空—量—序—效"多维度属性,提出了面向多区域防洪的水库群调度体系,并通过不断实践和分析持续对模型进行改进升级,满足流域多区域防洪库容投入时序分配与水库间、区域间防洪协同要求。

(3)面向水资源、水生态、水环境的长江上游水库群协同调度技术

揭示了长江上游水库群调度方式与中下游不同区域用水需求间的映射关系,提出了长江上游水库群蓄水联合调度模型及高效求解技术,构建了面向应急调度的梯级水库群水量水质模拟与预警模型,发展了梯级水库群应急与常态协同调度方法。

(4)长江上游水库群跨区发电调度协同优化技术

提出了水库群发电"协同调度,分级、分区优化"控制策略,制定了梯级水库群面向分区电网的联合调峰、错峰方案,建立了水电跨区联合调峰与电量消纳模型,提高了水电跨区调峰以及电网消纳水电电量能力,最终形成了一整套水库群多维时空尺度嵌套精细调度的共性支撑技术。

(5)水库群联合调度的大系统多目标风险评估与决策理论体系

研发了水库群多阶段—多目标风险效益协同优化调控新技术,探明了水库群优化调度多目标风险—效益互馈响应规律,提出了基于风险—效益多维关联互馈响应关系的水库群多目标群决策方法,建立一套水库群联合调度的大系统多目标风险评估与决策理论体系。

（6）长江上游水库群"全周期—自适应—嵌套式"多目标调度集成理论与示范应用

研发了基于生态位的多目标效益竞争关系分析方法,提出了多层次、多属性、多维度综合调度集成理论与技术,建立了"全周期—自适应—嵌套式"长江上游梯级水库群多目标调度模式,提出了长江上游水库群多目标联合调度方案,构建了长江上游水库群多目标综合调度平台(图 11.5-1)。

图 11.5-1　长江上游水库群多目标综合调度平台

11.5.2　基于大数据平台的河湖空间智慧管控关键技术研究与示范项目研究进展

11.5.2.1　基本情况

项目负责人:吴凤燕

项目牵头单位:湖北省水利水电科学研究院

项目类别:湖北省科技创新重大专项

项目执行期限:2019 年 1 月至 2021 年 12 月

项目研究内容:针对湖北省河湖特征、功能现状,在现有国内外或省内相关技术指南、标准的基础上,制定湖北省河湖空间管控相关技术标准。研究大数据平台的可扩展分布式存储技术,建立基于并行化计算的大数据平台框架,研究遥感批处理算法,以及多源异构数据融合挖掘算法与模型体系构建。研究河湖空间动态智能感知提取技术,快速识别下垫面内各项人类活动;研究大气—水文—水动力—水质耦合的技术和生态脆弱性评价技术;研究闸站湖库等水利工程优化调控方案。将湖北省河湖空间大数据平台和智慧管控关键技术体系的研究成果集成应用于斧头湖流域的河湖空间智慧管控系统中,为斧头湖流域河湖空间精细化、智能化管控提供科技支撑。

11.5.2.2 主要研究成果

(1) 建立了河湖空间智慧管控大数据平台

搭建了一个对大规模河湖空间数据高效、可靠的分布式存储管理的分布式文件系统,研究了适用于河湖空间数据的 SQL 和 NoSQL 大数据存储和查询管理技术,建立了具有高度健康信息表征能力的多源异构数据融合和挖掘算法与模型体系,建立了河湖空间智慧管控大数据平台。

(2) 构建了河湖空间管控技术体系

针对中等分辨率遥感数据(10~60m 分辨率哨兵影像)在河湖动态监测中的空间分辨率较低的不足,构建了针对水体的时空超分辨率制图模型,总体精度约为 95.20%,研究可为大尺度的河湖动态监测提供理论基础。研究提出了基于 MODIS(500m 分辨率、8 天合成数据)、Landsat(30m 分辨率、16 天频率)以及地表水频率数据(30m 分辨率)的高时空分辨率地表水体动态监测模型,构建了河湖形态空间管控技术体系。可为高时空分辨率地表水体动态监测提供关键依据。

引进基于中尺度数值天气预报模式 WRF ARW 的气象预报模型,结合水文、水动力、水质等模型,构建了河湖水体空间管控技术体系,实现了斧头湖流域河湖空间智慧管控。

3) 河湖生态空间管控技术体系

基于生态脆弱性的内涵构建生态敏感性—生态恢复力—生态压力度(SRP)模型,从流域尺度和县(市、区)尺度,定量评价斧头湖流域生态脆弱程度。

(3) 构建了斧头湖流域河湖空间管控技术示范系统

以斧头湖为对象,对该湖泊进行遥感水文模型构建,形成了基于大数据平台数据挖掘的斧头湖智慧化管理方式及示范系统(图 11.5-2)。

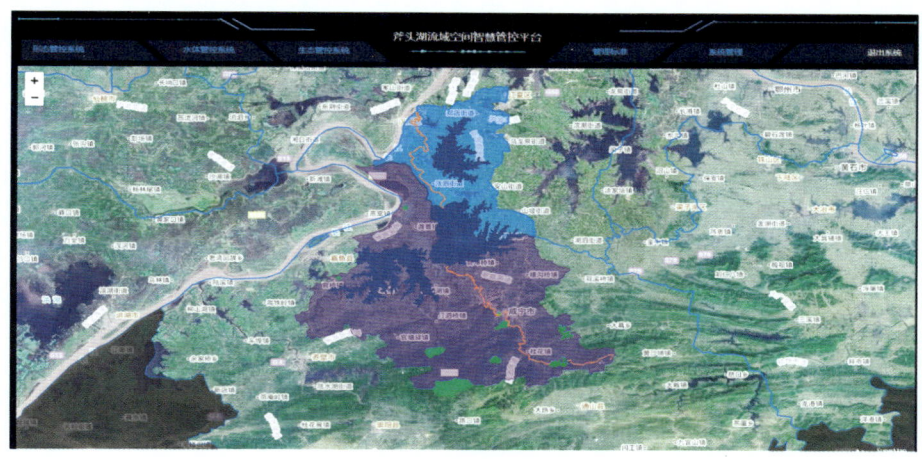

图 11.5-2 系统首页

11.5.3　长江电子航道图关键技术研究与应用

11.5.3.1　基本情况

项目负责人：杨保岑

项目牵头单位：长江航道局

项目类别：获奖项目（中国水运建设行业协会科学技术奖一等奖）

获奖年度：2021年

项目研究内容：近年来，长江经济带已上升为国家战略，长江黄金水道在构建国家综合立体交通网中具有独特的支撑作用。以长江电子航道图、数字航道为代表的航道信息化技术是发挥黄金水道作用的关键。围绕电子航道图高精度数据采集、快速更新、多功能应用的实际需求，通过理论分析、仿真模拟、软件开发、现场测试等手段，开展了电子航道图关键技术研究与应用，形成"一图、一网、一站、一标"的电子航道图建设、运行、服务成套方案并在长江水系进行推广，为全国内河水运信息化智能化建设，构建全国内河可构建航道"一张图"，实现跨流域、跨单位、跨部门之间数据互享、信息互通、服务互联提供支撑。

11.5.3.2　主要研究成果

①研发了电子航道图高精度数据采集技术。提出了改善精密单点定位精度和收敛性的技术方法，研发了航道精密单点定位与水下地形测量数据处理软件系统，构建了航道精密测绘数据处理平台。双频静态定位精度可达毫米级、单波束图载综合水深精度可达厘米级。

②突破了电子航道图快速生产与更新关键技术。构建了长江电子航道图要素分类、物标属性、符号表达与显示体系，研发了航道水位线性拟合与可航水深动态计算模型与多源异构航道、水文、气象等要素自动融合技术，构建了电子航道图要素分类保密处理及实时动态更新方案。电子航道图生产更新效率提升了50％。

③研发了基于矢量瓦片电子航道图高精度显示的"离线＋在线"双模引擎技术，构建了基于"一张图"的分布式电子航道图微服务应用架构，研发了长江电子航道图生产、服务与数据交换平台及电子航道图在线网站、APP、微信小程序、船载终端等多端互联应用系统，实现了电子航道图对社会用户的全方位服务。

④编制了《内河电子航道图技术规范》（JTS 195—3—2019）、《长江电子航道图制作规范》（JT/T 765—2016）等行业标准，构建了内河电子航道图生产服务标准规范体系。已经制作完成长江干线2688km、支流1045km电子航道图，APP用户12万，船载终端2万台，服务用户500余家。

完成国家、行业标准3项，国家发明专利2项，自主软件著作权17项。成果已成功应用于长江干线航道及汉江、赣江、京杭大运河等主要支流，并在国内其他主要内河电子航道图建设中得到推广应用，应用领域包括船舶助航、物流跟踪、航运管理等，构建了长江水系"干支联动"一站式服务，做到了"一图在手、畅行无忧"，大幅度提高了内河水运公共服务能力，对提升我国内河水运信息化建设水平以及落实国家发展战略具有重要意义。

附录

APPENDIX

长江治理与保护报告 2022

附录1 长江治理与保护科技创新联盟成员单位

序号	单位全称	单位简称
发起单位		
1	水利部长江水利委员会	长江委
2	生态环境部长江流域生态环境监督管理局	长江局
3	交通运输部长江航务管理局	长航局
4	农业农村部长江流域渔政监督管理办公室	长江办
5	国家自然资源督察武汉局	
6	中国科学院武汉分院	
7	中国气象局长江流域气象中心	长江流域气象中心
8	中国长江三峡集团有限公司	三峡集团
9	中国节能环保集团有限公司	中国节能
成员单位		
10	长江水利委员会长江科学院	长科院
11	中国水利水电科学研究院	中国水科院
12	南京水利科学研究院	南京水科院
13	水利部中国科学院水工程生态研究所	水生态所
14	长江水资源保护科学研究所	水保科研所
15	中国气象科学研究院	
16	中国水产科学研究院长江水产研究所	
17	生态环境部南京环境科学研究所	
18	中国林业科学院湿地研究所	
19	中国科学院水生生物研究所	
20	中国科学院南京地理与湖泊研究所	
21	中国科学院成都山地灾害与环境研究所	
22	中国科学院重庆绿色智能技术研究院	
23	浙江省水利河口研究院(浙江省海洋规划设计研究院)	
24	安徽省水利部淮河水利委员会水利科学研究院	
25	江西省水利科学院	
26	湖北省水利水电科学研究院	

续表

序号	单位全称	简称
27	湖南省水利水电科学研究院	
28	中国科学院地理科学与资源研究所	
29	清华大学	
30	北京大学	
31	河海大学	
32	武汉大学	
33	华中科技大学	
34	天津大学	
35	复旦大学	
36	华中农业大学	
37	武汉理工大学	
38	华东师范大学	
39	重庆大学	
40	四川大学	
41	三峡大学	
42	长江生态环保集团有限公司	
43	长江设计集团有限公司	长江设计集团
44	汉江水利水电(集团)有限责任公司	汉江集团公司
45	长江三峡通航管理局	
46	长江航道局	
47	长江水利委员会水文局	长江委水文局
48	湖北省水利水电勘测设计院	
49	华中师范大学	
50	中国地质大学(武汉)	
51	湖北省地质局	

附录2 2021年长江治理与保护大事记

1月

1日　长江流域"一江两湖七河一口"（长江干流，鄱阳湖、洞庭湖两大通江湖泊，大渡河、岷江、沱江、赤水河、嘉陵江、乌江、汉江等重要支流以及长江口禁捕管理区）正式实行暂定为期十年的常年禁捕。

2月

3日　首次将乌东德水电站纳入生态调度范围，开展水文、水温生态调度试验。

5日　长江江豚正式升级为国家一级保护野生动物。

28日　湖北省建造的全国内河最先进、装载量最大的集装箱船"汉海5号"首航。

3月

1日　《中华人民共和国长江保护法》正式施行。

1日　长江单体设施最大的太仓水上绿色综合服务区投入试运行。

26日　长江干线武汉至安庆段6m航道水深全线贯通，万吨级船舶可常年直达武汉。

4月

26日　由长江技术经济学会、民进中央人口资源环境委员会、长江生态环保集团有限公司主办的长江河湖保护与修复高端论坛在武汉召开。

30日　中国气象局印发《长江经济带气象保障能力提升工作方案（2021—2025年）》。

5月

14日　习近平总书记在河南省南阳市主持召开推进南水北调后续工程高质量发展座谈会并发表重要讲话。

6月

7日　推动长三角一体化发展领导小组办公室印发《长江三角洲区域一体化发展水安全保障规划》。

11日　由中国工程院主办，中国工程院土木、水利与建筑学部和长江设计集团联合承办的"数字孪生与水科技创新论坛"在武汉举行。

16日　乌东德水电站机组全部投产发电，比原计划时间提前半年以上，增加发电量超百亿千瓦时。

16—17日　联盟主办的鄱阳湖保护与发展科技创新论坛在江西南昌举行。

22日　乌江构皮滩水电站通航建筑物工程建成并投入运行，创世界上通航水头最高的通航建筑物等多项世界纪录。

28 日　白鹤滩水电站首批机组正式投产发电。

28 日　太仓港集装箱四期码头(长江流域首个堆场自动化码头)正式启用。

30 日　杨房沟水电站 4 台机组全部投产发电。

7 月

1 日　交通运输部发布的《长江江苏段船舶定线制规定(2021 年)》正式实施。

1 日　长航局制定的《长江干线省际客船、水系液货危险品船运输市场信用信息管理办法(试行)》正式实施。

29 日　交通运输部、国家发改委、国家能源局、国家电网有限公司等部门联合印发《关于进一步推进长江经济带船舶靠港使用岸电的通知》。

8 月

5 日　长江干线泸州段首艘船舶污染物接收船投入运营。

3 日　长江委水文局部署安装新一代 FY-4 静止轨道定量遥感气象卫星接收站并投入业务运行,完成"风云二号"到"风云四号"卫星业务切换。

12—14 日　长江设计集团编制完成的《引江补汉工程可行性研究报告(修订稿)》通过水规总院审查。

9 月

10 日　水利部批复《岷江流域综合规划》。

24 日　长江委印发施行《水利部长江水利委员会河湖生态流量监督管理办法(试行)》。

29 日　丹江口水库发生近 10 年最大入库洪水过程,入库洪峰 24900 m^3/s。

10 月

9 日　金沙水电站全面建成并投产发电。

10 日　丹江口水库蓄至 170m 正常蓄水位,是水库大坝自 2013 年加高后第一次蓄满,实现防汛和发电"双赢"。

13 日　11 万尾子 2.5 代中华鲟初孵仔鱼在水生态所汉阳基地破膜而出,标志着全国范围内全人工繁殖的中华鲟子二代个体首次进入繁殖序列,中华鲟全人工保育群体建设再上新台阶。

26 日　长科院在建院 70 周年之际举办长江治理与保护科技创新高端论坛,时任联盟副理事长仲志余作主旨报告并发布《长江治理与保护报告 2021》。

27 日　交通运输部批复依托长江万州、武汉、南京航道处建设长江万州、武汉、南京水上应急救助基地。

11 月

3 日　国家发改委正式批复华阳河蓄滞洪区建设工程可研报告,这项投资超百亿元的重大工程正式启动实施。

4 日　长江委完成长江流域 19 省(自治区、直辖市)1200 余个集中式饮用水水源地调查成果复核工作。

16 日　国家发改委印发《关于加强长江经济带重要湖泊保护和治理的指导意见》。

18 日　交通运输部印发《长航系统"十四五"发展规划》。

12 月

1 日　《地下水管理条例》施行。

1 日　井冈山航电枢纽工程全部机组投产发电,比原计划提前 3 个月。

9 日　长江办会同长江委、长江局、长航局联合发布《长江流域水生生物资源及生境状况公报(2020 年)》。

9 日　重庆、四川、贵州、云南、陕西 5 省(直辖市)签署《关于共同推进长江上游地区航运高质量发展战略合作协议》,共同打造长江航运高质量发展示范区、长江航运绿色发展样板区、长江航运协同发展先行区。

20 日　农业农村部印发《长江流域水生生物完整性指数评价办法(试行)》。

21 日　农业农村部发布《长江水生生物保护管理规定》。

24 日　第十三届全国人民代表大会常务委员会第三十二次会议通过《中华人民共和国湿地保护法》。

30 日　总投资 17.52 亿元的长江口南槽航道治理一期工程通过竣工验收,标志着长 86km、水深 6m、底宽 600～1000m 的长江口南槽航道正式投入运行。